U0332994

智能科学技术著作丛书

多文种融合文字书写自动教学理论与技术

戴 永 著

感谢湖南省十二五重点学科建设项目(信息与通信工程,计算机科学与技术)、湖南省高校科技创新平台基金(09K040)、湘潭大学教材建设基金资助。

科学出版社

北 京

内 容 简 介

　　本书全面而系统地介绍了多文种融合文字书写自动教学的国内外研究现状,阐述了手写文字识别的核心理论与技术不能直接套用于文字书写自动教学的重要原因,讨论多文种融合文字书写自动教学的主要理论与技术,包括文字书写过程计算,教学知识,练习簿隐喻,面向文字书写教学的笔迹信息前置处理,教学语音,汉字、汉语拼音及英文书写自动教学的实现,文字书写教学教室系统等。

　　本书可作为文字信息处理、人工智能等专业高年级本科生和研究生的教材及研究工作参考书,也可作为相关领域工程技术人员和爱好者的参考资料。

图书在版编目(CIP)数据

多文种融合文字书写自动教学理论与技术/戴永著 . —北京:科学出版社,2015

(智能科学技术著作丛书)

ISBN 978-7-03-045414-0

Ⅰ. 多⋯　Ⅱ. 戴⋯　Ⅲ. 自然语言处理-研究　Ⅳ. TP391

中国版本图书馆 CIP 数据核字(2015)第 195472 号

　　　　责任编辑:魏英杰 / 责任校对:郭瑞芝
　　　　责任印制:张　倩 / 封面设计:陈　敬

科 学 出 版 社 出版
北京东黄城根北街 16 号
邮政编码:100717
http://www.sciencep.com
三河市骏杰印刷有限公司印刷
科学出版社发行　各地新华书店经销
*
2015 年 8 月第 一 版　开本:720×1000　1/16
2015 年 8 月第一次印刷　印张:17 3/4
字数:356 000
定价:98.00 元
(如有印装质量问题,我社负责调换)

《智能科学技术著作丛书》序

"智能"是"信息"的精彩结晶,"智能科学技术"是"信息科学技术"的辉煌篇章,"智能化"是"信息化"发展的新动向、新阶段。

"智能科学技术"(intelligence science & technology,IST)是关于"广义智能"的理论方法和应用技术的综合性科学技术领域,其研究对象包括:

· "自然智能"(natural intelligence,NI),包括"人的智能"(human intelligence,HI)及其他"生物智能"(biological intelligence,BI)。

· "人工智能"(artificial intelligence,AI),包括"机器智能"(machine intelligence,MI)与"智能机器"(intelligent machine,IM)。

· "集成智能"(integrated intelligence,II),即"人的智能"与"机器智能"人机互补的集成智能。

· "协同智能"(cooperative intelligence,CI),指"个体智能"相互协调共生的群体协同智能。

· "分布智能"(distributed intelligence,DI),如广域信息网、分散大系统的分布式智能。

"人工智能"学科自 1956 年诞生的,五十余年来,在起伏、曲折的科学征途上不断前进、发展,从狭义人工智能走向广义人工智能,从个体人工智能到群体人工智能,从集中式人工智能到分布式人工智能,在理论方法研究和应用技术开发方面都取得了重大进展。如果说当年"人工智能"学科的诞生是生物科学技术与信息科学技术、系统科学技术的一次成功的结合,那么可以认为,现在"智能科学技术"领域的兴起是在信息化、网络化时代又一次新的多学科交融。

1981 年,"中国人工智能学会"(Chinese Association for Artificial Intelligence,CAAI)正式成立,25 年来,从艰苦创业到成长壮大,从学习跟踪到自主研发,团结我国广大学者,在"人工智能"的研究开发及应用方面取得了显著的进展,促进了"智能科学技术"的发展。在华夏文化与东方哲学影响下,我国智能科学技术的研究、开发及应用,在学术思想与科学方法上,具有综合性、整体性、协调性的特色,在理论方法研究与应用技术开发方面,取得了具有创新性、开拓性的成果。"智能化"已成为当前新技术、新产品的发展方向和显著标志。

为了适时总结、交流、宣传我国学者在"智能科学技术"领域的研究开发及应用成果,中国人工智能学会与科学出版社合作编辑出版《智能科学技术著作丛书》。需要强调的是,这套丛书将优先出版那些有助于将科学技术转化为生产力以及对社会和国民经济建设有重大作用和应用前景的著作。

　　我们相信,有广大智能科学技术工作者的积极参与和大力支持,以及编委们的共同努力,《智能科学技术著作丛书》将为繁荣我国智能科学技术事业、增强自主创新能力、建设创新型国家做出应有的贡献。

　　祝《智能科学技术著作丛书》出版,特赋贺诗一首:

智能科技领域广

人机集成智能强

群体智能协同好

智能创新更辉煌

涂序彦

中国人工智能学会荣誉理事长

2005 年 12 月 18 日

序

百年大计，教育为本。语言文字学习是教育教学的基础内容，而任何文种的学习，其文字书写教学都是不可或缺的环节。伴随着信息技术的迅猛发展，文字书写教学的教育方式及教学用具迎来了新的变革。

文字书写课堂上，现在大多仍采用传统的教学方式：老师在讲台上传授书写文字的一般规则，然后在教学演示板上举例说明，接下来就是布置写字作业。为了使学生对需掌握的文字结构及书写过程加深印象，多为一字多遍的练习。学生交作业，老师批改作业，老师批改的内容一般为文字的整体结构是否正确，字迹是否端正等，发现错误的处罚是让学生将写错的字再写几遍。这一教学方式除现场学生与老师因空间位置区别等客观因素导致教学效果差异外，更重要的是有三个缺点：教师的时间、精力有限，无法对所有学生进行一对一辅导，致使部分感知能力差的学生无法清晰消化老师所教内容；低龄学生对初学知识铭记性强，当感悟的内容有错时，如果不及时纠正，而是一字多遍的练习，造成一错再错，有可能形成终生认知错误；教师批改的作业是学生提供的完整文字结构内容，老师无法判断学生在文字书写过程中是否出现过反写笔画、凑字架等错误书写过程。

为了改进文字书写教学的效果，人们不断探索改革传统文字书写教学的方式与教学用具，应用现代信息技术，开发了不少的文字书写自动教学技术或系统。但是，目前仍未有可以替代或准替代并优于传统课堂文字书写教学的自动教学系统，技术并未达到人们期望，理论上的系统阐述还鲜有人做，文字书写自动教学系统的理论与技术研究还有大量有意义的工作。

现代社会对人的基本要求之一是应具备多文种知识，因此，研究新一代文字书写自动教学系统的理论与技术，应以多文种融合为基础。令人高兴的是，戴永教授撰写了第一本以多文种融合为基础的文字书写自动教学方面的理论与技术专门著作。他从多文种融合视角系统地讨论文字书写自动教学系统的理论与技术，给出文字书写计算方法，构建教学知识及其知识库，实现笔迹预处理策略，隐喻交互结构，设计语音系统，提供教室系统方案，等等。从本著作可以看出，在研究方法上，文字书写自动教学理论与技术不能照搬或直接套用手写文字识别的理论与技术；在使用效果上，采用虚拟教师替代传统写字课堂教学方式，可以克服上述传统课堂教学方式的三个主要缺点。

　　为满足学生文字书写学习的需要，每年生产数以亿计的纸张，为此消耗的植物以及排放的污水量所造成的环境代价值得人们思考。不让娃娃们接触信息产品已是不现实的，与其逃避，还不如正确引导。引导的条件是要使信息产品除游戏功能外，还具有适应正规教育的学习功能，保障低龄学生身心健康的措施。所以，即便是从生态建设和普及信息技术的角度，我也强烈地向读者推荐本著作。

2015 年 3 月

前　　言

从生态建设、信息技术普及、生活质量与教育需求等多方面看,利用信息技术改造传统的课堂教学方式及变革教学用具是社会发展的必然,文字书写教学则首当其冲。随着计算机技术的不断进步,20 世纪 80 年代人们就开始探索如何借助计算机来辅助文字书写指导,经历约 30 年的研究,产生了一些重要的技术成果。但总体来说发展的速度与质量空间还很大。在线手写文字信息的研究大体可以分为三类,第一类是真迹显示,是典型的虚拟白板或电子白板;第二类是手写识别,利用模式识别理论识别用户在线书写的文字模式,将识别结果对应于某个设定代码;第三类是手写教学,从教学的角度处理文字书写过程信息,将处理结果转换为给予用户的教学语言。前二类的理论与技术已进入成熟期,而手写教学的研究成果还很难满足社会呼声。为尽快使手写教学研究成果能惠及广大的需求者,目前应积极开展的工作包括研究适用于手写教学的基础理论;从当下的单文种、描红等底层次研究跃升到多文种融合、自由式书写的高层面探索;变教学系统服务内容各自为阵为服从国民义务教育内容提供教学服务等。

作者及其研究团队多年潜心从事手写教学研究,获得一些感悟,也取得一些自我感觉还可以的成绩,鉴于国内外迄今尚未见到此类书籍,特总结成此书,但愿能与您分享。

全书共 10 章。第 1 章介绍手写文字自动教学的意义与技术背景,尤其重点分析手写识别的核心理论与技术不能直接套用于手写教学的重要原因,简介多文种融合手写文字自动教学系统的基本结构与工作原理,综述国内外研究现状。第 2 章讨论文字书写过程计算方法,定义多文种通用的计算模型及其实现机制。第 3 章探讨教学知识融合多文种的机理,包括书写计算码的自动生成算法、知识容器构造等。第 4 章阐述交互结构,主要内容为可适用不同文种的文字书写练习簿隐喻方法。第 5 章讨论面向手写教学的笔迹信息前置处理方法。第 6 章是多文种融合的教学语音处理技术,研讨基于音素的异类文种语音融合编码等。第 7～9 章分别介绍汉字、汉语拼音及英文等的书写自动教学实现。第 10 章探究创建以多文种文字书写自动教学装置为学生终端的文字书写教学教室系统的方法。

秉持注重基础,服务实践的理念,本书在选材与内容编排方面按"一般＋典型"的模式布局,叙述上力求由浅入深、通俗易懂。书中所有算法均通过了调试运行,并取得正确结果,各局部技术报告了实验及效果分析。

课题研究及其该书出版得到湖南省十二五重点学科建设项目(计算机科学与技术,信息与通信工程)、湖南省高校科技创新平台基金(09K040)、湘潭大学优秀教材出版基金等的大力支持。

参加本书研究工作的有刘任任、王求真、曹江莲、欧阳健权、肖芬、彭喻杰等,王求真撰写了第 7 章第 3 节。樊亮、覃冰梅、王心觉、孙广武、李璇、喻世东、李文涛、谢建斌、陈统乾、袁迪波等在研究工作中做了大量的实验研究与文字工作。

感谢许小曙教授的精心指导与关怀,是这位德高望重的学富先生最先给予该内容研究的肯定与鼓励。感谢我国著名信息专家、教育家章兢教授百忙中欣然作序,盛添光彩。

感谢国防科技大学殷建平教授、熊岳山教授等对该研究的支持,并对全书修改提出宝贵意见。感谢高协平教授、刘任任教授、郑金华教授、石跃祥教授等对本人研究工作的鼓励与支持。感谢父亲戴培根、母亲李淑钧的理解与支持,妻子勤劳持家,儿子奋发求学,使我得以全身心投入项目研究与本书写作。感谢科学出版社魏英杰为出版本书所付出的辛勤劳动。感谢所有支持我、关心我的同事、朋友。

限于作者水平,不足之处在所难免,敬请专家和读者指正。

2015 年 1 月于湘潭大学

目　　录

第 1 章 绪 论

计算机技术与触摸技术的结合为文字书写自动教学提供了坚实的技术基础。多文种融合的文字书写自动教学技术是单文种文字书写自动教学技术的发展。文字书写自动教学理论与技术属于智能模式信息处理研究范畴。多文种融合的文字书写自动教学是文字书写自动教学研究的最高级别的研究领域,涉及计算机应用技术、嵌入式触摸技术、人工智能、模式识别、图形学、文字信息处理及统计决策理论、编码学、教育学、语言文字学、语音学、心理学、生理学等。

1.1 文字书写自动教学研究意义

中国教育部历年发布的全国教育事业发展统计公报表明,我国每年有超过 1 亿小学生需针对汉字开设专门的写字练习课或完成练习写字作业,耗费 32K 纸张约 30 多亿张,加上汉语拼音、英文文字书写练习本所需的纸张数目,使得每年仅为生产文字书写练习簿所需纸张砍伐的树木、排放的污水触目惊心。传统的纸质练习簿文字书写学习方式,除了对生态造成重大影响外,在练习过程及师生教学关系上也存在多种弊病,如笔迹修改的擦拭效果差是长期无法解决的顽疾,而且现在许多的擦拭用品都对身体有害;老师通过板书进行示范教学,时间短暂效果有限,尤其是大班上课和模仿反应能力相对迟缓的同学;教师的工作精力和工作效率有限,只能对极少数同学亲临指导,导致相当一部分同学带疵跟班等。随着触摸信息处理技术的发展,用智能方法推进文字书写学习方法与教具的变革已为可能,变革成功不但有益于生态建设和促进信息技术的普及,还可以加速传统教学手段和教具向现代化转型。

具有非单一文种知识是现代社会发展的基本要求。环境友好型社会建设(解振华,2005)及信息技术普及的不断深化,利用触摸技术改进文字书写教学方法与教具已时不我待。现有的文字书写教具多为单一文种的描红或模板化的联机文字书写训练系统(李东青,2008;陈定,2008;Tang,et al.,2006;欧忆如,等,2006),主要采用定位笔画书写模式识别技术,对文字书写过程不需要过于严密的描述参数表达及过多、过细的教学内容交互,因此相应的系统只能成为受众少且使用周期很短的文字书写学习的教辅工具。文字书写教育的实际情况表明,要实现无纸化文字书写学习,必须使联机文字书写学习系统成为知识丰富、交互友好的虚拟教师,功能强大、多文种兼容、可实现课堂教学效果、能仿真纸质书写练习本，并能服务于整个文字书写学习教育阶段等的文字书写智能教具。

1.2　文字书写自动教学研究范围与应用

按至今取得的成果属性区分，手写文字信息处理主要呈现出两个发展方向，第一个方向是以识别书写结果为目的的手写文字信息处理（手写识别），主要有两个方面的应用，一个方面是用于文字信息的输入（戴永，1984，1986，1988；刘迎建，等，1992；陈友斌，等，1998；唐降龙，等，1999；薛炳如，1999；肖旭红，等，1997，1998；征荆，等，1997；高岩，2013，Du，et al.，2014；Impedovo，et al.，2014）；另一个方面是用于电子白板实时将手写文字转换为规范字体显示（Nescher，et al.，2011；萧懞，等，2004；Tapia，et al.，2003）。第二个方向是以指导文字书写为目的的手写文字信息处理（手写教学），主要就文字书写过程进行智能监督、分析与评价。现有手写教学方法按监督形式分类，一类是通过可视文字模板或红影字进行监督、分析与评价（李东青，2008；陈定，2008；Tang，et al.，2006，欧忆如，等，2006）；另一类是通过文字形态描述字进行监督、分析与评价，可实现有限的自由式手写教学（戴永，2011；胡智慧，2010；Hu，2008；Cook，2003）。手写识别与手写教学在核心技术上存在重大差异，两者之间核心技术比较如表 1-1 所示。

表 1-1　手写识别与手写教学的核心技术比较

	手写识别	手写教学
理论体系核心	未知模式分类方法	已知文字书写过程的跟踪与分析方法
知识库内容	一个模式设置多个书写样本	一个文字设置一个标准教学知识点
知识库结构	按分类特征构建	按文种、年级、课文等编码索引
知识库内容功能	未知模式分类	监督文字书写过程
工作流程	获取特征→进入知识库匹配	教学知识出知识库→分析书写现状
所要达到的目的	给出未知模式类别属性（正确、错误、拒识）	对书写结果或过程产生教学意见

手写识别与手写教学的关键区别在于理论体系核心。手写识别研究的是未知模式分类方法（Charles，et al.，1990；Kato，et al.，1999；Ahmad，et al.，1999；Chan，et al.，1999，2000；Jain，et al.，2000；Bahlmann，et al.，2002；Bahlmann，2006；Liu，et al.，2009；Kala，et al.，2010），而手写教学研究的是在已知文字及其书写过程的前提下如何跟踪、分析用户书写已知文字的过程的方法，两者存在一系列不能共享的技术。

手写识别理论与技术已经进入成熟期，研究成果基本产业化，但人们仍在不懈探索(Mohebi,et al.,2014;Liu,et al.,2013;Yin,et al.,2013;Wang,et al.,2011;
Ebrahimpour,et al.,2009;Graves,et al.,2009;Prusa,et al.,2008;Kherallah,et
al.,2008;Liu,et al.,2004;扎依达·木沙,等,2009;朱守涛,等,2008;曹喆炯,等,
2005)。值得注意的是,在手写识别研究取得辉煌成果的同时,人们并未能重视手
写教学理论与技术的深化研究,并产生一定程度的认知误区,即认为手写教学可以
适用于手写识别的科学理论与技术。基于这一认知层面,手写教学的研究成果长
期徘徊在单文种、笔迹及其笔画结构按可视模板练习、指导粗放、学习内容的来源
及其组织与学校教学要求不协调等低水平范围。到目前为止,报道的手写教学系
统多用于辅助低龄儿童学前教育或一年级小学生的描红层面的写字启蒙教学(黄
法昌,2006;荆耀辉,等,2011;李少平,2006;王潇玲,2009;吴宗翰,等,2003;熊明
山,2002;张柄煌,等,2007)。更高层面的文字书写自动教学研究,首先是在理论方
面要摆脱手写识别理论框架的束缚,需从教学特点出发发现与探究手写教学各方
面内容的形式化表达,内在规律挖掘、推理与证明,形态和关系的演绎等,例如表
1-1 中基于已知模式书写过程的跟踪与分析方法、书写过程描述字或教学知识点
创建、工作流程设计等的研究。另外在应用方面,无纸化、描红、便携等是最基本功
能,更重要的是实现多文种兼容、自由式或无模板书写、跟踪书写过程进行细节指
导、练习内容与国民义务教育协调、联网教学等,使得文字书写自动教学系统不但
是有知识的"教师",还具有实际教师难为的本领。

1.3　文字书写自动教学研究成果与分类

依据文字书写自动教学系统允许的用户书写方式,研究成果大致可分为描红
类、自由式书写类。按照系统的教学方式,现有文字书写自动教学研究成果出现了
课本式指导等多种类别。

1.3.1　描红教学

聂国权(1992)提出一种书写练习器,由模板、书写笔、电子鸣响器等组成,模板
为被练习汉字的模板。刘禹等(1994)提出计算机辅助汉字书写教学汉字字形库生
成系统设计方法。陈淮琰(2003)针对汉字提出一种学习文字书写的电子装置及其
操作方法,该发明将被练习汉字显示在手写显示屏上,用户模仿书写。欧忆如等
(2006)提出一种具有书写教学功能的可携式电子装置,用户在触控银屏上手写笔
画,识别模块结合文字笔顺资料及所写笔画识别出文字,并将文字显示在触控银屏
上,处理单元将触控银屏上的文字变成空心字体,然后按照该文字的标准笔顺填充
它,填充完后自动将文字恢复为空心字体供用户描红书写用。Tang 等(2006)提出
填写式练习写字方法,主要用于指导笔画顺序,系统在字库中选择文字,由用户选

择文字的笔画顺序,系统根据用户选择的笔画顺序,反馈给用户指导意见。李东青(2008)给出一种在书写式电子装置中进行文字笔画校正的方法,该方法在选定的词库中随机选择一组测试文字,逐个显示测试字模,用户可以通过触摸屏练习写字,落笔在字模内,根据起笔抬笔位置,在字模范围内描红,文字写完后,系统中的手写辨识模块和标准笔顺对比,判断笔顺的正误,按演示键给出标准笔顺演示。陈定(2008)给出点导法汉字写字学习法,其过程为设置文字书写平面,在书写平面上设置字框,在字框中显示参照汉字,再在另外字框中设置该汉字的点化字迹,点距、点数及字迹颜色深浅,用户沿点化字迹学习书写,这种方法是描红式的衍生,用文字骨架代替了文字框架,但用户书写过程仍是被动的。

1.3.2　自由式手写教学

自由式手写教学目前有两种基本的研究方案,一是整字教学法,用户整字书写完毕后,系统根据记录的笔迹数据对书写内容进行识错与教学;二是对书写过程进行跟踪与分析,在任何书写环节,如笔画、笔画关系、部件关系等的书写过程中见错就改。低龄时代的认知与行为内容很容易被铭记,作为教学系统应尽可能使教学内容让用户见错就改。

Cook(2003)提出的一种基于笔画和部件的汉字字形描述系统,主要特点是将汉字递归地分解为部件的组合,最底层的部件是笔画,可以从汉字部件拆分的角度进行汉字书写识别与书写指导。Hu(2009)、胡智慧(2010)研究了一种中文手写教学系统的自动错误检测算法,给出一些汉字的书写演变和分析规则,用于汉字书写教学的汉字书写智能识错技术,通过对传统 ARG 改进及结合 Kmeans 聚类算法完成细化型空间关系分类,可以在用户完成整字书写后指出笔画、笔顺等书写错误。Yamaguchi 等(2011)介绍了他们构思的联机手写汉字书写学习支持服务系统评价方法。

王耀等(2010)就英文字母在四线格式中自由式书写质量提出一种多角度综合的评价方法,该方法为每个练习对象建立参比模式及书写质量描述字,评价内容分为比例、位置、大小、畸变四类。戴永等(2011)提出一种可联网交互的多功能规定格式习字系统方案,该方案给出了新型习字系统应具备的一些基础功能和基本操作规范。戴永等(2014)还以汉字书写为例就面向联机自由式书写指导的触摸笔迹的特点提出专门应对的前置处理方法,白色噪声通过线性插值算法消除,黑色噪声采用阈值去重,抖动噪声进行虚拟平滑;戴永等(2012)研究了面向指导的自由式英文字母书写跟踪与分析方法,根据大小写英文字母笔画与笔画关系自由式书写特点,通过曲率梯度分析笔迹走向、测试笔画形状、辨识书写过程笔画关系等。

1.3.3　文字书写教学系统分类

通过多年的研究,文字书写自动教学系统取得许多可喜成绩,根据用户使用方法,已有系统可以大致分为四类。

1. 课本式的指导系统

课本式的智能指导系统(Lam,et al.,2001,1993)只在理论层次上教授学生如何正确写作,就像学生的教科书一样,在屏幕上显示出文字的书写过程,学生通过观察系统的整个书写步骤,了解正确的书写方式。

在这个系统中,不存在书写练习输入,从而就没有智能指导意见的产生。在这个教学过程中,系统仅扮演了课本的角色,并不能有效的对学生的书写错误做出判断和指导。

2. 选填式的指导系统

填写式主要用于指导笔画顺序。系统在字库中选择文字,由用户选择文字的笔画顺序,系统根据用户选择的笔画顺序,反馈给用户指导意见(Tang,et al.,2006)。

在这类系统中,虽然有用户输入,但是用户输入信息过于简单,只有笔画顺序关系,不存在自由书写的笔迹采样轨迹,因此不存在笔迹分析和笔画关系空间位置分析,难有良好的指导效果。

3. 描红式的指导系统

描红式的指导系统均是在规定的区域内做出文字框架形状,用户需要按照文字框架书写,如 1.3.1 节介绍的成果。

4. 可自由式书写的指导系统

这是一种精准型的文字书写指导系统。将笔画空间关系定位到更详细的层面,能更全面地描述文字存在的结构信息,如 1.3.2 节介绍的成果。

1.4　实现多文种融合文字书写自动教学面临的主要问题

从单文种过渡到多文种融合的文字书写自动教学面临的主要问题包括如何提供实用友好的交互结构;适宜于教学需要的触摸信息前置处理方法;书写过程计算模型的构建;教学知识生成及其管理;教学语音;具体文种文字的教学机理;文字书写自动教学教室系统的设计与实现等。这些问题既关乎多文种融合文字书写自动教学系统的核心技术,又是系统结构的重要组成部分和工作环节。

① 交互结构直接影响系统的实用性。设计的内容包括对不同文种纸质文字书写练习簿、书写笔、对应教科书的文字展列、作业布局等载体与人体行为的隐喻。尤其是对练习簿与书写笔的隐喻,不能仅仅停留于文种格式的变换,还必须根据用户年龄、学龄、身体状况等进行相关场景要素的调整,如书写笔画的粗细、书写格式的幅面等的手动或自动调整。

② 触摸信息前置处理方法应适用文字书写教学的要求。文字书写教学对用户书写文字的基本要求为书写笔迹及笔画关系是真实的内容,也就是说对书写内容进行前置处理时,既要去掉不能反映用户实际书写内容的噪声,又要保留确实是用户不规范或错误书写的内容等,为后续环节提供真实的分析依据,以使系统向用户提出的书写意见是基于用户真实书写内容,具有很强的客观性。

③ 构建文字书写过程计算模型是实现文字书写过程监督的关键所在。从书写过程的角度,将笔画、笔画关系、部件关系等书写过程中的要素进行变量化处理,通过数学公式形态链接按书写过程顺序出现的笔画、笔画关系、部件关系,实现文字书写过程的数学模型化表达,进而实现文字书写过程的可计算性。文字书写过程的计算模型是教学知识的核心字段。为达到计算结果的单值化,计算元及其参数域的选择至关重要。

④ 相对于用户(或书写者),文字书写教学系统充当教师角色,作为教师首当其冲的是要有相应的知识。创建多文种融合的文字书写教学系统包括设计知识点结构、知识关系及知识管理方法等。知识点结构应能满足不同文种的表达需要,尤其是书写过程计算模型字段,不但应具备普适的表达结构,更重要的是能提供统一的文字书写过程跟踪原理与分析规则。知识关系的设计关键在于厘清多文种共享内容与各文种独特内容,应尽可能多的凝练共享内容,既能优化知识库结构、减少知识库的空间开销,又能保障跟踪的实时性。由于多文种融合使得教学系统知识内容非常丰富,知识的库存结构相应变得较为复杂,因此需要建立准确、快速、高效的知识库检索机制。

⑤ 教学系统回馈给用户的指导意见或相关提示可以单独采用弹出文字窗口、动画、静态标注、笔画变色或闪烁、语音表达等方法,也可以多方法配合,但语音表达应成为这类系统的缺省方法。从已有系统的受众范围看,一年级及学前班的低龄学生为主要用户群体的组成部分。与这类群体交互信息,最恰当的基本方法莫过于趣味语音。由于不同文种有不同的发音体系,多文种融合的语音系统要保证每一个被练习文字能发出正确的读音,指导意见的共享率应尽可能高,语音库应尽可能减少空间开销,应该有优化的索引结构等。

⑥ 由于各文种存在独特的笔画、笔画关系、部件关系等,尽管知识点的文字书写过程计算模型字段能适用于各文种,但实际书写过程监督方法需要专门设计。

以共享资源为基础,重点围绕独特内容产生各文种的特色监督机理及教学效果。

　　⑦ 联机文字书写教学系统必须实现联网工作,以此改进传统习字课的教室教学模式。实现联网需要解决的问题主要包括学生终端与教师服务器进行原始作业场景、原始教师批改场景的传输,上课开始时教师服务器向教室中各学生终端同时布置作业,下课前几分钟所有学生终端同时提交作业会形成短时拥挤现象,老师与学生一对一交互等。为应对这些问题,需要研究与嵌入式局域网相适用的协议。

　　现有的无论是描红还是自由式文字书写教学系统的研究成果均无法被借鉴于上述问题的解决,主要存在如下几个不足。

　　① 没有涉及多文种兼容的形式化方法。形式化描述是计算机实现自然语言描述问题处理的必备工作内容,已有成果均为根据某单文种书写或结构特点提出形式化策略,如 Cook(2003)、Hu(2009)、胡智慧(2010)、林民等(2008,2009)给出的汉字结构形式化方法。

　　② 没有涉及面向多文种的文字书写过程计算理论。已有的成果均为整字书写完成后进行书写正误分析,给出的指导意见粗放,用户难以获得准确的书写行为指导,重要原因是缺乏书写过程计算理论支持。

　　③ 未能涉及书写出错实时指导理论与应用。遇错实时指导有益于提高指导效果,但实现依赖于逆向关联分析,需要建立相适用的教学知识点结构。现有成果基于其形式化方案,都无法构建可适用于逆向关联分析的教学知识点结构。

　　④ 没有研究实时的逆跨尤其深度逆跨书写跟踪、分析与指导理论。由于低龄用户生理、学识及对文字结构记识等方面问题,错误逆跨书写现象是常有的事,自由书写时尤为严重,现有的自由式书写指导研究成果均未涉及这类问题及其指导策略。

　　⑤ 没有建立国民义务教育教材结构的规范化教学资源数据库和适宜于低龄用户、多文种共享、可智能仿真的纸质文字书写练习簿,因此无法实现课堂教学工作机制。现有成果均从自己的研究或自定义系统功能的需要组建相应的教学资源数据库,导致难以走进课堂,推动文字书写教学的教具与学具变革后劲乏力。

1.5 多文种融合文字书写自动教学系统一般结构

　　图 1-1 为多文种融合的文字书写自动教学系统的一般体系结构。系统分为交互结构、教学知识库、笔迹信息前置处理、书写过程跟踪、书写结果评价与处理等重要组成部分。当系统从触摸屏获得用户提供的有效触摸信息后,对该信息进行类属性与功能分析。有效触摸信息分为两类,一类是功能操作信息,另一类是笔迹信息。前者是用户进行界面功能操作,如文种、书写格式、练习对象等的选择;或书写结果处理,如回清、作业保存、作业提交、网络交互等。对于笔迹信息,系统进入笔

迹信息前置处理、获取笔画基元特征、笔画书写过程分析及各类相关关系分析等环节。

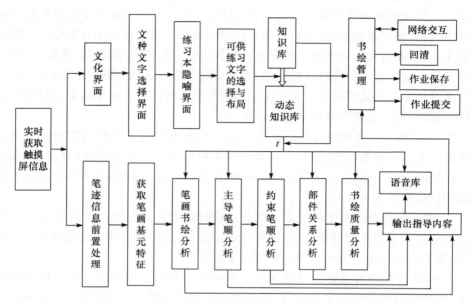

图 1-1　教学系统一般结构

　　作为文字书写自动教学系统,应尽可能提高系统与用户的互动能力与水平,因此设计友好、柔性、指导信息表达形式多样化及功能完备的交互结构是必要的,尤其是服务低龄用户其必要性显得更为突出。交互结构包括文化界面功能实现、文种文字选择界面功能实现、练习簿隐喻界面功能实现以及可供练习字的选择与布局、回清、作业保存、作业提交等子操作功能。在交互结构中,多文种融合主要体现在文种文字选择界面功能中不同文种练习对象的选择,练习簿隐喻界面功能中对应于不同文种、不同书写练习格式选择及各文种通用的可供练习字的选择与布局、回清、作业保存、作业提交等功能。

　　知识及其知识库是系统作为虚拟教师不可或缺的内容与子结构。知识库的记录包含多文种融合的书写计算码、印刷体标准码、质量评估码、语音码等字段。知识库的管理功能除了应具有一般数据库的管理功能,如记录的键盘写入、读出、显示、修改等,还应具备多通道记录数据生成功能,如基于手写文字模式识别的笔顺码自动生成;记录的内部智能调整功能;多设备备份功能等。这种数据库的重要特点之一是库存容量大、记录的字段多,导致索引代码长,如果只建立一级库,必然使得索引逻辑复杂、时间代价增多,通常建立二级知识库或动态知识库(现场知识库或直接知识库)应对,即根据用户所选书写练习对象在原始库中提取对本次书写指导起主要作用的数据建立相应的二级教师知识库。以该库内容作为用户现场书写的指导依据。

当系统获得用户的的笔迹信息后,需要按照书写教学的要求对笔迹信息进行预处理。预处理环节主要包括笔迹增强、消重及虚拟平滑,作为手写教学的预处理过程与作为手写识别预处理过程的最大区别在于前者应妥善保留书写者的原始书写笔迹的特点内容,否则系统无法提出符合客观的指导意见。因此,用于手写识别的预处理诸方法不能盲目用于手写教学系统的用户书写内容前置处理。

完成笔迹信息的前置处理后,进入笔画特征的提取环节。用于书写教学的笔画基元特征通常采用关键点、笔迹方向、线条曲率、笔迹形状等,与用于手写识别输入所需特征比较,更具形态几何性和可视性。

书写过程监督分为笔画书写分析、主导笔顺分析、搭配或约束笔顺分析、部件关系分析及书写质量分析等。笔画分析以关键点、笔迹方向、线条曲率等特征为依据,分析内容包括笔画起笔书写方向、笔迹路径、止笔方向。主导笔顺分析以紧邻笔画之间的关系代码为依据,观察用户前后笔画的书写位置关系是否符合关系代码规定的搭配。搭配或约束笔顺分析以非紧邻笔画的关系约束代码为依据,监督用户在符合主导笔顺基础上,所写笔画也满足当前笔画与先写笔画之间应具备的约束关系。部件关系分析以按字定制的部件关系代码为依据,考量用户书写的部件关系是否符合部件关系代码规定的前后部件关系。书写质量分析以质量分析模板为依据,从多角度对用户书写的整体效果进行评价,评价结果用等级或分数给出。

经书写过程监督环节产生指导意见是教学系统的重要目标之一。指导意见可分为赞许、提示和批评,表现形式有语音、文字显示、动画、附着标注、原笔迹闪烁等。对于低龄用户而言,语音尤其是趣味语音提示突显重要。指导意见是书写过程分析的映射,为实现这一映射,系统建立指导意见库、多文种融合的语音库,并以此为基础设置动画、附着标注、原笔迹闪烁等功能。

1.6 多文种融合文字书写自动教学系统主要环节的已有工作

归纳上节介绍,多文种融合文字书写自动教学系统的主要研究内容有文字书写过程计算、多文种文字书写过程融合机理、教学知识及其生成与管理、多文种融合的师生(机器老师与学生用户)交互结构、专用于文字书写教学的触摸信息前置处理方法、教学语音、具体文种文字在线书写的跟踪与分析及文字书写自动教学教室系统等。这些内容既是多文种融合文字书写教学的基本研究内容,相互关系密切,又具有相对的独立性。本节简单综述与主要基本研究内容关联的已有工作。从以下的综述可以了解到由于多文种融合的文字书写自动教学处于研究的起步阶段,直接相关的书写计算、多文种通用的文字书写教学知识及其数据库、多文种融合的交互结构等多文种融合文字书写自动教学理论与技术的核心内容的研究成果鲜见报道。

1.6.1　关联文字书写过程计算的已有工作

书写计算是行为计算的研究分支,采用数学表达式表达文字书写过程知识点的优势表现为可以使得人们对文字形状的计算机信息表达从粗放或表面形态的形式化描述上升为基于文字中部件、笔画客观联系的可进行细节关系分析的参数标识与推理;也正是因为文字结构及书写过程的数学表达式引入,为文字部件、笔画复用开辟了解析函数计算渠道;可以大幅提高文字、部件与笔画的共享率,从而使得对文字、部件及笔画的结构分析从单一服务于文字识别推进到文字自动生成、文字结构信息挖掘及文字书写指导。与整字结构的分析过程相比,空间结构的复杂度降低,指错的速度与精准度大幅提高等。

将文字结构描述为数学模型,实现文字模式的解析函数式计算是数学方法应用于文字结构描述的更高境界(Zukerman, et al. ,2001;Seiichi, et al. ,2006),具有代表性的研究及成果有张炘中等(1986)提出的汉字的数学表达式概念,对促进汉字识别技术的发展起到了重要的作用,殷建平、孙星明、张问银等发展了这一思想(Sun, et al. ,2002;孙明星,等,2002;张问银,等,2004),建立起一种新的汉字的数学表达方法,即将汉字表示成由汉字部件作为操作数,部件间结构关系作为运算符号的数学表达式。汉字可以通过部件间位置关系相互组合生成(Gu, et al. ,2011),这一原理说明汉字数学表达式不但可以用于汉字识别,而且还具有汉字生成机理,这是其他数学方法难以同时具备的优势。

用其他不同数学方法描述文字结构的成果,如 Li 等(2000)提出用于手写字符识别的部件拆分与组合方法,认为一个文字模式可以分解为结构复杂度不等的子模式,按先易后难顺序进行识别,而整个模式的识别可以通过整合部分识别结果完成。刘峡壁等(2004)为基于结构模型的手写体汉字识别系统研究了段化法笔段提取方法,进一步推进了用数学方法描述文字结构的基础研究工作。Shin 等(2002,2005)研究一种基于笔画匹配的手写体汉字字符字体生成方法,依据汉字由部件构成,部件由笔画组合,每个笔画又可由两个或更多的基元特征描述的思想,建立笔画量化参考字符数据库和压缩字符数据库,通过手写笔画量化特征匹配检索实现手写体汉字字符字体生成。Su 等(2009)基于免分割策略的实际汉字笔迹离线识别方法,把手写的文字序列首先通过滑动窗口转换成可观察序列,然后利用BAUM-WELCH 算法进行特征提取,由 HMM 训练,VITERBI 算法确定最佳特征符号串。张炘中(1992)、吴佑寿等(1992)从有向图、属性关系图、笔段基元等多个角度实现了较为完善的汉字结构描述,为汉字识别提供了坚实的汉字结构理论基础。近年来,随着文字识别技术应用范围的不断扩大,文字结构的数学方法描述也不断取得新成绩,如付强等(2009)研究的用于手写汉字识别的改型 Adaboost 算法,GU 等(2008)研究的银行支票上手写汉字的分割与识别方法,赵骥等(2006)设计的脱机手写体满文文本识别系统等。

文字书写自动教学系统侧重于从笔画层面开始的书写过程监督,以及教学指导,指导意见涉及范围包括笔画书写的形态、起笔方向、止笔方向,笔画关系,部件关系,各类约束关系等。因此,以部件为变量、部件关系为关系符的计算结构难以胜任基于笔画的文字书写过程精细跟踪教学。

1.6.2　关联多文种融合教学知识的已有工作

作为文字书写自动教学系统,文字书写教学知识是实现系统教学功能的必备资源(戴永等,2011;Hammadi, et al. ,2012;吕军,2010;Yae,2011;Li, et al. ,2001)。教学知识研究包括两方面内容,一是知识库结构,二是知识点。知识库结构研究已趋成熟(Kherallah, et al. ,2009;鄢琦,等,2012;赵希武,等,2010;Wallace,et al. ,2005),单文种知识点的构造方法已进入实用阶段,如 20 世纪 90 年代 Lai 等(1996)提出智能汉字库的模型,即针对汉字信息处理中出现的缺字问题,采用组件拼合的方法造字;冯万仁等(2006)针对汉字字库存储量大的问题提出基于部件复用的分级汉字字库的构想,将汉字中重复使用的部件和一些基本笔画归纳总结,形成标准部件库;Pi 等(2008,2009)提出了智能造字的结构框架,用汉字基元库取代汉字字库,汉字基元相当于拼音文字的字母,不管汉字如何发展,汉字基元是长期稳定不变的。在知识点的研究方面,1.3.1 节介绍的各类描红手写教学方法的知识点内容一般为"笔画形态+笔画位置";1.3.2 节介绍的自由式手写教学方法的知识点内容,不同文种、不同视角、不同方法均会产生不同结构的知识点,如 Cook(2003)以部件结构作为知识点;戴永等(2012)提出采用笔画以及笔画书写顺序作为知识点结构来指导英文字母书写;Hu 等(2008)按笔画与笔画关系知识点结构设计了基于关系图的汉字匹配算法指导汉字书写。

1.6.3　关联多文种融合交互结构的已有工作

传统的图形界面用户交互接口主要是通过图标按钮、鼠标、窗口和菜单选取(WIMP)来实现,用户的命令要通过一系列比较繁杂的点击或选取过程来完成。这些接口实现的本质特征是强制性的命令执行,用户很难按照自己的目的在操作的界面上进行交互。但它也具有交互优势的一面:人们不再需要硬性记忆大量繁琐、枯燥的命令,而是可以通过形象化的窗口、菜单、鼠标、对话框等形式方便的进行操作,可以直接对屏幕上的对象进行符合日常认知的操作,如拖动、旋转、放大等操作,极大的方便大众用户的使用。

随着多媒体技术的迅速发展,未来的趋势是多通道交互占据主流,大显身手。

所谓多通道交互是指通过多方位感觉、触觉互补性来捕捉用户的意向,增进人与机器之间交互的自然性(Abowd,et al.,1996;冯建,等,1999),努力营造出日常生活中人机之间交流的自然环境。Post-WIMP 为用户提供一种多通道的交互途径(Li,et al.,2001,2003;Tian,et al.,2002),包括语音交互、笔式交互等。通过语音或笔,用户的思想可以不再受图像化(WIMP)的局限性,可按照自己的目的进行一系列的交互操作(田丰,等,2002a,2002b,2004;李杰,等,2002;付永刚,2005;Schmidt,2000;Landay,et al.,2001)。2002 年中国科学院软件研究所栗阳(2002)基于纸笔的隐喻,给用户提供一种自然高效的交互方式,结合现实生活中人们运用纸笔方式进行自然交流与表达各种信息的心理认知和社会影响,设计能使用户高效利用计算机资源,实现对信息进行各种操作的系统,如检索、修改、分析、传输和再加工等,极方便地捕捉想法、进行形象描述、抽象思考和事件记录。梁怀宗等(2009)和 Martin 等(2007)针对儿童特定年龄段的成长特征,从界面隐喻的方面切入,分析、设计和评估儿童的交互方式,提出一种新颖的 3IBOOK 界面隐喻。通过设计这种交互方式,给儿童创造出一种愉快、轻松、充满兴趣的学习环境,使儿童用户能通过使用计算机快速地提高自己的认知能力,促进身心健康的成长。

1.6.4   关联面向文字书写教学的触摸信息前置处理的已有工作

大多数触摸产品支持手写字符或手绘图形识别输入,识别的工作过程是提取用户在触摸屏上书写的笔迹信息,然后对其进行预处理、抽取特征、分类,涉及的预处理方法有笔画细化、字符分割、大小和位置归一化、数据平滑消噪等。王华等(2004)提出采用重心和外框相结合的位置归一化方法,解决藏文字符识别中的位置差异问题,即依据藏文字符具有比较稳定的宽度值和字符间高度差异比较大的特点,先将字符变成高宽比为固定值,然后再进行整体外框放大或缩减,从而使字符大小实现归一化。马瑞(2007)给出非限制手写字符分割的方法,较好地解决手写过程中笔画交错、粘连和相离等问题。孙嫣等(2009)针对联机书写输入识别问题,采用数学形态对书写的文字进行去噪处理,即先采用传统的方法对笔画进行归一化,然后采用书写形态中的膨胀操作对文字进行处理,使得噪声与笔画主干连通,之后进行腐蚀操作,对文字进行适当分割,最后细化并获得文字的核心骨架结构。

在面向文字书写教学方面,戴永等(2012)依据手写教学的特点研究了相应的前置处理策略。总体说来,面向文字书写教学的书写信息预处理技术仍处于探索阶段。

1.6.5   关联多文种融合文字书写教学的教学语音的已有工作

多文种共处的相关系统越来越多(Polyákova,et al.,2011;King,2011;Tan,et

al.，2008；sigita，et al.，2007；Kishore，et al.，2005；蔡黎，等，2012；彭祥伟，等，2011；米吉提·阿布力米提，等，2003)，其中的重要问题之一是如何实现语音融合。

单语种的语音编码已经得到广泛研究(Bao，et al.，1996；郭巧，1998；Oancea，et al.，2002)，建立了为数众多的国际标准(Nikolic，et al.，2008；Arnoldner，et al.，2007；Wang，et al.，2001)，归纳起来，语音编码可以划分为三个类别，即基于对语音样本波形处理的波形编码(Chandak，et al.，2010；Nguyen，et al.，2007；Lu，et al.，2003；Yair，1999)、基于对语音声学模型参数处理的参数编码(Choi，et al.，2010；Guibé，et al.，2001；Kalama，et al.，2008)，基于波形编码和参数编码结合的混合编码(Gao，2014；Tamaura，et al.，2013；Jahangiri，et al.，2010；Satya，et al.，2009；Guerchi，et al.，2009)。三类编码方式各有其特点。

多文种语音融合方面也取得重要研究进展(Yuan，2012；HERVE，et al.，2011；Fung，et al.，2008；Bojan，et al.，2003)。戴永等(2011)利用嵌入式技术发明了多文种文字书写教学系统，缺省文种为简体汉字、汉语拼音、英文，可扩展文种为日文、韩文、法文、德文等，为解决课后教师不能对学生进行实时辅导的问题提供了坚实的技术基础。由于此类系统主要受众为低龄用户，多文种语音表达指导意见、对不同文种字音进行点选播报等是必备功能。彭祥伟等(2011)利用多语种技术，针对新疆少数民族偏远地区师资力量薄弱、汉语语音环境缺乏、本地化口音严重的实际，开发了一个面向维吾尔语、柯尔克孜语、哈萨克语的汉语口语辅助学习系统，通过在音素级的评测，定位发音错误，并给以相应指导。对于同一个音素基元，在母语和非母语状态下，其发音的共振峰频率有明显差异，在系统实现的过程中，不能简单用标准普通话语音数据构建的声学模型来识别带有少数民族发音特点的汉语普通话，因此要进行说话人的自适应，建立一个通用的声学模型。该模型不但能识别标准的普通话音素发音，而且能识别母语为少数民族语言的说话人的音素发音。模型训练采用 MLLP 和 MAP 相结合的方法，以 MLLP 区分音素间的差别，以 MAP 划分音素的层次，训练出的声学模型应用于少数民族口音说话人的汉语口语发音评价达到了预期的目标。屈丹等(2004)提出 GMBM-UBBM 模型，改进了以往语种识别系统的缺陷，构建了一种应用于多语种情境下的语言识别系统。该系统可通过分析说话人的发音，判断说话人的语言类别，从而使机器用说话人熟悉的语种与人进行交互，可用于信息查询和日益增加的国际交流活动中。语音模型的训练过程为对输入语音进行参数化，以 GMBM 模型进行参数估计得到 UBBM 模型，UBBM 模型经过贝叶斯自适应算法得到各语种的语言模型。识别过程是待识别语音参数化，参数通过 UBBM 模型获得混合向量，计算混合向量的对数概率，以对数似然概率最大的语种做为识别出的语种。高斯混合模型为说话人无关语种识别的有效方式，GMBM 模型为高斯混合模型的扩展，且 GMBM-UBBM 模型是基于统计方式的，因此不需要大量切分音素数据进行音素识别器训练,模型扩展性和可移植性较好。徐俊等(2005)在单语种语音合成研究的基础上,开发了一个基于中英日韩四种语言的混合语种语音合成系统,提高了合成参数和合成代码模块的复用性、通用性和可扩展性。

1.6.6　关联汉字、汉语拼音及英文等文种实现文字书写自动教学的已有工作

1. 汉字书写自动教学的研究现状

汉字书写是汉语言的文字表达,但不限于结构的形成,涉及绘制的艺术效果,因此汉字书写教学,除传授汉字的笔画搭接能力外,还要注重文字的构图质量。为了达到较好的书写质量,指导学生在触摸屏上把握好用笔力度,作为教学系统也应是责无旁贷的。

计算机汉字书写教学方法可以分为描红和自由式书写两大类。描红方法是比较早期的(Tang,et al.,2006;李东青,2008;陈定,2008),将被练习文字由计算机生成红底影字,由用户在文字的笔画影迹上进行覆盖填写,该方法适用于小学一年级及以下年龄段用户学习写字。当前人们主要研究自由式书写自动教学,胡智慧(2010)及 Hu(2009,2008)研究中文手写教学系统的自动错误检测算法,给出一些汉字的书写演变和分析规则,但未给出部件分析策略。Yamaguchi 等(2011)报告一种联机手写汉字书写学习支持服务系统评价方法。Tan(2002)将汉字智能工具中的书写错误识别技术应用于汉字书写教学。现有的汉字书写教学方法基本采用整字分析法,即先记录笔画,待整字笔画书写完毕再进行分析与质量评价。这类方法的突出缺点是不能及时制止用户的错误书写行为,听凭用户一错再错。文字书写教学系统主要面向低龄用户,教学过程应尽可能多地使低龄学生面对正确知识,做到有错即改。

汉字书写质量评价是汉字书写教学的重要内容。近年来,计算机辅助中文学习技术取得很大的进步(Gu,et al.,2011;Hu,et al.,2009,2008;刘禹,等,1994),但对手写汉字的书写质量评价方法研究方面非常少见。刘玉峰(2000)根据字体结构的相似度实现了对手写制图字体进行自动评分,但仅限于规定格式的标准书写字体。夏伟平等(2008)对联机手写汉字布局提出一种基于模板的评价方法,规则复杂,适应范围较小,不具有通用性。目前汉字习字系统都是以触摸屏为书写载体,但由于触摸屏的硬质性和光滑性,触摸笔在书写过程中会产生滑动从而导致书写的文字产生笔画畸变、结构扭曲、位置偏移、大小不均等一系列错误,影响书写文字的美观。因此,如何快速、客观评价书写质量并有效指导书写有着重要的研究意义。模糊分析方法较为适宜文字书写质量的分析,Chen 等(2010)提出了模糊预测方法,Lu 等(2007)提出了模糊神经网络分析方法。李哲等(2003)实现的手写体汉字模糊识别方法等均为汉字书写质量模糊评价研究提供了较好的基础。

樊建平(1990)提出从书法美学角度来分析自动生成手写体字的结体、架构、布

白等。金连文等(2012a,2012b,2011a,2012b,2010,2008,2007)就汉字美化方法与评价做了许多卓有成效的工作,如基于轨迹分析的手写汉字的美化方法、手写汉字美化中模拟书法拖笔效果的方法等。文字书写质量除了与各相关文献报道的原因联系密切外,对于笔画密集型汉字,影响书写质量的原因更多的来自负面的笔力效果。

2. 汉语拼音自动教学研究现状

汉语拼音教学是小学语文教学的重要组成部分,是培养学生汉语语文能力的重要基础工作。1958 年第一届人大五次会议批准的《汉语拼音方案》、1963 年教育部颁布的《全日制小学语文教学大纲》、1978 年教育部发出的《关于加强学校普通话和汉语拼音教学的通知》以及 2001 年教育部在《全日制义务教育语文课程标准(实验稿)》中把汉语拼音归到识字、写字部分等,表明我国在不断加强汉语拼音文化的学习、宣传和推广。

为了提高汉语拼音教学质量,不少文字工作者作了相关研究。但到目前为止,汉语拼音自动教学研究成果主要停留于拼读或发音教学,如刘文强(1990)发明了汉语拼音教学练习器,该练习器由声母带和韵母带组成,韵母带包含带四个声调的五个元音(a、o、e、u、ü)组成的 140 个韵母,任意选择一个声母带和韵母带,可以拼成一个字。这个练习器有利于汉语拼音的拼读教学。严秀荣(1996)提出的汉语拼音教学插图启示法、歌诀巩固法、游戏学习法、创设情境法和故事趣谈法等,旨在充分刺激学生的视觉、听觉和知觉神经,提高学生学习兴趣,加强学生认识字母和记忆能力。赵洁(2008)发明一种汉语拼音教学教具,在教具平台的左上方有个卡片夹,用于夹持拼音卡片;平台的右方是个 ü 字形装置,用于控制 ü 上端两点的出现。它很好的演示声母与 ü 相拼两点省略的分解和合成过程,自然有趣的解决 x、y、j、q 与 ü 拼写省略两点而分解需加两点的问题。徐玲莉(2010)提出一种能和声拼读的拼音教读板。同年,朱华东(2010)申请发明了拼音标准发音电子示教板。

当前汉语拼音教学方法及相关教具存在的主要问题是过于注重看、读指导,忽略书写教学,致使现有汉语拼音书写教学方面的教具在功能、实用、使用周期、学习效果等方面非常有限。

3. 英文字母书写自动教学研究现状

单体英文字母大小写共 52 个,从实际需求、开发成本及学术价值等角度出发,专门针对初学阶段的英文字母书写教学系统的研究意义不大。将单体字母和字母连写融于一体研究,既有实用价值,又有较高的学术意义。文字书写教学的核心技术之一是怎样实现对用户书写过程的跟踪,首当其冲的跟踪内容是笔画的书写跟踪,字母形笔画尤其是多字母连写笔画的跟踪存在很大的挑战性。

戴永等(2012)实现了一种英文字母书写的智能指导方法。该方法设计了书写指导系统的体系结构,建立了对应的大小写英文字母笔画和笔画关系的分类,直线与简单弧线笔画形状分类,实现了实时笔迹关键点提取,简单笔迹方向分析、相应书写过程笔画关系分析算法和整体书写过程描述字。该系统能对用户的书写过程进行较为有效的跟踪,能实时给出指导意见。王耀等(2010)以英文字母书写指导为例,提出一种规定格式书写练习质量评价的方法,针对四线格上书写的英文字母,采用几何方法计算待评价字母与模板字母之间几何平行度等。王淑侠等(2014)提出一种针对复合线元的分割算法及通过二次曲线拟合进行贴近度分析的在线手绘图识别方法,利用笔划中含有的几何特征,拟合圆、非虚标准二次曲线、直线段和折线段等,对书写笔画进行自适应分类,然后通过最小中值二乘法进行二次曲线拟合来确定笔划的具体类型。该方法为连写笔画分析提供了较好基础。Minoru等(2013)提出一种通过跟踪时间远点在手写模式间的关系的全局在线数字识别方法。该方法认为一条笔迹的全局特征表现在该笔迹图案两个时间上距离最远点之间的关系中,而它可能被定义为两个分离时间点。例如,通过起始和结束点之间的关系可以快速识别"0"和"6",而起始和结束点是时间分离的。这种关系不能由在各个点定义的局部特征来表示,而只能从全局特征来分析,该算法从具有N个点手写图案中迭代提取时间最远点来识别每个数字,大大减少了需提取的特征点数目,优化了笔迹跟踪和识别效率。

目前已存在不少的笔迹跟踪的成果(Wang, et al. , 2014; Zhang, et al. , 2014; Zhou, et al. , 2013; Yin, et al. , 2013; Kong, et al. , 2010; Liu, et al. , 2008; Vuong, et al. , 2008; Hellge, et al. , 2007; Bahlmann, et al. , 2002; Plamondon, et al. , 1999),均表现出被分析的笔画笔迹不够复杂,只需要进行直接分析或拟合。

1.6.7　关联文字书写自动教学的教室系统的已有工作

随着计算机技术的飞速发展和网络的普及应用,虚拟教室系统、多媒体教室系统和协作教室系统等的研究成果不断(满君丰,等,2005;卢宇清,等,2012),相比之下文字书写自动教学教室系统的研究进展缓慢。

表1-2列出了文字书写教学教室系统与这三种教室系统涉及研究内容的重要差别。

表1-2　文字书写教学教室系统与其他教室系统区别比较

系统	文字书写教学教室系统	虚拟教室系统、多媒体教室系统、协作教室系统
学生终端设备类型	嵌入式设备	个人计算机
教学内容	文字书写训练	无固定教学内容
使用的网络协议	定制(本书研究 CSELP 协议)	TCP/IP 协议

　　计算机技术用于教学,有三种途径,即辅助教学系统、B/S 模式的远程教育系统、C/S 模式的班级制教室系统。当前,国内外的教室系统根据实现方案不同大体可分为如下几类。

　　① 纯硬件的教室系统。操作简单直观,与操作系统无关,数据传输速度快,但易出故障,不容易维护,用户资金投入多,性价比相对较低,不利于升级换代。

　　② 纯软件的教室系统。基于操作系统来实现,安装维护简单、用户资金投入少、性价比相对较高、易于升级换代。

　　③ 软硬件结合的教室系统。结合上述两种教室系统的优点,既有性能的优势,又可以方便地升级换代。

　　20 世纪 90 年代,加州伯克利大学实现了 BSD TCP/IP 协议,在 Unix 操作系统 BSD4.2 中集成了 TCP/IP 协议栈,是后续嵌入式协议开发者设计协议的重要参考,大多数专业 TCP/IP 是由此派生的。该协议为网络的飞速发展奠定了基础,对全球信息化有非常大的促进作用,TCP/IP 最初的开发者卡恩和瑟夫由于对网络发展和美国文化发展的卓越贡献被授予美国总统自由勋章。刘方爱(1997)设计了一个多媒体语音教室系统,研究了微机和单片机的通信技术,实现了一个微机控制的多媒体语音教室系统,能实现基本的多媒体功能,对于当时的课堂学习模式是相当大的改进,掀开了国内对多媒体教室系统研究的先河,但是受限于当时的硬件发展水平,功能稍显不足。

　　2000 年英国 Staffordshire 大学开发了 COSE 虚拟学习环境系统(Stiles,2000),COSE 系统基于 VRML 的虚拟学习环境建立,支持以学习者为中心的学习模式。在该校得到应用,可以帮助学生制作学习流程,组织课程资源,功能比较完善,是比较早的虚拟学习环境系统。

　　2001 年瑞典计算机系统科学研究所研制了 lwip 协议(Dunkels,2001),该协议 IP 路由部分用路由代理来处理,提高了协议性能,并且减少了代码体积,其开源的特点和针对嵌入式设备的设计使其在嵌入式设备上应用广泛,很多研究者实现了在不同嵌入式设备上对 lwip 的移植。lwip 协议栈最大的优点是减少内存的使用、缩小代码的大小,让 lwip 比较适用于资源有限的场所,如嵌入式设备。lwip 协议栈对功能函数进行了裁减,可以减少数据的复制。

　　2002 年德国 Dortmund 大学的 Herrmann 和 Kienle 设计了 Kolumbus 协作学习系统(Thomas,et al.,2002),研究了协作学习方法,在协作学习环境的基础上实现面向上下文的支持。系统主要应用于教学实验和课程研究,基于网络通信能够为用户提供通信功能和更优化的情境。同年,原野等(2002)研究了远程教育环境下在 Internet/Intranet 上基于 Web 的在线多媒体教学系统,该系统具有比较好的可移植性,效果良好。充分利用网络资源可以实现远程多教室同时教学,而教师和教室也实现了分离,能够最大限度的利用优质教育资源,但是也存在一些缺点,即性能受网络带宽的影响较大,任务调度存在一定局限,多用户视频交互功能没有实现。

2003 年瑞典计算机科学学院的 Dunkels(2003)研制了针对 8 位嵌入式系统的 μIP,以函数库的形式提供给开发人员调用,在单片机领域得到了广泛应用。该协议栈对通用 TCP/IP 协议栈进行裁剪,去掉了不常用的功能,缩减了处理流程。μIP 协议栈采用 C 语言实现,并且开源,通过函数实现了与硬件和应用程序的通信,实现流程对操作系统透明,增加了可移植性和通用性。μIP 很大限度的减少了硬件资源需求,且性能稳定,市面上很多 8 位 CPU 的产品都在使用 μIP,如洗衣机、交换机、传感器等。

朱杰杰等(2004)提出了虚拟多媒体教室系统 VMCS,分析了场景建模方法和多细节层级模型(LOD)技术,利用三维学习环境给用户提供真实漫游和探索的功能。该系统的工作原理是采用基于 Web 的 C/S 系统结构利用虚拟现实技术建立三维学习环境,让用户沉浸其中,提供一种系统的方法来学习设备的操作和使用方法,通过触发相应触发器来模拟设备使用后的效果。同年,东北大学 CNCI 研究所完成了 thinTCP/IP 协议栈的研究和开发工作(阙建荣,等,2004),协议只有 2.5KB 大小。该协议栈成功的申请了国家专利,在家电领域得到广泛使用,在冰箱、洗衣机等多种非网络设备上提供了网络连接应用,是国内最先研究嵌入式网络协议并大规模商业应用的典范。

郭玉清等(2012)使用硬件设备、物联网与云服务相结合的解决方案设计了一种基于云计算的智慧教室系统,充分利用了云计算的高数据安全性、高性能和高扩展性的优势,相比现有的其他系统来说提高了存储容量和计算速度。同年,Lancaster 开发了基于 μC/OS 的开源 TCP/IP 协议栈 μC/IP(heep://ucip. sourceforge. net/),是一套可裁剪的、免费的协议栈。它有以下特点,即优化了交互过程,全面支持 IP、TCP 和 UDP,网络功能强大。被设计成了一个用户接口和网络模块,不同 CPU、系统和编译器实现的协议不同,有针对性。

CMX 公司开发的 MicroNet 协议栈(http://www. cmx. com/consult. htm)是一个商用的嵌入式 TCP/IP 协议栈,其代码大小在 3~20K,能够适用于硬件资源比较少的嵌入式设备,从而能较好的在 8 位和 16 位微处理器上运行,但其价格比较高,且不开源,不易于裁剪和优化的特点限制了其大规模应用。

文字书写自动教学教室系统的构建需两方面的核心内容,一是具有网络接口的手写文字自动教学终端,即学生终端,二是适用的网络协议。就目前的相关成果发表情况看,由于单机版的文字书写自动教学系统的技术尚处在不成熟阶段,所以难有网络相关的技术研究。

1.7　多文种融合文字书写自动教学深化研究的主要课题

本书讨论的只是多文种融合文字书写自动教学理论与技术的一般内容,需要扩展与深化研究的课题还有许多方面。

① 硬件方面包括触摸屏的耐写性、可折叠的电子书写练习簿、系统重量进一步减轻等。

② 书写计算方面包括引入智能理论等(Xu,2007;Zanibbi,et al.,2002),如模糊遗传算法等能否表达得更贴切。

③ 教学知识的创建方面包括知识点的自学习、自组织进行等(Zadeh,1996;Park,1991)。

④ 语音库方面包括自学习、自组织及自优化等。

⑤ 教学算法方面包括通过智能化提升效果等(Zadeh,1997)。

⑥ 交互结构方面包括其功能扩展至与用户写字姿势的监督、矫正等一体化处理。

⑦ 教室与联网方面包括机器老师与学生关系广域网化等。

第 2 章 书写过程计算

　　学习文字书写的基本要求是被学习文字的笔画形态、笔画之间的空间结构及笔画书写顺序等由授学者预先告之,学习者通过指、眼、脑对文字书写过程进行指肌体验及笔迹图形观察实现对被写文字书写过程及样态的记识。由计算机来实现这一自动教学过程,计算机是授学者,即虚拟教师。虚拟教师的知识来源于文字的笔画形态、笔画之间的空间结构及笔画书写顺序等内容形式化处理后的有序载入。怎样实现虚拟教师知识为用户的文字书写过程提供规范的指导结构,是实现文字书写自动教学需要解决的核心问题之一。本章将笔画、笔画关系及部件关系作为计算元,借鉴常用的代数符号及公式结构,构建指导用户进行文字书写的教学知识。

　　数学模型涉及过程笔画子集、过程笔画关系、定制部件、过程部件关系、主导笔顺、约束笔顺、规则函数解析式结构及波兰式结构等新概念;一个字对应一个书写过程结构计算模型;以文字为函数,过程笔画子集、过程笔画关系、过程部件关系等相关参数为变量或计算元,式子由主导笔顺计算结构和约束笔顺计算结构两部分组成。主导笔顺计算结构部分的结构特征表现为以过程笔画子集为变量;部件按笔画间可计算关系按字定制,一个定制部件为计算式的一项,每一项中笔画变量之间关系为服从笔顺结构的可普通代数计算关系子集;约束笔顺计算结构部分包括错交笔画对偶集合和错离笔画描述字集合,当主导笔顺某子过程计算正确后,约束笔顺计算结构进行补充计算,两种计算结果正确,则该书写子过程正确。模型结构吻合惯用的数学表达式,阅读直观、易于理解、富含机理,适用于不同文种进行文字书写过程结构计算。

　　利用数学表达式表达文字书写过程知识点需要面对如下问题。

　　① 文字笔画数量不等,空间结构复杂程度差别大,如何形成统一的函数化计算结构。

　　② 笔画、部件与各类关系适用于数学表达式的形式化描述,包括笔画、部件的量化表示,各种关系的可计算机理。

　　③ 数学表达式适用于现场用户书写过程的计算跟踪的实现机制,包括各类笔画关系、部件关系、约束关系等的计算函数设计等。

2.1 过程笔画子集与笔顺

文字书写过程中产生的笔画简称为过程笔画。

定义 2.1 依据系统兼容文种文字规范结构的笔画集合 $\Omega^{(S)}$，书写笔从起点按给定迹径到终点一次性书写而成的有向几何图形，用 $\vec{S}$ 表示，$\forall \vec{S} \in \Omega^{(S)}$。

定义 2.2 设有 $\vec{S}_a$ 和 $\vec{S}_b$，$d \in \Omega^{(S)}$，如果 $(d \subset \vec{S}_a)$ 和 $(d \subset \vec{S}_b)$ 成立，则称 $\vec{S}_a$ 和 $\vec{S}_b$ 是互相可弱演变的，记为 $\vec{S}_a \updownarrow \vec{S}_b$。

定义 2.3 设有 $\vec{S}_a$ 和 $\vec{S}_b$，如果 $\vec{S}_a$ 仅经 1 个标准结构的任意非端点的关键点延伸可成为 $\vec{S}_b$，则称 $\vec{S}_a$ 和 $\vec{S}_b$ 是互相可强演变的，记为 $\vec{S}_a \Leftrightarrow \vec{S}_b$。

结论 2.1 $\Leftrightarrow$ 是 $\updownarrow$ 的一个子演变。

定义 2.4 设有 $\vec{S}_1, \vec{S}_2, \cdots, \vec{S}_k$，如果存在

$$\vec{S}_i = \vec{S}_1 \cap \vec{S}_2 \cdots \cap \vec{S}_k, \quad i \in \{1, 2, \cdots, k\} \tag{2.1}$$

则称 $\vec{S}_i$ 是 $\vec{S}_1, \vec{S}_2, \cdots, \vec{S}_k$ 的领衔分类笔画。

定义 $i \in \{1, 2, \cdots, k\}$，表明 $\vec{S}_i$ 具有自领衔性。为了较为灵活地设置笔画关系，也允许互相领衔。

结论 2.2 如果存在 $\vec{S}_1 \Leftrightarrow \vec{S}_2 \Leftrightarrow \cdots \Leftrightarrow \vec{S}_k$，则仅有 $\vec{S}_1$ 可以作为 $\vec{S}_1, \vec{S}_2, \cdots, \vec{S}_k$ 的领衔分类笔画。

证明：设 $a_i \in \Omega^{(S)}$，$i \in \{1, 2, \cdots, k\}$，而 $\vec{S}_1 = \{a_1\}, \vec{S}_2 = \{a_1, a_2\}, \cdots, \vec{S}_k = \{a_1, a_2, \cdots, a_k\}$，当 $i \geqslant 2$ 时，$\vec{S}_i \neq \vec{S}_1 \cap \vec{S}_2 \cdots \cap \vec{S}_i$。

通过领衔笔画的自领衔性可得出互领衔规则。

结论 2.3 设有 $\vec{S}_{1i} = \vec{S}_{11} \cap \vec{S}_{12} \cdots \cap \vec{S}_{1k}$，$i \in \{1, 2, \cdots, k\}$，$\vec{S}_{2j} = \vec{S}_{21} \cap \vec{S}_{22} \cdots \cap \vec{S}_{2l}$，$j \in \{1, 2, \cdots, l\}$，如果存在 $\vec{S}_{1i} \updownarrow \vec{S}_{2j}$，则 $\vec{S}_{1i}$ 和 $\vec{S}_{2j}$ 互相领衔。

定义 2.5 令文种的文字笔画集合为 Θ，如果 $\exists \xi = \{\xi_1, \xi_2, \cdots, \xi_l\} \in \Theta$，在文字书写过程中对 $\forall \zeta \in \xi$，$\exists d(\bar{\xi}, \zeta) \leqslant \varepsilon$，其中 $\bar{\xi}$ 为 ξ 聚类中心，ε 为聚类距离阈值，称 ξ 为过程笔画子集。设 θ 为当前写出笔画，若 $\theta \in \Theta$，且 $\theta = f(\xi)$，称 θ 为 ξ 象笔画或正确的写出笔画。

定义 2.6 单一文字所含 k 条笔画构成的集合用 W 表示，$W \subseteq \Omega^{(S)}$。w 记为 W 的元素，$\exists \forall w_i \Leftrightarrow \{\theta, \xi\}$（$i \in \{1, 2, \cdots, k\}$），则书写该文字的公认笔画书写顺序称为主导笔顺。按由小到大对应由先往后标注书写笔画的下标，主导笔顺记为 $w_1 \to w_2 \to \cdots \to w_k$，简记为 $w_i \to w_j$（$j = i+1$）。"$\to$"有两层含义，一是表示 w_i 写完后下一笔写 w_j；二是表示 w_j 与 w_i 之间以某种可计算的关系连接。相应的 $\{w_1, w_2, \cdots, w_k\}$ 称为按主导笔顺排列元素的集合，w_i 和 w_j 为紧邻笔画。无特别说明，$W = \{w_1, w_2, \cdots, w_k\}$。

主导笔顺包括如下基本性质。

① w 具有环境属性。处于知识库环境时,$w \Leftrightarrow \xi$;处于过程状态环境时,$w \Leftrightarrow \theta$。

② 结构唯一性。笔画书写顺序为公认,属客观认可的一字一序,任意的跨序(顺跨、逆跨)环节都属于非主导笔顺环节,导致整个笔顺成为非主导笔顺结构。

③ w 形态具有相对稳定性。w 形态仅限于 ξ 的范围内变化。当 $|w_1| = |w_2| = \cdots = |w_k| = 1$,说明每条笔画形态是唯一的或完全稳定的,相应的主导笔顺称为最优质主导笔顺。

④ 有序分割性。主导笔顺根据定制部件(2.2 节)结构可分割为约干子主导笔顺,设 W 在书写过程中产生 c 个定制部件,则 $w_1 \rightarrow w_2 \rightarrow \cdots \rightarrow w_k$ 可以表达为由 c 个子主导笔顺构成的主导笔顺,即 $(w_{11} \rightarrow w_{12} \rightarrow \cdots \rightarrow w_{1n_1}) \rightarrow (w_{21} \rightarrow w_{22} \rightarrow \cdots \rightarrow w_{2n_2}) \rightarrow \cdots \rightarrow (w_{c1} \rightarrow w_{c2} \rightarrow \cdots \rightarrow w_{cn_c})$。各子主导笔顺中各链节均存在可计算性(定义 2.9),而紧邻两个子主导笔顺的前子主导笔顺的最后一条笔画与后子主导笔顺的最前一条笔画没有可计算性。

⑤ 单节性。允许主导笔顺及子主导笔顺仅含 1 个元素,即对于主导笔顺可只含 w_1;子主导笔顺可只含 w_{t1}($t \in \{1, 2, \cdots, c\}$)。

定义 2.7 对于 $W = \{w_1, w_2, \cdots, w_k\}$,如果 w_i、w_j($i > j + 1, i, j \in \{1, 2, \cdots, k\}$)在书写过程中形成错误的交叉关系,称 $w_i \rightarrow w_j$ 为错交笔顺,用 (w_i, w_j) 表示错交笔顺对偶,由错交笔顺对偶构成的有序集合称为错交笔顺集合,用 W_{EC} 表示,$W_{EC} = \{(w_{i_1}, w_{j_1}), (w_{i_2}, w_{j_2}), \cdots, (w_{i_m}, w_{j_m})\}$,其中 $i_m \geqslant \cdots \geqslant i_2 \geqslant i_1$,$\max(i_m) = k$。

错交笔顺集合包括如下基本性质。

① 元素预测性。预测的基本依据是非主导笔顺的后书写笔画与已书写笔画存在由于书写惯性导致错误交叉的可能性。

② 一对多性。一条后写笔画有可能与多条先写笔画错交,即允许多个对偶左元素下标相同。

③ 元素设置的择优性。当一条笔画被预测有可能和多条笔画发生逆跨错交时,则选择有可能在书写时间上最先产生错交的笔画构成错交对偶列入 W_{EC}。

④ 结构的多样性。由于元素选择是预测性的,且存在一对多元素,因而元素的多少及元素在集合中的局部位置等都无限制性规定。

⑤ 空置性。允许 W_{EC} 不设置元素。

⑥ 部件无关性。后写笔画与先写笔画的错交预测与部件及其部件空间关系无关。

图 2-1 所示的书写过程中第 3 画、第 1 画形成错交。

定义 2.8 对于 $W = \{w_1, w_2, \cdots, w_k\}$,如果 w_i、w_j($i > j + 1, i, j \in \{1, 2, \cdots, k\}$)在书写过程中必须逆跨主导笔顺而满足两者之间的某种紧依位置关系,则称 $w_i \rightarrow w_j$ 为关于某种紧依位置关系的错离笔顺,相应的集合用 W_{EL} 表示,$W_{EL} = \{(w_{i_1}, w_{j_1}, r_1^*, \upsilon_1), (w_{i_2}, w_{j_2}, r_2^*, \upsilon_2), \cdots, (w_{i_q}, w_{j_q}, r_q^*, \upsilon_q)\}$,其中 r^* 为模板文字

(a) "王" 错交　　　(b) "A" 错交

图 2-1　错交书写示例

应具备的 w_i 和 w_j 笔画关系,v 为 r^* 的畸变系数,随 r^* 的属性设置。

错离笔顺集合包括如下基本性质。

① 元素预测性。预测的基本依据是非主导笔顺的后书写笔画与已书写笔画的空间关系由于种种原因未能形成正确结构,或畸变度超出 v。

② 元素数目的稳定性。$|W_{EL}|=q=\text{constant}$,超 q 设置错离笔顺元素会导致文字书写过程总为错,小于 q 则难以监测到相关的书写错误。

③ 一对多性。即允许多元素的 w_i 相同,满足后写笔画与已写的多个笔画应遵循各自相应的错离关系。

④ 元素结构的多样性。由于存在笔画一对多性,因而集合中元素的局部位置无硬性要求。

⑤ 空置性。允许 W_{EL} 不设置元素。

⑥ 部件无关性。后写笔画与先写笔画的错离预测与部件及其部件空间关系无关。

图 2-2(a)为第 4 画、第 1 画错离,图 2-2(b)为第 3 画、第 1 画错离。

(a) "日" 错离　　　(b) "干" 错离

图 2-2　错离书写示例

错交笔顺与错离笔顺在书写过程中用于对非主导笔顺笔画之间的书写关系进行约束,将两者合称为约束笔顺。

2.2　过程关系与部件定制

文字书写过程中产生的各类关系简称为过程关系。过程关系包括过程笔画关系或笔画关系(记为 $r^{(\beta)}$,β 为关系编码)、过程部件关系或部件关系(记为 $r^{(\rho)}$,ρ 为关系编码)两大类。笔画关系的应用涵盖主导笔顺与约束笔顺,部件关系涉及前后部件遵循的结构规则。$\forall w_i, w_j \in W (i \neq j, i, j \in \{1, 2, \cdots, k\})$，对于不同文种，关于笔顺 $w_i \rightarrow w_j$ 的笔画关系集合内容存在差异是肯定的，但是由于任意文种文字均为二维平面条纹构图，书写过程都是有序写出规定笔画序列的过程，毋容置疑，异类文种既有独特，也有共享的过程关系。下面给出常用的共享过程关系描述。

2.2.1　过程笔画关系

假设文字由按序写出的 k 条笔画组成，i 和 $j(i \neq j, i, j \in \{1, 2, \cdots, k\})$ 为 w 的专用序号下标。$X^{(w_i)}$ 和 $Y^{(w_i)}$ 分别表示第 i 条写出笔画 w_i 的笔迹点的 x 和 y 坐标集合；$(X, Y)^{(w_i)}$ 表示 w_i 笔画笔迹点的 (x, y) 坐标集合。$s^{(w_i)}$ 表示 w_i 笔画起点；$s^{(w_i)}(x, y)$ 表示 w_i 笔画起点的 (x, y) 坐标值。$e^{(w_i)}$ 表示 w_i 笔画终点；$e^{(w_i)}(x, y)$ 表示 w_i 笔画终点的 (x, y) 坐标值。$x^{(w_i \cap w_j)}$ 表示两笔画交点的 x 坐标，$y^{(w_i \cap w_j)}$ 表示两笔画交点的 y 坐标，$\Psi(x, y)$ 表示交点及其 x 和 y 坐标。

注 2.1　w_i 和 w_j 之间笔画关系分析的前提条件是 $(\exists \theta_i \Leftrightarrow w_i) \text{ AND } (\exists \theta_j \Leftrightarrow w_j)$ 为真。

注 2.2　针对 w_i 和 w_j 关系分析，当 $j = i+1$，适用于主导笔顺；当 $i > j+1$，适用于约束笔顺。

定义 2.9　对于 w_i 和 w_j，如果其中一条笔画模式的基元相对于另外一条笔画模式的某基元的空间位置关系可通过所属文字书写教学系统设定的笔画空间关系计算模型进行计算，则称该空间位置关系在 w_i 和 w_j 的书写过程中是可计算的，反之为不可计算。

不同的系统可设置不同的笔画空间关系计算元素、不同的计算模型等。

定义 2.10　对于 w_i 和 w_j，如果 $X^{(w_i)} \cap X^{(w_j)} = \Phi$，左模式取整线模式，右模式取端点基元，且左线模式与右端点基元之间的空间位置关系存在可计算性，称 w_i 和 w_j 在书写过程具有左右关系；右模式取整线模式，左模式取端点基元，且右线模式与左端点基元之间的空间位置关系存在可计算性，则称 w_i 和 w_{i+1} 在书写过程的具有右左关系。两关系合称为过程左右关系，记为 $r^{(B_1)}$，$\beta = B_1$ 为笔画关系大类码。

$r^{(B_1)}$ 具有如下性质。

① 笔迹方向的自由性。对于取点模式，到达 $e^{(\text{Right})}$ 或 $e^{(\text{Left})}$ 的笔迹方向不限，从 $s^{(\text{Right})}$ 或 $s^{(\text{Left})}$ 出发的笔迹方向不限。

② 点线关系分层性。端点处于线模式的纵向位置可分层设置与描述，常采用"3_3"分层制，也就是将线模式分成 3 个大区作为基本位置关系分析依据，大区编码结构为大类编码右边增加一个码字字段，如 $r^{(B_1 B_{11})}$，$\beta = B_1 B_{11}$，B_{11} 为大区编码；为实现大区中的位置微分析，再将大区分为 3 个小区，小区编码结构为大类大区编码右边再增加一个码字字段，如 $r^{(B_1 B_{11} B_{12})}$，$\beta = B_1 B_{11} B_{12}$，$B_{12}$ 为小区编码。允许 $\beta =$

$B_1 B_{11}$ 或 $\beta = B_1 B_{11} B_{12}$。$\beta$ 的具体编码方法及编码空间计算见 3.3 节。

类似描述可定义 w_i 和 w_j 的过程上下关系(记为 $r^{(B_2)}$),不再赘述。

定义 2.11 对于 w_i 和 w_j,如果 $(X^{(w_i)} \bigcap X^{(w_j)}) OR (Y^{(w_i)} \bigcap Y^{(w_j)}) \neq \Phi$,且 $s^{(w_i)}(x,y), e^{(w_i)}(x,y), s^{(w_j)}(x,y), e^{(w_j)}(x,y) \notin (X,Y)^{(w_i)} \bigcap (X,Y)^{(w_j)}$,设 δ 为交点到各端点的最短距离阈值,以 $\Psi(x,y)$ 代表 $(X,Y)^{(w_i)} \bigcap (X,Y)^{(w_j)}$,$d(\Psi(x,y), \{s^{(w_i)}, e^{(w_i)}, s^{(w_j)}, e^{(w_j)}\})$ 表示交点分别到各端点的距离,若 $d(\Psi(x,y), \{s^{(w_i)}, e^{(w_i)}, s^{(w_j)}, e^{(w_j)}\}) \geqslant \delta$,则称 w_i 和 w_j 在书写过程中的空间位置关系为过程十字交关系,记为 $r^{(B_3)}$。

$r^{(B_3)}$ 具有如下性质。

① w_i 具有抽象性。通常为横、竖、斜三类领衔笔画,由此可表述为存在 w_j 与横或竖或斜等笔画的十字交。

② 交点射线的自由性。通过 $\Psi(x,y)$ 的笔迹方向不限。

③ $\Psi(x,y)$ 与 w_i 空间位置关系具有"3_3"分层性。分层编码后关系符分别记为 $r^{(B_3 B_{31})}$、$r^{(B_3 B_{31} B_{32})}$。

定义 2.12 对于 w_i 和 w_j,如果 $(X^{(w_i)} \bigcap X^{(w_i)}) OR (Y^{(w_i)} \bigcap Y^{(w_j)}) \neq \Phi$,令 G 为 T 交点类型集合,$G = \{s^{(w_i)}, e^{(w_i)}, s^{(w_j)}, e^{(w_j)}, s^{(w_i)} \wedge s^{(w_j)}, e^{(w_i)} \wedge s^{(w_j)}, s^{(w_i)} \wedge e^{(w_j)}, e^{(w_i)} \wedge e^{(w_j)}\}$,以 $\Psi(x,y)$ 代表 $(X,Y)^{(w_i)} \bigcap (X,Y)^{(w_j)}$,当且仅当 $\Psi(x,y)$ 属于 G 的某一类型时,则称 w_i 和 w_j 在书写过程中的空间位置关系为过程 T 字交关系,记为 $r^{(B_4)}$。

$r^{(B_4)}$ 具有如下性质。

① 交点的端点化描述。当 $\Psi(x,y)$ 仅包含一个端点时,称之为单端点 T 字交,记为 $\Psi(x,y)'$;包含两个端点时称之为双端点 T 字交,是单端点 T 字交的概念扩展,记为 $\Psi(x,y)''$。以 $w_{\overline{v}}$ 表示端点不是 $\Psi(x,y)$ 的笔画模式,$w_{\overline{v}} \in \{w_i, w_j\}$。

② 交点射线的自由性。通过 $\Psi(x,y)$ 的笔迹方向不限。

③ $\Psi(x,y)'$ 与 $w_{\overline{v}}$ 的空间位置关系具有"3_3"分层性。分层编码后关系符分别记为 $r^{(B_4 B_{41})}$、$r^{(B_4 B_{41} B_{42})}$。

④ $w_{\overline{v}}$ 具有领衔性。领衔类笔画仅设"横"、"竖"两类。

结论 2.4 $r^{(B_3)}$、$r^{(B_4)}$ 中的 $\Psi(x,y)$ 与分别相对于 w_i、w_j 的空间位置关系在书写过程中的可计算性是稳定的。

注 2.3 w_i、w_j 之间的空间位置关系是通过所取点模式处于关联线模式上的几何位置参数来体现的。

定义 2.13 设 $\vec{R}$ 为系统某文种 $r^{(\beta)}$ 集合(含公共关系、独有关系),η 为 $r^{(\beta)}$ 的几何位置参数,即与 $\{r_1^{(\beta_1)}, r_2^{(\beta_2)}, \cdots\}$ 对应存在 $\{\eta_1, \eta_2, \cdots\}$,$\overline{\eta}$ 是文字标准结构中当前 $r^{(\beta)}$ 应实现的几何位置参数,如果 $\exists r^* = \{\lambda_1, \lambda_2, \cdots, \lambda_a\} \in \vec{R}$,在文字书写过程中 $\forall \lambda$

$\in r^*$ $\exists d(\bar{\eta}, \eta^{(\lambda_\tau)}) \leqslant \Delta$,其中 $\eta^{(\lambda_\tau)}$ 表示笔画关系 λ_τ 对应的几何位置参数,$\tau = 1, 2,$ $\cdots, a$,Δ 为聚类距离阈值,称 r^* 为 $r^{(\beta)}$ 子集。设 $r^\oplus$ 是当前 $w_i \rightarrow w_j$ 的 $r^{(\beta)}$,若 $r^\oplus \in \vec{R}$,且 $r^\oplus = g(r^*)$,称 $r^\oplus$ 为 r^* 的象 $r^{(\beta)}$ 或写出的 $r^{(\beta)}$ 正确。

定义 2.13 说明可在 w_i 和 w_j 之间建立多种 $r^{(\beta)}$。r^* 为知识库的 $r^{(\beta)}$ 结构,$r^\oplus$ 出现于文字书写过程。

2.2.2 过程部件及关系

文字书写过程中产生的子主导笔顺的笔画集合简称为过程部件。

设 M_j 表示文字的第 j 个部件,$j \geqslant 1$;$X_{\min}^{(M_j)}$、$X_{\max}^{(M_j)}$、$Y_{\min}^{(M_j)}$、$Y_{\max}^{(M_j)}$ 分别为 M_j 的 4 个最值;w_{jo} 和 w_{je} 分别为 M_j 的起始书写笔画和末尾书写笔画。

M_j 和 M_{j+1} 之间的空间位置可计算性定义类似定义 2.9,不再赘述。

定义 2.14 对于 $w_1 \rightarrow w_2 \rightarrow \cdots \rightarrow w_k$,如果第 j 段($\max(j) > 1$)笔画组合中的子主导笔顺均有稳定的可计算性,但 $w_{(j-1)e}$ 和 w_{jo} 之间没有稳定的可计算性,则称第 j 段子主导笔顺是书写 W 过程中定制第 j 个过程部件,记为 M_j,$M_j = \{w_{jo}, \cdots, w_{je}\}$,也记为 $W = \{M_1, M_2, \cdots, M_{\max(j)}\}$。

W 与 M_j 具有如下基本关系。

① $\max(j) = 1$,说明 W 不可再分割,或称 W 为单部件文字。

② $\max(j) > 1$,则 $w_{\max(j)e} = w_k$,说明 W 被定制出多个顺序写出的过程部件。

③ 由于部件分割依据仅凭 w_i 和 w_{i+1} 之间是否具有稳定可计算性,因此 W 的部件结构具有按字定制性。

④ 当 w_i 为 M_j 的最后笔画时,M_{j+1} 产生于 $w_{i+1} \sim w_k$ 的书写过程中,$M_{\max(j)} = \{w_{i+1}, \cdots, w_k\}$

⑤ 允许 W 中存在 $|M_j| = 1$ 的部件,即 $w_{je} = w_{jo}$。

定义 2.15 设 M_j 和 M_{j+1} 为有序书写的相邻两个部件,如果 $Y_{\max}^{(M_{j+1})} \geqslant \frac{1}{2}(Y_{\min}^{(M_j)} + Y_{\max}^{(M_j)}) \geqslant Y_{\min}^{(M_{j*1})}$ 或 $Y_{\max}^{(M_j)} \geqslant \frac{1}{2}(Y_{\max}^{(M_{j+1})} + Y_{\min}^{(M_{j*1})}) \geqslant Y_{\min}^{(M_j)}$,则当 $X_{\min}^{(M_{j+1})} \geqslant X_{\min}^{(M_j)} + \frac{1}{2}[X_{\max}^{(M_j)} - X_{\min}^{(M_j)}]$,称 M_j 和 M_{j+1} 的空间位置关系为过程部件左右关系,用 $r^{(U_1)}$ 表示,既有 $\rho = U_1$。

$r^{(U_1)}$ 具有如下性质。

① w_{je} 与 $w_{(j+1)o}$ 具有非可计算性或不稳定可计算性。

② M_j 和 M_{j+1} 具有有限可交融性。由于过程部件产生是按字的书写过程定制的,难以避免会出现 M_{j+1} 中的笔画与 M_j 中的笔画具有错离约束笔顺。

③ M_j 和 M_{j+1} 具有错交约束性。当出现 M_{j+1} 中的笔画与 M_j 中的笔画错交时,服从错交笔顺处理流程。

④ M_j 和 M_{j+1} 之间的空间位置关系具有嵌套链接性。M_j 为单体部件,而 M_{j+1} 可以是单体部件也可以是组合部件。

⑤ M_j 和 M_{j+1} 空间关系分层性。类似于笔画空间关系描述,取 $\rho = U_1 U_{11} U_{12} X$,$U_1$ 为大类码;U_{11} 是部位链接关系码,U_{12} 是 U_{11} 的细分码,根据具体情况 U_{11}_U_{12} 可采用多种分层结构,如"3_3"、"3_2"或"2_3"等,允许 $\rho = U_1 U_{11} U_{12} X$ 或 $\rho = U_1 U_{11} X$。$X = 1$ 表示 M_{j+1} 为 M_j 的同层部件,$X > 1$ 表示 M_{j+1} 为 M_j 的下层部件集合的首部件。ρ 的编码方法与编码空间计算见 3.3 节。

类似的,可以定义书写过程中 M_j 和 M_{j+1} 之间的其他共享关系,如上下关系(表示为 $r^{(U_2)}$ 及 $r^{(U_2 U_{21} U_{22} X)}$)。记可计算部件空间关系集合为 $\overleftrightarrow{R}$,$\{r^{(U_1)}, r^{(U_1 U_{11} U_{12} X)}, r^{(U_2)}, r^{(U_2 U_{21} U_{22} X)} \cdots\} \in \overleftrightarrow{R}$。

2.3　书写过程计算模型构建

计算元来自 W、$\overrightarrow{R}$、$\overleftrightarrow{R}$。

2.3.1　计算结构定义

定义 2.16　记文字 W 的书写过程为 $Q(W)$,$Q(W)$ 是以 W、$\overrightarrow{R}$ 及 $\overleftrightarrow{R}$ 中元素为变量的函数,即

$$Q(W) = F(W, \overrightarrow{R}, \overleftrightarrow{R}) \Big|_{\{W_{EC}, W_{EL}\}} \tag{2.2}$$

其中,$\{W_{EC}, W_{EL}\}$ 为 $F(W, \overrightarrow{R}, \overleftrightarrow{R})$ 的约束条件。

设文字由 h 层部件按分支嵌套,借助"+"号的链接功能,式(2.2)可以表示为

$$Q(W) = \sum_{j_h=1}^{C_h} \cdots \sum_{j_1=1}^{C_{j_h \cdots j_2}} M_{j_h \cdots j_1} r_{j_h \cdots j_1}^{(\rho_{j_h \cdots j_1})} \Big|_{\{W_{EC}, W_{EL}\}} \tag{2.3}$$

其中,$r_{j_h \cdots j_1}^{(\rho_{j_h \cdots j_1})}$ 为紧邻部件关系,$r_{j_h \cdots j_1}^{(\rho_{j_h \cdots j_1})} \in \overleftrightarrow{R}$。

式(2.3)表明文字的书写过程可以表示为部件的叠写过程,$Q(W)$ 由 h 层共 $\sum_{i=1}^{h} C_i$ 个定制部件与部件关系积项叠加而成。借用"·"号的链接功能表达 $M_{j_h \cdots j_1}$ 的子主导笔顺,即 $M_{j_h \cdots j_1} = \prod_{q=1}^{k_{j_h \cdots j_1}} w_{j_h \cdots j_1 q} r_{j_h \cdots j_1 q}^{*}$,表示部件 $M_{j_h \cdots j_1}$ 由 $k_{j_h \cdots j_1}$ 个过程笔画子集与过程笔画关系子集积项积连而形成该子主导笔顺,代入(2.3)式有

$$Q(W) = \sum_{j_h=1}^{C_h} \cdots \sum_{j_1=1}^{C_{j_h \cdots j_2}} \left(\prod_{q=1}^{k_{j_h \cdots j_1}} w_{j_h \cdots j_1 q} r_{j_h \cdots j_1 q}^{*} \right) r_{j_h \cdots j_1}^{(\rho_{j_h \cdots j_1})} \Big|_{\{W_{EC}, W_{EL}\}} \tag{2.4}$$

其中，$w_{j_h\cdots j_1 q}\Leftrightarrow\xi$；$r^*_{j_h\cdots j_1 q}$ 为紧邻笔画间"→"对应的笔画关系；$r^*_{j_h\cdots j_1 q}\in\vec{R}$；$r^*_{j_h\cdots j_1 k_{j_h\cdots j_1}}$ $\notin\vec{R}$，$r^*_{j_h\cdots j_1 k_{j_h\cdots j_1}}=r^{(\rho_{j_h\cdots j_1})}_{j_h\cdots j_1}$。

式(2.4)为文字书写过程的教学知识，一字一式。通过式(2.4)教学使得用户产生的书写过程表现为如下的计算结构，即

$$
\begin{aligned}
Q(\underset{\sim}{W}) &= \sum_{j_h=1}^{C_h}\cdots\sum_{j_1=1}^{C_{j_h\cdots j_2}}\Big[\prod_{q=1}^{k_{j_h\cdots j1}}\theta_{j_h\cdots j_1 q}r^{\oplus}_{j_h\cdots j_1 q}\Big]r^{(\rho_{j_h\cdots j_1})}_{j_h\cdots j_1}\Big|_{\langle W_{EC},W_{EL}\rangle} \\
&= \sum_{j_h=1}^{C_h}\cdots\sum_{j_1=1}^{C_{j_h\cdots j_2}}\Big[\prod_{q=1}^{k_{j_h\cdots j1}}f_{j_h\cdots j_1 q}(\xi)g_{j_h\cdots j_1 q}(r^*)\Big]r^{(\rho_{j_h\cdots j_1})}_{j_h\cdots j_1}\Big|_{\langle W_{EC},W_{EL}\rangle} \\
&= \sum_{j_h=1}^{C_h}\cdots\sum_{j_1=1}^{C_{j_h\cdots j_2}}\Big[\prod_{q=1}^{k_{j_h\cdots j1}}\bigcup_{u=1}^{l_{j_h\cdots j_1 qu}}\xi_{j_h\cdots j_1 qu}\bigcup_{a=1}^{N_{j_h\cdots j_1 iq}}\lambda_{j_h\cdots j_1 qa}\Big]r^{(\rho_{j_h\cdots j_1})}_{j_h\cdots j_1}\Big|_{\langle W_{EC},W_{EL}\rangle}
\end{aligned}
\tag{2.5}
$$

其中，$w_{j_h\cdots j_1 q}r^*_{j_h\cdots j_1 q}$ 指导书写出 $\theta_{j_h\cdots j_1 q}r^{\oplus}_{j_h\cdots j_1 q}$；$\theta_{j_h\cdots j_1 q}$ 按 $\bigcup\limits_{u=1}^{l_{j_h\cdots j_1 qu}}\xi_{j_h\cdots j_1 qu}$ 进行分析，若为 True，则写出笔画 θ 正确，反之写错；写出的 $r^{\oplus}_{j_h\cdots j_1 q}$ 按 $\bigcup\limits_{a=1}^{N_{j_h\cdots j_1 iq}}\lambda_{j_h\cdots j_1 qa}$ 进行分析，若为 True，则写出 $r^{(\beta)}$ 正确，反之写错。

$Q(W)$ 具有如下基本性质。

① 结构时序性。笔画、笔画关系、部件、部件关系及约束关系等计算元在模型中按书写先后有序组构。

② 变量多样性。变量包括笔画子集、笔画关系、部件关系等。

③ 变量值域规范性。根据模型承担的任务性质，变量参数或取编码，或取布尔逻辑量。一般来说，当模型用于文字书写过程分析时，自变量是笔画，定义域为笔画的编码集合；计算关系包括笔画关系、部件关系等，运算关系符取自关系编码集合；函数值域为知识库提供的知识范畴。运算过程为验证式计算，即在函数已知的前提下进行推算。其他用途，如手写文字识别，变量参数取编码属性认定真值"True"或 1、"False"或 0，以实现量值计算决策。

④ 运算规则自然性。$\theta_{j_h\cdots j_1 q}$ 和 $r^{\oplus}_{j_h\cdots j_1 q}$ 中相邻变量为"$\bigcup$"运算，$\theta_{j_h\cdots j_1 q}r^{\oplus}_{j_h\cdots j_1 q}$ 之间为逻辑"$\prod$"运算。

⑤ 部件拼接可算性。借助"$\sum$"表示多层，每层多个部件是拼接关系，按 $r^{(\rho)}$ 进行关系计算。

⑥ 多样本集成性。由于"$\bigcup$"运算的存在，$Q(W)$ 可集多预测书写样本、多预测 $r^{(\beta)}$ 于解析函数式中。

⑦ 函数单值性。在同一文种中，每个文字的整体形状都是独立的，因此每个文字的标准书写过程也是互不相同的。

式(2.2)为 $Q(W)$ 的概念表达式,式(2.3)适用于按部件关系生成文字 $Q(W)$,式(2.4)为 $Q(W)$ 的知识及其库存储表达式,式(2.5)是基于知识库的 $Q(W)$ 的书写过程分析表达式,式(2.4)可采用不同存储策略。为便于存储表达式变量的分类输入、分类向量描述及含逆跨分析的变量检索,将式(2.4)按波兰式结构存库。文字书写过程中顺序产生的变量的逻辑关系均为逻辑与,可作为波兰式的缺省关系符,即在 $Q(W)$ 的波兰式中省略逻辑与关系符。用 $Q^{(B)}(W)$ 表示 $Q(W)$ 的波兰式,于是

$$
\begin{aligned}
Q^{(B)}(W) = \ & (w_{1\cdots11}\, w_{1\cdots12} \cdots w_{1\cdots1k_{1\cdots1}})(w_{1\cdots21}\, w_{1\cdots22} \cdots w_{1\cdots2k_{1\cdots2}}) \cdots \\
& (w_{C_h\cdots C_1 1}\, w_{C_h\cdots C_1 2} \cdots w_{C_h\cdots C_1 k_{C_h\cdots C_1}})(r^*_{1\cdots11}\, r^*_{1\cdots12} \cdots r^*_{1\cdots1k_{1\cdots1}}\ r^{(\rho_{1\cdots1})}_{1\cdots1}) \\
& (r^*_{1\cdots21}\, r^*_{1\cdots22} \cdots r^*_{1\cdots2k_{1\cdots2}}\ r^{(\rho_{1\cdots2})}_{1\cdots2}) \cdots (r^*_{C_h\cdots C_1 1}\, r^*_{C_h\cdots C_1 2} \cdots r^*_{C_h\cdots C_1 (k_{C_h\cdots C_1}-1)}\ r^{(\rho_{C_h\cdots C_1})}_{C_h\cdots C_1}) \\
& (W_{\mathrm{EL}},W_{\mathrm{EC}}) \\
= \ & (w_{1\cdots11}\, w_{1\cdots12} \cdots w_{1\cdots1k_{1\cdots1}})(w_{1\cdots21}\, w_{1\cdots22} \cdots w_{1\cdots2k_{1\cdots2}}) \cdots \\
& (w_{C_h\cdots C_1 1}\, w_{C_h\cdots C_1 2} \cdots w_{C_h\cdots C_1 k_{C_h\cdots C_1}})(r^*_{1\cdots11}\, r^*_{1\cdots12} \cdots r^*_{1\cdots1k_{1\cdots1}}\ r^{(\rho_{1\cdots1})}_{1\cdots1}) \\
& (r^*_{1\cdots21}\, r^*_{1\cdots22} \cdots r^*_{1\cdots2k_{1\cdots2}}\ r^{(\rho_{1\cdots2})}_{1\cdots2}) \cdots (r^*_{C_h\cdots C_1 1}\, r^*_{C_h\cdots C_1 2} \cdots r^*_{C_h\cdots C_1 (k_{C_h\cdots C_1}-1)}\ r^{(\rho_{C_h\cdots C_1})}_{C_h\cdots C_1}) \\
& (w_{i_1},w_{j_1})(w_{i_2},w_{j_2}) \cdots (w_{i_m},w_{j_m})\ (w_{u_1},w_{v_1},r_1,v_1)(w_{u_2},w_{v_2},r_2,v_2) \cdots \\
& (w_{u_q},w_{v_q},r_q,v_q)
\end{aligned}
$$

$$(2.6)$$

式中序列 $w_{1\cdots11}\, w_{1\cdots12} \cdots w_{1\cdots1k_{1\cdots1}}\, w_{1\cdots21}\, w_{1\cdots22} \cdots w_{1\cdots2k_{1\cdots2}} \cdots w_{C_h\cdots C_1 1}\, w_{C_h\cdots C_1 2} \cdots$ $w_{C_h\cdots C_1 k_{C_k\cdots C_1}}$ 与 W 的元素序列 $w_1,w_2,\cdots,w_k$ 有序对应,如 $w_{1\cdots11}$ 为 W 中的 w_1 , $w_{C_h\cdots C_1 k_{C_h\cdots C_1}}$ 为 W 中的 w_k ,其余类推。$k_{1\cdots11}+k_{1\cdots12}+\cdots+k_{C_h C_{h-1}\cdots C_1}=k$ 。

2.3.2 计算结构图解

式(2.3)与式(2.4)的综合图解如图 2-3 所示,树结构为主导笔顺关系,用 " $\xleftarrow{W_{\mathrm{EL}},W_{\mathrm{EC}}}$ "表示笔画的逆跨约束关系。从叶往根看,文字笔画被分成不同的类别或部件,但笔画之间、部件之间是基于某种关系的链接,按规定的书写顺序出现,相互之间不具备时间并行性,是完全的文字书写过程的描述,因此为实现基于书写过程进行文字书写教学提供了可实用的主导笔顺计算结构。在 w 层,$w_{1\cdots11}$ 是书写过程跟踪的开始,$w_{C_h\cdots C_1 k_{C_h\cdots C_1}}$ 是书写过程跟踪的结束;W_{EL} 和 W_{EC} 不受部件影响,只作用于已写笔画,工作区域局限于 w 层;跟踪的升级,必须是本层本节点最右边分支最后一条笔画跟踪结束,通过 $r^{(\rho\cdots)}$ 链接进行。

从根往叶看,图 2-3 是文字笔画类别结构图,如果将单条笔画看成最小部件,则该图为通用的文字部件结构图(各种关系对笔画分类无法产生影响),适用于文字在其结构完整情况下的分析,如离线、印刷体、联机手写文字的识别及文字书写完毕后的书写错误识别或教学。

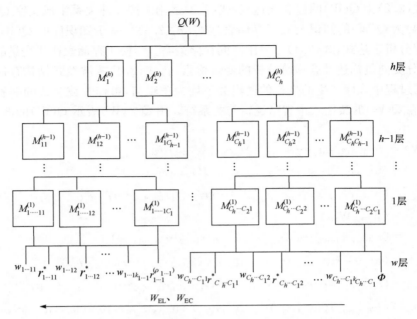

图 2-3　书写过程计算模型图解图

2.3.3　计算结构实现机制

　　用于跟踪分析的变量参数和空间计算关系均来自于 w 层,考虑 W_{EL} 和 W_{EC},基于图 2-3 或式(2.4)、式(2.6)及相应的定义 2.9～定义 2.15,用户实写过程的计算实现如表 2-1 所示。为方便表达,表 2-1 中设文字包含 k 条笔画,分为 C 个部件。

表 2-1　$Q^{(B)}(W)$ 实现机制

先写笔画 后写笔画	w_{11} (w_1)	w_{12} (w_2)	...	w_{1n_1-1} (w_{n_1-1})	w_{1n_1} (w_{n_1})	w_{21} (w_{n_1+1})	...	w_{C1} (w_{k-n_c+1})	w_{C2} (w_{k-n_c+2})	w_{C3} (w_{k-n_c+3})	...	w_{Cn_c-2} (w_{k-2})	w_{Cn_c-1} (w_{k-1})
$w_{12}(w_2)$	r_{11}^*												
$w_{13}(w_3)$	W_{EL} W_{EC}	r_{12}^*											
...	...	...	...										
$w_{1n_1}(w_{n_1})$	W_{EL} W_{EC}	W_{EL} W_{EC}	...	$r_{1n_1-1}^*$									

续表

先写笔画＼后写笔画	w_{11}	w_{12}	...	w_{1n_1-1}	w_{1n_1}	w_{21}	...	w_{C1}	w_{C2}	w_{C3}	...	w_{Cn_c-2}	w_{Cn_c-1}
	(w_1)	(w_2)		(w_{n_1-1})	(w_{n_1})	(w_{n_1+1})		(w_{k-n_c+1})	(w_{k-n_c+2})	(w_{k-n_c+3})		(w_{k-2})	(w_{k-1})
w_{21} (w_{n_1+1})	W_{EL} W_{EC}	W_{EL} W_{EC}	...	W_{EL} W_{EC}	$r_1^{(\rho_1)}$								
w_{22} (w_{n_1+2})	W_{EL} W_{EC}	W_{EL} W_{EC}	...	W_{EL} W_{EC}	W_{EL} W_{EC}	r_{21}^*							
...	...	...	...	...	...	...							
w_{C2} (w_{k-n_c+2})	W_{EL} W_{EC}	W_{EL} W_{EC}	...	W_{EL} W_{EC}	W_{EL} W_{EC}	W_{EL} W_{EC}	...	r_{C1}^*					
w_{C3} (w_{k-n_c+3})	W_{EL} W_{EC}	W_{EL} W_{EC}	...	W_{EL} W_{EC}	W_{EL} W_{EC}	W_{EL} W_{EC}	...	W_{EL} W_{EC}	r_{C2}^*				
w_{C4} (w_{k-n_c+4})	W_{EL} W_{EC}	W_{EL} W_{EC}	...	W_{EL} W_{EC}	W_{EL} W_{EC}	W_{EL} W_{EC}	...	W_{EL} W_{EC}	W_{EL} W_{EC}	r_{C3}^*			
...	...	...	...	...	...	...	...	...	...	...			
w_{Cn_c} (w_k)	W_{EL} W_{EC}	W_{EL} W_{EC}	...	W_{EL} W_{EC}	W_{EL} W_{EC}	W_{EL} W_{EC}	...	W_{EL} W_{EC}	W_{EL} W_{EC}	W_{EL} W_{EC}	...	W_{EL} W_{EC}	$r_{Cn_c-1}^*$

表 2-1 中先写笔画为第 1～$(k-1)$ 条，后写笔画为第 2～k 条。每条笔画采用两种表示，即按所属部件序号确定下标和按整体笔画数目、笔序确定下标（括号中笔画符号），$k=n_1+n_2+\cdots+n_C$。用户书写被练习文字，系统的知识库提供该文字的 $Q^{(B)}(W)$。用户每写完一条笔画，即起笔信息触发系统进入笔画、笔画关系、部件关系、错交关系、错离关系等的分析。后写笔画与紧邻的先写笔画为主导笔顺，两笔画之间进行关系子集决策，表中 w_{13} 和 w_{12} 为在同一部件的 r_{12}^* 分析。w_{1n_1} 和 w_{21} 分别为相邻部件的前部件最后一条笔画和紧邻后部件第一条笔画，遇此种情况，说明书写过程进入换部件书写状态，保留相应的 $r^{(\rho)}$，新部件的第 1 条笔画不进行主导笔顺分析，但要进行约束关系分析。遇到 Φ 或笔画计数值为 k 时，进入部件关系分析。部件关系分析依据为主导笔顺分析时记录的笔迹数据和有序保留的 $r^{(\rho)}$（或 $Q^{(B)}(W)$），按照定义 2.15 中性质④的 $\rho=U_1U_{11}U_{12}X$，分二种情况处理。

① $X=1$，后部件为同层部件，部件分析标志为 1 否，否则该标志置 1，是则进行紧邻部件（部件与部件，部件与部件层，部件层与部件层）关系分析；部件计数器加 1，同层新部件首笔画不进行笔画关系分析。

② $X>1$，保留层部件数 X；进入新层部件的首部件，部件计数器置 1；根据该层各部件的 $U_1U_{11}U_{12}X$，对当前写完的两个紧邻部件进行关系分析；清部件分析标志；部件层计数器加 1；部件计数器加 1，部件计数器值是否等于层部件数，不等则在该层继续进行同层部件关系分析；相等则将该层部件作为一个整体与父部件进行关系分析。

不管是同层，还是父子层，只要关系分析结果不满足 $U_1U_{11}U_{12}$，系统向用户提供教学意见。W_{EL} 和 W_{EC} 分析与层和部件无关，所有后写笔画都有可能与非紧邻主导笔顺笔画产生错交、错离，表中 W_{EL} 和 W_{EC} 排放说明越后写的笔画，W_{EL} 和 W_{EC} 分析的工作量越大，但后写笔画与非紧邻主导笔顺笔画不一定存在 W_{EL} 和 W_{EC}。

2.4 文字建模实例

汉字是书写过程平均复杂度最高的文种文字。本节以汉字书写过程为应用实例，说明可行性与实效性。基于多文种融合的汉字各计算元的编码原理、编码空间等在第 3 章讨论，以下举例中各计算元的编码来自第 7 章。

例 1 设计"秋"的 Q（秋）及 $Q^{(B)}$（秋）。

"秋"的第 6 条笔画"右斜点"与第 5 条笔画"右斜点"在笔画关系集合中找不到稳定可靠的计算关系元素，而其他主导笔顺紧邻笔画的书写关系均可在笔画关系集合找到稳定可靠的计算关系元素进行书写关系分析，因此对应的知识库书写过程数学模型结构为

$$Q(秋) = \sum_{j=1}^{2} M_j r_j^{(\rho_j)} = \sum_{j=1}^{2} \left[\prod_{q=1}^{k_j} w_{jq} r_{jq}^* \right] r_j^{(\rho_j)} \Bigg|_{\langle W_{EC}, W_{EL} \rangle} \tag{2.7}$$

即"秋"被定制为两个无嵌套部件，$k_1=5, k_2=4$。过程笔画子集均预设为 1 个元素，用过程笔画子集符号表示；r_{11}^* 预设成 3 个 $r^{(\beta)}$，即 $r_{11}^*=\{\lambda_{111},\lambda_{112},\lambda_{113}\}$，$r_{14}^*$ 预设成 2 个 $r^{(\beta)}$，即 $r_{14}^*=\{\lambda_{141},\lambda_{142}\}$；$r_{22}^*$ 预设成 2 个 $r^{(\beta)}$，即 $r_{22}^*=\{\lambda_{221},\lambda_{222}\}$，$r_{23}^*$ 预设成 2 个 $r^{(\beta)}$，即 $r_{23}^*=\{\lambda_{231},\lambda_{232}\}$；预设为 1 个 $r^{(\beta)}$ 的用子集符号表示，于是

$$Q(秋)=【[w_{11}(\lambda_{111},\lambda_{112},\lambda_{113})w_{12}r_{12}^*w_{13}r_{13}^*w_{14}(\lambda_{141},\lambda_{142})w_{15}r_{15}^*]r_1^{(\rho_1)}$$
$$+[w_{21}r_{21}^*w_{22}(\lambda_{221},\lambda_{222})w_{23}(\lambda_{231},\lambda_{232})w_{24}r_{24}^*]r_2^{(\rho_2)}】\Bigg|_{\langle W_{EC}, W_{EL} \rangle} \tag{2.8}$$

Q（秋）对应的 $Q^{(B)}$（秋）如表 2-2 所示。

表 2-2　$Q^{(B)}$（秋）结构表

部件 符号	M_1_w	M_2_w	$M_1\_r^*$	$M_2\_r^*$	W_{EC}	W_{EL}
变量 符号	w_{11} w_{12} w_{13} w_{14} w_{15}	$w_{21}w_{22}w_{23}w_{24}$	$(\lambda_{111}\lambda_{112}\lambda_{113})$ $r_{12}^*r_{13}^*(\lambda_{141}\lambda_{142})$ r_{15}^*	r_{21}^*（λ_{221} λ_{222}） （$\lambda_{231}\lambda_{232}$）$r_{24}^*$	(3,1) (4,2) (5,2) (5,3) (6,2) (8,6) (9,7)	(3,1,6302, 3)（5, 2, 612,0)(8, 6,602,3)
波兰码 结构	07，04，06， 07,57	01,07,08,10	(610,614,615)， 622,6308， (6310,601),70001	600，（6311， 602）（6311， 602）,0000		
笔画序号	1,2,3,4,5	6,7,8,9				

对照式(2.8)与表 2-2，$r_1^{(\rho_1)}=r_{15}^*$，即 $\rho_1=70\,001$，其中 $U_1=70$ 为前后部件左右关系的编码，$U_{11}=00$ 表示 70 类部件关系的第 00 号子关系，实验系统定义为全幅左右关系；$X=1$，表示前写部件与紧邻后写的 1 个部件成左右关系；$r_2^{(\rho_2)}=r_{24}^*$，即 $\rho_2=0000$，定义为 Φ。第 1、2 笔画之间预设 3 种 $r^{(B)}$，"610"表示"全幅上下"子关系，614 表示"左下上"子关系，"615"表示"中下上"子关系。由式(2.6)分析时写出关系只要与此三种关系中一种关系相同，则认为两笔画的书写关系正确。其余笔画关系解释类似。W_{EC} 栏中设置有 7 对错交约束关系。W_{EL} 栏中设置有 3 对错离约束关系，(3,1,6302,3)，6302 表示横的中下 T 字交，偏差应小于 3 个笔迹点；(5，2,612,0)，612 为中部上下结构，偏差应为 0。其余叙述类似。

例 2　设计"增"的 Q(增)及 $Q^{(B)}$(增)。

"增"的第 4 条笔画"右斜点"与第 3 条笔画"短提"在笔画关系集合中找不到稳定可靠的计算关系元素，因此前 3 条笔画被定制为一个部件；第 6 条笔画"短竖"与第 5 条笔画"左斜点"无稳定可靠的计算关系，因此第 4、5 条笔画被制定成一个部件；从第 6 条笔画开始直至最后一条笔画，主导笔顺均有稳定可靠计算关系，故构成第 3 个部件。从部件在文字结构中的布局可以看出，第一个部件与二、三个部件构成左右关系，即可将第二、三个部件看成一个局部整体部件，该部件嵌套有第二、三个部件。综上所述，"增"字对应的书写过程跟踪模型结构为

$$Q(\text{增})=\sum_{j_2=1}^{C_2}\sum_{j_1=1}^{C_{j_2}}M_{j_2j_1}r_{j_2j_1}^{(\rho_{j_2j_1})}$$

$$=\sum_{j_2=1}^{C_2}\sum_{j_1=1}^{C_{j_2}}\Big[\prod_{q=1}^{k_{j_2j_1}}w_{j_2j_1q}r_{j_2j_1q}^*\Big]r_{j_2j_1}^{(\rho_{j_2j_1})}\Big|_{\{W_{EC},W_{EL}\}} \tag{2.9}$$

按照"增"的上述定制，对于 $C_2=2$，当 $j_2=1$ 时，$C_{j_2}=1$，$k_{j_2j_1}=k_{11}=3$；$j_2=2$ 时，$C_{j_2}=2$，$j_1=1$，$k_{j_2j_1}=k_{21}=2$，$j_1=C_{j_2}=2$，$k_{j_2j_1}=k_{22}=10$。于是式(2.9)展开结

构为

$$Q(\text{增}) = \left[\!\!\left[\sum_{j_1=1}^{1}\left[\prod_{q=1}^{3}w_{1j_1q}r^*_{1j_1q}\right]r^{(\rho_{1j_1})}_{1j_1} + \sum_{j_1=1}^{2}\left[\prod_{q=1}^{k_{2j_1}}w_{2j_1q}r^*_{2j_1q}\right]r^{(\rho_{2j_1})}_{2j_1}\right]\!\!\right]\Big|_{\{W_{EC},W_{EL}\}}$$

$$= \left[\!\!\left[\left[\prod_{q=1}^{3}w_{11q}r^*_{11q}\right]r^{(\rho_{11})}_{11} + \left[\prod_{q=1}^{2}w_{21q}r^*_{21q}\right]r^{(\rho_{21})}_{21} + \left[\prod_{q=1}^{10}w_{22q}r^*_{22q}\right]r^{(\rho_{22})}_{22}\right]\!\!\right]\Big|_{\{W_{EC},W_{EL}\}}$$

$$(2.10)$$

w_{113} 预设 2 条样本笔画，即 $w_{113}=\{\xi_{1131},\xi_{1132}\}$；$r^*_{223}$ 预设成 2 个 $r^{(\beta)}$，即 $r^*_{223}=\{\lambda_{2231},\lambda_{2232}\}$；$r^*_{224}$ 预设成 2 个 $r^{(\beta)}$，即 $r^*_{224}=\{\lambda_{2241},\lambda_{2242}\}$。其余说明类同"秋"，即

$$Q(\text{增}) = \left[\!\!\left[\left[w_{111}r_{1111}w_{112}r_{1121}(\xi_{1131},\xi_{1132})r_{1131}\right]r^{(\rho_{11})}_{11} + \left[w_{211}r_{2111}w_{212}r_{2121}\right]r^{(\rho_{21})}_{21}\right.\right.$$

$$+ \left[w_{221}r_{2211}w_{222}r_{2221}w_{223}(r_{2231},r_{2232})w_{224}(r_{2241},r_{2242})w_{225}r_{2251}w_{226}r_{2261}\right.$$

$$\left.\left.w_{227}r_{2271}w_{228}r_{2281}w_{229}r_{2291}w_{22A}r_{22A1}\right]r^{(\rho_{22})}_{22}\right]\!\!\right]\Big|_{\{W_{EC},W_{EL}\}}$$

$$(2.11)$$

$Q^{(B)}(\text{增})$ 结构和表 2-2 基本相似，不同之处如下。

① 第 3 条笔画在 $\{\xi_{1131},\xi_{1132}\}$ 中选择，如取 ξ_{1131} 为"短横"，ξ_{1132} 为"短提"，书写结果为其中任意一种都认为书写正确。

② 取 $\rho_{11}=70002$，其中 $X=2$，表示第 1 个部件与后跟的两个部件的整体成左右关系，但后面两个部件有独立的部件关系。

第3章 多文种融合教学知识

教学系统必须具备教学资源,而教学知识是教学资源的核心内容。教学知识充裕与否决定着系统的实用程度及教学水平的高低。教学知识的设置与开发分两大内容,一是教学知识点的设计及其生成方法,二是知识库及其应用。教学知识点的内容结构具有双重性,过于简单生成容易,但影响教学效果和质量,乃至系统的实用性;过于复杂又会导致系统的存储、速度、算法复杂度等开销增大。多文种兼容文字书写教学系统的教学知识管理特点表现在资源应用时各文种内容互不干扰,而教学知识设置与管理时则需多文种综合考虑,尽可能多的实现内容交融。

本章从人们书写文字过程的共性出发,提炼不同文种文字的共享结构与独特结构构建教学知识及其容器,定义教学知识点或教师数据结构;讨论多文种融合的计算元数量及其编码空间计算规则;设计并实现知识点书写计算码字段的生成算法;给出多文种融合的教学知识库结构与知识库应用机制;介绍书写计算码生成实例等。

3.1 教学知识点

教学知识点又称为教师数据,作为文字书写自动教学系统,教学知识点包含的基本内容与结构如图 3-1 所示。

| 书写计算码 | 文字标准码 | 质量分析码 | 规范手写码 | 文字语音码 |

图 3-1 通用的文字书写教学知识点结构

第 2 字段为被教学文字的标准编码,如汉字采用国标 GB2312-80《信息交换用汉字编码字符集》编码(区位码),英文字母采用 ASCⅡ码等;第 3、4 字段用于文字书写质量分析(实现原理第 7~9 章详细讨论);第 5 字段用于产生文字语音码(实现原理第 6 章详细讨论)。第 1 字段是被练习文字书写过程的计算结构 $Q^{(B)}(W)$,为重点研究对象。作为多文种融合的文字书写自动教学系统,知识点的各字段应具有多文种融合机理,与此对应,知识库的存储机理与管理、应用机理等都应满足多文种兼容工作的需要。

书写计算码、质量分析码、规范手写码直接用于现场文字书写过程监督,是直接的教师数据;文字标准码为印刷体文字码,可由设计者选用相应的字体码,如宋体码等;文字语音码是该文字音频码在文字书写自动教学系统语音库中的位置编码。标准码和语音码为辅助教学或间接的教师数据。

现场监测用户书写过程的直接教师数据主要是书写计算码,即 $Q^{(B)}(W)$。在监测过程中不需将知识点所有字段都从知识库调出,因此设置现场用知识容器(动态知识库),称其为直接容器或动态容器。该容器装载当前被练习文字的 $Q^{(B)}(W)$ 及其所属知识点在知识库中的索引码,两码结合形成现场监督或教学描述字,结构如图 3-2 所示。

知识库索引码	书写计算码

图 3-2　监督描述字结构

索引码由文种、年级、课号及字序等编码组成。进入文字书写指导过程,系统以直接容器中的 $Q^{(B)}(W)$ 作为教师数据,需要启用知识点的其他字段时,根据索引码在知识库中获取。

3.2　多文种可融合性分析

笔画、笔画关系、部件关系是文字结构的要素,也是文字书写教学的基本内容。不同文种有各自的笔画、笔画关系、部件关系集合,在形态及书写过程等方面虽然独据特色,但是也不可避免会形成相交内容。

对于 A 种文种融合,笔画能产生的融合子集数量为 $1+A+\sum_{i=1}^{A-2} C_A^{A-i}$,式中"1"表示涉及 A 种文种的笔画子集为 1 个,"A"表示 A 种文种各自特有的笔画子集数量为 A,"$\sum_{i=1}^{A-2} C_A^{A-i}$"表示 A 种文种中选 $A-i$ 文种组合产生的笔画子集数量。融合后总的笔画子集数量记为 $F^{(s)}$,即

$$F^{(s)} = 1 + A + \sum_{i=1}^{A-2} C_A^{A-i} = \sum_{i=0}^{A-1} C_A^{A-i} \tag{3.1}$$

以 $\alpha^{(\cdot)}$ 表示多文种共享的笔画数目,$\beta^{(\cdot)}$ 表示由"·"个文种的共享笔画构成的集合,记共享笔画数量为 $f^{(ss)}$,即

$$f^{(ss)} = \sum_{i=0}^{A-2} \alpha^{A-i} = \sum_{i=0}^{A-2} \sum_{j=1}^{C_A^{A-i}} |\beta_j^{(A-i)}| \tag{3.2}$$

用 $f^{(us)}$ 表示 A 个文种的独特笔画数目,即

$$f^{(us)} = \sum_{j=1}^{A} |\beta_j^{(1)}| \tag{3.3}$$

A 种文种融合后的笔画全集记为 β,即

$$\beta = \{\beta_1^{(A)}, \beta_1^{(A-1)}, \cdots, \beta_{C_A^{A-1}}^{(A-1)}, \cdots, \beta_1^{(2)}, \beta_2^{(2)} \cdots, \beta_{C_A^2}^{(2)}, \beta_1^{(1)}, \cdots, \beta_{C_A^1}^{(1)}\}$$

各笔画子集之间无交集。

同理,可计算融合后总的笔画关系子集数量 $F^{(sr)}$、部件关系子集数量 $F^{(pr)}$,分别用 $\lambda^{(\cdot)}$、$\chi^{(\cdot)}$ 依次表示共享笔画关系、部件关系的数目,用 $\phi^{(\cdot)}$ 和 $\varphi^{(\cdot)}$ 分别依次表示共享笔画关系、部件关系元素构成的集合,共享笔画关系数量 $f^{(ssr)}$ 和共享部件关系数量 $f^{(spr)}$ 计算结构与式(3.2)相同。独特笔画关系数量 $f^{(usr)}$ 和独特部件关系数量 $f^{(upr)}$ 计算结构与式(3.3)相同。A 种文种融合后的笔画关系、部件关系全集分别依次记为 $\phi,\varphi,\phi,\varphi$ 的各子集关系描述类同 β。用 L 表示文种,表 3-1 给出 A 种文种笔画的共享与独特情况分析,笔画关系、部件关系分析结构类同,即将笔画子集的 β、w 分别依次用 ϕ、r^* 和 φ、r^ρ 替代便可。

表 3-1　A 种文种融合笔画、笔画关系、部件关系共享与独特情况分析

关系类别	融合数量	融合结构	β 元素结构	ϕ 元素结构	φ 元素结构
共享	C_A^A	$(L_1,L_2,\cdots,L_A)_1$	$\beta_1^{(A)}=\{w_{11}^{(A)},w_{12}^{(A)},\cdots\}$	$\phi_1^{(A)}=\{r_{11}^{*(A)},r_{12}^{*(A)},\cdots\}$	$\varphi_1^{(A)}=\{r_{11}^{\rho(A)},r_{12}^{\rho(A)},\cdots\}$
	C_A^{A-1}	$(L_2,L_3,\cdots,L_A)_1$	$\beta_1^{(A-1)}=\{w_{11}^{(A-1)},w_{12}^{(A-1)},\cdots\}$	$\phi_1^{(A-1)}=\{r_{11}^{*(A-1)},r_{12}^{*(A-1)},\cdots\}$	$\varphi_1^{(A-1)}=\{r_{11}^{\rho(A-1)},r_{12}^{\rho(A-1)},\cdots\}$
		$\cdots$	$\cdots$	$\cdots$	$\cdots$
		$(L_1,L_2,\cdots,L_{A-1})_{C_A^{A-1}}$	$\beta_{C_A^{A-1}}^{(A-1)}=\{w_{C_A^{A-1}1}^{(A-1)},w_{C_A^{A-1}2}^{(A-1)},\cdots\}$	$\phi_{C_A^{A-1}}^{(A-1)}=\{r_{C_A^{A-1}1}^{*(A-1)},r_{C_A^{A-1}2}^{*(A-1)},\cdots\}$	$\varphi_{C_A^{A-1}}^{(A-1)}=\{r_{C_A^{A-1}1}^{\rho(A-1)},r_{C_A^{A-1}2}^{\rho(A-1)},\cdots\}$
	$\cdots$	$\cdots$	$\cdots$	$\cdots$	$\cdots$
	C_A^2	$(L_1,L_2)_1$	$\beta_1^{(2)}=\{w_{11}^{(2)},w_{12}^{(2)},\cdots\}$	$\phi_1^{(2)}=\{r_{11}^{*(2)},r_{12}^{*(2)},\cdots\}$	$\varphi_1^{(2)}=\{r_{11}^{\rho(2)},r_{12}^{\rho(2)},\cdots\}$
		$(L_1,L_3)_2$	$\beta_2^{(2)}=\{w_{21}^{(2)},w_{22}^{(2)},\cdots\}$	$\phi_2^{(2)}=\{r_{21}^{*(2)},r_{22}^{*(2)},\cdots\}$	$\varphi_2^{(2)}=\{r_{21}^{\rho(2)},r_{22}^{\rho(2)},\cdots\}$
		$\cdots$	$\cdots$	$\cdots$	$\cdots$
		$(L_{A-1},L_A)_{C_A^2}$	$\beta_{C_A^2}^{(2)}=\{w_{C_A^21}^{(2)},w_{C_A^22}^{(2)},\cdots\}$	$\phi_{C_A^2}^{(2)}=\{r_{C_A^21}^{*(2)},r_{C_A^22}^{*(2)},\cdots\}$	$\varphi_{C_A^2}^{(2)}=\{r_{C_A^21}^{\rho(2)},r_{C_A^22}^{\rho(2)},\cdots\}$
独特	C_A^1	$(L_1)_1$	$\beta_1^{(1)}=\{w_{11}^{(1)},w_{12}^{(1)},\cdots\}$	$\phi_1^{(1)}=\{r_{11}^{*(1)},r_{12}^{*(1)},\cdots\}$	$\varphi_1^{(1)}=\{r_{11}^{\rho(1)},r_{12}^{\rho(1)},\cdots\}$
		$\cdots$	$\cdots$	$\cdots$	$\cdots$
		$(L_A)_{C_A^1}$	$\beta_{C_A^1}^{(1)}=\{w_{C_A^11}^{(1)},w_{C_A^12}^{(1)},\cdots\}$	$\phi_{C_A^1}^{(1)}=\{r_{C_A^11}^{*(1)},r_{C_A^12}^{*(1)},\cdots\}$	$\varphi_{C_A^1}^{(1)}=\{r_{C_A^11}^{\rho(1)},r_{C_A^12}^{\rho(1)},\cdots\}$

在表 3-1 中，C_A^A 行为 A 种文种共有的笔画元素、笔画关系元素、部件关系元素集合，各要素只有 1 个集合；C_A^1 为 A 种文种所独有的三要素元素集合，各要素均有 A 个集合；$C_A^2 \cdots C_A^{A-1}$ 为大于 1 小于 A 的文种数目的三要素元素集合，各要素各有 $C_A^2 \cdots C_A^{A-1}$ 个集合，需要指出的是各要素的 $\sum_{i=0}^{A-1} C_A^{A-i}$ 个集合之间无交元素。

3.3　计算元编码

计算元编码是对多文种的笔画、笔画关系、部件关系等计算元进行融合编码，应满足如下基本要求。

① 不同计算元有明显的数值段。

② 能体现不同文种共享与独特计算元的区别。

③ 具有能自动适用于文种增加和计算元补充的编码变换机制等。

基于任意文种构字笔画长短存在差异的基本事实，将笔画规模进行 n 粒度划分。文字书写格为 $\partial * \partial$ 像素，设定 $\delta_{\min} = \Delta$，粒度间隔为 θ，粒度划分范围为 $\delta_{\min} + (m-1)\theta \leqslant \delta_i \leqslant \delta_{\min} + m\theta$，$\delta_i$ 为当前粒度范围，$m \in \{1, 2, \cdots, n\}$，$\theta = \partial / (\partial - \delta_{\min})$。计算元的编码递进结构设置：笔画→笔画关系→部件关系⊢共享笔画→独特笔画→共享笔画关系→独特笔画关系→共享部件关系→独特部件关系⊢$\beta_1^{(A)} \rightarrow \beta_1^{(A-1)} \rightarrow \cdots \rightarrow \beta_1^{(1)} \rightarrow \phi_1^{(A)} \rightarrow \cdots \rightarrow \phi_1^{(1)} \rightarrow \varphi_1^{(A)} \rightarrow \cdots \rightarrow \varphi_1^{(1)}$。

采用 10 进制数字编码。以笔画编码为基准编码，单粒度占用编码范围为 $1 \sim (f^{(ss)} + f^{(us)})$，当粒度为 m 时，编码范围为 $1 \sim m \times (f^{(ss)} + f^{(us)})$，考虑笔画的扩充，设置编码裕量。记 $\varepsilon^{(ss)}$ 和 $\varepsilon^{(us)}$ 分别依次为共享和独特笔画编码裕量，则确认的笔画编码范围为 $1 \sim m \times (f^{(ss)} + \varepsilon^{(ss)} + f^{(us)} + \varepsilon^{(us)})$，最大值需 j 位表示，个位为 1，高位为 $j-1$ 个 0 是首条共享笔画的编码。编码数目为 $m \times (f^{(ss)} + \varepsilon^{(ss)} + f^{(us)} + \varepsilon^{(us)})$。$w$ 编码的最高位位值用 $\text{bit}_{\max}$ 表示，令 B_1 为对应于笔画关系 r^* 类编码，当 $w(\text{bit}_{\max}) + b \leqslant 9, b \in \{1, 2, \cdots, 8\}$，$B_1$ 取 j 位，且 $w(\text{bit}_{\max}) < B_1(\text{bit}_{\max}) \leqslant w(\text{bit}_{\max}) + b$，低 $j-1$ 位编码全取 0；否则 B_1 取 $j+1$ 位，$B_1(\text{bit}_{\max}) = 1$，低 j 位编码全取 0。确认的 r^* 类编码范围为 $B_1(\text{bit}_{\max}) \times 10^{(j-1 \text{or} j)} \sim [B_1(\text{bit}_{\max}) \times 10^{(j-1 \text{or} j)} + (f^{(ssr)} + \varepsilon^{(ssr)} + f^{(usr)} + \varepsilon^{(usr)})]$，$\varepsilon^{(ssr)}$ 和 $\varepsilon^{(usr)}$ 分别依次为共享和独特笔画关系编码裕量。$B_1(\text{bit}_{\max}) \times 10^{(j-1 \text{or} j)}$ 为首个共享笔画关系的编码。从文字书写教学的角度出发，笔画关系编码需进行多层次空间关系描述。设建立 e 层空间关系，r^* 编码的完整结构定义为 $B_1(B_2 B_3 \cdots B_{e+1})$，$B_2 B_3 \cdots B_{e+1}$ 为空间关系细分描述码，B_i 是对 B_{i-1} 的进一步细分 $(i \in \{2, 3, \cdots, e+1\}, B_i \in \{0, 1, \cdots, 9\})$，$e+1$ 越大，空间关系描述越精细。定义 2.10 的性质 2 取 $e+1=3, e=2$。设 $b_2 b_3 \cdots b_{e+1}$ 依次分别对应 $B_2 B_3 \cdots B_{e+1}$ 的取

码数量,笔画关系编码数目为 $(f^{(\text{ssr})}+\varepsilon^{(\text{ssr})}+f^{(\text{usr})}+\varepsilon^{(\text{usr})})\times b_2\times b_3\cdots\times b_{e+1}$。部件关系与笔画关系的接码及其编码原理基本类似笔画关系与笔画,不同之处在于部件关系编码的结尾码字标注的该部件与后续多少部件构成该关系编码所标注的关系,用 X 表示结尾码,其缺省值为 1,X 无当前空间标识作用,因此不影响编码数量。

算法 3.1 编码空间生成

输入:m、$f^{(\text{ss})}$、$f^{(\text{us})}$、$\varepsilon^{(\text{ss})}$、$\varepsilon^{(\text{us})}$、$f^{(\text{ssr})}$、$f^{(\text{usr})}$、$\varepsilon^{(\text{ssr})}$、$\varepsilon^{(\text{usr})}$、$e^{(\text{sr})}$、$f^{(\text{spr})}$、$f^{(\text{upr})}$、$\varepsilon^{(\text{spr})}$、$\varepsilon^{(\text{upr})}$,$e^{(\text{pr})}$

输出:计算元码源空间

注释:w_c$=m\times(f^{(\text{ss})}+\varepsilon^{(\text{ss})}+f^{(\text{us})}+\varepsilon^{(\text{us})})$, r_c$=f^{(\text{ssr})}+\varepsilon^{(\text{ssr})}+f^{(\text{usr})}+\varepsilon^{(\text{usr})}$,p_c$=f^{(\text{spr})}+f^{(\text{upr})}+\varepsilon^{(\text{spr})}+\varepsilon^{(\text{upr})}$

结构:

```
Begin
vecter<String>ss;
  for(i=000;i<w_c; i++)//笔画码
    ss.push_back("i");
      for(j=w_c;j<w_c+ r_c;j++)//笔画关系码
        {{for(h=1;h<=e1;h++)
            {ss.push_back("j");
          ss.push_back("a");}}
        for(k=w_c+ r_c;k<w_c+r_c+p_c;k++)//部件关系码
        {{for(t=1;t<= e2;t++)
        {ss.push_back("k");
      ss.push_back("b");
      ss.push_back("x");}}
  end
```

3.4 $Q^{(B)}(W)$ 自动生成

$Q^{(B)}(W)$ 构建方法分手动和自动两大类,知识面窄或量少时可以采用手动,多文种融合使得知识点数据类型多、计算结构复杂及知识量大等,为提高工作效率与知识正确率应采用自动方法。

将式(2.6)表示为向量,即

$$Q^{(B)}(W)=\begin{bmatrix} W & R & W_{\text{EC}} & W_{\text{EL}} \end{bmatrix}$$

其中

$$W = \begin{bmatrix} w_{1\cdots11}\, w_{1\cdots12}\cdots w_{1\cdots1k_{1\cdots1}}\, w_{1\cdots21}\, w_{1\cdots22}\cdots w_{1\cdots2k_{1\cdots2}}\cdots w_{C_h\cdots C_1 1}\, w_{C_h\cdots C_1 2}\cdots w_{C_h\cdots C_1 k C_h\cdots C_1} \end{bmatrix}$$
$$= \begin{bmatrix} w_1\, w_2\cdots w_k \end{bmatrix} \tag{3.4}$$

$$R = \begin{bmatrix} r_{1\cdots11}^*\, r_{1\cdots12}^*\cdots r_{1\cdots1k_{1\cdots1}}^*\, r_{1\cdots1}^{\rho}\, r_{1\cdots21}^*\, r_{1\cdots22}^*\cdots r_{1\cdots2k_{1\cdots2}}^*\, r_{1\cdots2}^{\rho}\cdots r_{C_h\cdots C_1 1}^*\, r_{C_h\cdots C_1 2}^* \cdots \end{bmatrix}$$
$$r_{C_h\cdots C_1 (k_{C_h\cdots C1}-1)}^*\, r_{C_h\cdots C_1}^{\rho} \end{bmatrix} \tag{3.5}$$

$$W_{EC} = \begin{bmatrix} w_{i_1}\, w_{j_1}\, w_{i_2}\, w_{j_2}\cdots w_{i_m}\, w_{j_m} \end{bmatrix} \tag{3.6}$$

$$W_{EL} = \begin{bmatrix} w_{u_1}\, w_{v_1}\, r_1^*\, \upsilon_1\, w_{u_2}\, w_{v_2}\, r_2^*\, \upsilon_2\cdots w_{u_q}\, w_{v_q}\, r_q^*\, \upsilon_q \end{bmatrix} \tag{3.7}$$

通过对文字标准书写结构的跟踪生成 W, R, W_{EC}, W_{EL}。

3.4.1　主导笔顺码链生成

主导笔顺码链生成是基础。跟踪主导笔顺不但要给出 W 和 R，还要为生成 W_{EC} 和 W_{EL} 准备笔画数据。R 中既有 r^*，也有 r^{ρ}，两者的生成方法有较大区别。

1. 笔画与笔画关系编码

识别当前书写笔画 $w_i(i=2,3,\cdots,k)$，将识别结果的笔画编码有序存入 W。在 w_i 和 w_{i-1} 之间进行 $e+1$ 次计算分析，将 r_{i-1}^* 的属性编码有序存入 R。当 w_i 和 w_{i-1} 之间无法在系统中找到相应的计算模型分析时，在 w_i 和 w_{i-1} 之间预置部件分割的通用标志 r_i^{ρ}。写完文字最后一条笔画，即 $i=k$，W 生成结束；R 中 r^* 有确定的代码，但其中 r_i^{ρ} 需进一步分析；提供 k 行笔迹数据阵列 $S[k, l_{max}]$，l_{max} 为该字最长的笔画笔迹点数量。

算法 3.2　W, R 生成

输入：$w_i \rightarrow w_j (j=i+1)$

输出：W, R(含 r_i^{ρ})$, S[k, l_{max}]$

注释：InsertPoint()为前置处理函，RecStroke()为笔画识别函数，RecStroRelation()为笔画关系识别函数，Cstroke 为存储笔画编码容器，对应输出 W，Crelation 为存储笔画关系编码容器，对应 R，m_characters 容器对应于输出 $S[k, L_{max}]$，p 表示部件分割标识符 r_i^{ρ}。

结构：

```
Begin
String m=0;//初始化
if(Limit(m_rectInput,point))//在测试的矩形区域内
{
    CPretreatment pretreatment(m_stroke);
                        //m_stroke 为当前书写笔画
    temp=pretreatment.InsertPoint();//前置处理函数
    m=RecStroke(temp);//笔画识别,返回参数为笔画类别参数
```

```
        Cstroke.push_back("m");//存储笔画编码
      m_characters.push_back(temp);//存储字笔画容器
      int k=m_characters.size();//计算当前笔画条数
    if (RecStroRelation(m_characters[k-1], m_characters[k])==1)
                    //判断笔画之间关系是否可计算
      {B[1]=RecStroRelation(m_characters[k-1], m_characters[k]);
                    //笔画关系识别,B[1]对应 B₁
   Crelation.push_back(B[1]);
   for(i=2;i<=e+1;i++)
  {
 if (RecStroRelation (m_characters[k-1], m_characters[k]) ==1)
                    //判断笔画关系可以空间细分
    B[i]=RecStroRelation(m_characters[k-1], m_characters[k]);
     Crelation.push_back(B[i]);}}//存储笔画编码,B[i]对应 Bᵢ
       else
     Crelation.push_back("p");//存储部件分割标志符
   }}
   n=OnBnClickedquer();//确定录入完成
  if(n==1) {goto:exit;}//判断录入完成,转到部件识别算法
End
```

2. 部件关系编码

部件关系依托 R 和 $S[k, l_{max}]$ 分析。设 R 中存在 m 个 r_i^e。在 R 中搜索到 r_{ij}^e $(j=1,2,\cdots,m)$,在 $S[k, l_{max}]$ 中获取 M_j、M_{j+1} 所含 w,利用 φ 元素所适用的计算模型分析 M_j_M_{j+1} 关系,将分析结果对应的编码有序存于 r_{ij}^e 位置。第 1 轮均按 $X=1$ 建立部件关系,第 2 轮进行跨部件关系分析,即如果 M_j_M_{j+2} 关系与 M_j_M_{j+1} 关系相同,则 $X \leftarrow X+1$。依次类推,直至 $j=m-2$。

算法 3.3　r_i^e 赋码

输入:$R($含 $r_i^e)$,$S[k, l_{max}]$

输出:含 r_i^e 赋码的 R

注释:RecMRelation() 为部件关系识别函数,Cpart 为存储部件关系编码容器,对应 r_i^e,x 为部件关系细分编码。

结构:

```
Begin
 int i=0;intx=1;//初始化
 for (int h=0;h<m_characters.size();h++)
 {if(m_characters[h]==p)
  {for(int t=0;t<Sign.size();t++)//Sign 容器存储为部件分割下标
    {M[t+1]==Segmentation(m_characters,Sign[t]);
                        //获取部件笔画数组
    Mpart.push_back(M[t+1]);}//存储部件笔画容器
     for (int k=0;k<Mpart.size();k++)
          {i=RecMRelation(Mpart[j], Mpart[j+1]);//部件关系识别
    Cpart.push_back("i");//存储部件关系编码
     }
   for   (int j=0;j<Mpart.size()-2;j++)//2 次跨部件关系判定
  {for   (int n=j+2;j<Mpart.size();n++)
 {if(RecMRelation(Mpart[j], Mpart[j+1]))==
                       RecMRelation(Mpart[j], Mpart[n]))x++;
 Cpart.push_back("i+ x");
                //在相应部件编码后附加 x 存储更改后笔画编码
 }}}
 End
```

3.4.2　错交笔顺向量生成

文字书写主导笔顺正确,进行错交码对偶预测。在 $S[k,l_{max}]$ 中,对于 w_i、w_j $(i>j+1,i,j\in\{1,2,\cdots k\})$,将 w_i 两端点的笔段按其形态进行延伸,对所有的 w_j $(j\in\{i-2,i-3,\cdots 1\})$ 进行十字交关系分析,形成初选笔画书写序号构成的十字交序号对偶序列,借助共享工作容器进行对偶元素去留分析,分析模型为

$$mindis=min(dis(wi\_endp,wiwj\_Inters)) \qquad (3.8)$$

即将 w_i 端点到 w_i、w_j 交点距离最短的那一对 (i,j) 有序填入 W_{EC}。$dis(wi\_endp,wiwj\_Inters)$ 为 w_i 端点到 w_i、w_j 十字交点的距离计算函数。

算法 3.4 W_{EC} 生成

输入:$S[k,l_{max}]$

输出:W_{EC}

注释:Pextend() 为笔画按其端点笔段形态进行坐标延伸函数,Cerrorc 为存储错交关系笔画序偶容器,对应 W_{EC},distance() 计算距离函数,$D[i]$ 为当前笔画端

点坐标数组。mindistance()为计算最短距离函数。

结构：

```
Begin
 for (i=2;i<m_characters.size;i++)
 {Pstroke=Pextend(m_characters[i]);
                        //将当前笔画两端点的笔段按其形态进行坐标延伸
    for (g=0;g<i-1;g++)
    {n=RecStroRelation(m_characters[g], Pstroke);
                                    //笔画关系识别
        if (n==5)                   //判定十字交关系
           {Vinter.push_back(m_characters[i], m_characters[g]);
                                    //逆跨十字交关系笔画
           h=distance(D[i], m_characters[g]);
                                    //计算当前笔画端点到十字交笔
                                      画距离
           k=mindistance(h);        //寻找最短距离
           Cerrorc.push_back("(i,g)");  //存储最短距离的(i,j)
           }}}
End
```

3.4.3 错离笔顺向量生成

对于书写结构确认正确的 W，设其存在 q 对有可能产生错离的笔画，在 $S[k, l_{\max}]$ 中取第 τ 对可能产生错离的 w_i、w_j($i>j+1, i,j \in \{1,2,\cdots k\}$)，记为 w_{i_τ}、w_{j_τ}，$\tau=1,2,\cdots,q$，识别 w_{i_τ}、w_{j_τ} 之间的关系 r_τ^*，并根据 r_τ^* 类别选择 υ，将 r_τ^* 对应的编码、当前 (i,j) 和 ξ 一起构成 $(i_\tau, j_\tau, r_\tau^*, \upsilon_\tau)$ 结构，将此结构先存储在共享工作容器内。据此，完成 q 对笔画的错离码链在 W_{EL} 中的生成。

算法 3.5 W_{EL} 生成

输入：$S[k, l_{\max}]$

输出：W_{EL}

注释：nodical 两笔画交点，Cerrorl 为存储错离关系笔画序偶对容器，对应 W_{EL}。

结构：

```
Begin
 for (f=3;f<m_characters.size();f++)
```

```
    {for (h=0;h<f-1;h++)
      {if(RecStroRelation(m_characters[f],m_characters[h])==3)
                                      //笔画关系为十字交
          Cerrorl.push_back("(f,h,r,0)");
        else if(RecStroRelation(m_characters[f], m_characters[h])==4)
                                      //笔画为 T 字交
          {if((nodical==m_characters[f]_start||nodical==m_char-
acters[f]_end)
              && (nodical! =m_characters[h]_start||nodical! =m_
characters[h]_end))}
                                      //点线 T 字交
            Cerrorl.push_back("(f,h,r,2)");
        else if((nodical==m_characters[f]_start||nodical==m_
characters[f]_end)
          &&(nodical==m_characters[h]_start||nodical== m_characters
[h]_end)))
                                      //端点 T 字交
      Cerrorl.push_back("(f,h,r,5)");
      }
    End
```

3.4.4　$Q^{(B)}(W)$ 生成过程的主要结构

知识码链的生成过程分为两个阶段,第一阶段是跟踪文字书写过程实时生成 W 和 R 中的 r^* 及 $S[k,l_{max}]$;第二阶段是基于 $S[k,l_{max}]$ 生成 R 中的 r^{ρ} 与 W_{EC}、W_{EL}。$Q^{(B)}(W)$ 生成过程主要步骤如下。

Step 1,读入当前书写笔画数据。

Step 2,对笔画数据进行前置处理,并有序存入 $S[k,l_{max}]$。

Step 3,识别当前笔画,将对应的笔画编码有序存入 W。

Step 4,对于非第 1 条笔画,分析其与前条笔画的关系,存在关系,将关系码有序存入 R;不存在则存入部件分割标注。

Step 5,有文字写完信息否? 无则转 Step 1。

Step 6,基于 $S[k,l_{max}]$ 查询部件分割标志,识别部件关系,将关系码替代分割标志符。

Step 7,基于 $S[k,l_{max}]$ 预测错交笔画,将预测的错交笔画的序号对偶有序存入 W_{EC}。

Step 8,基于 $S[k, l_{\max}]$ 预测错离笔画,将预测的错离笔画的 4 元结构有序存入 W_{EL}。

Step 9,结束。

3.5　知识容器设计

有序存放知识点的数据库称为知识容器(知识库),分为静态与动态两种。静态容器是独立系统,是多文种融合的教学知识点数据库结构,按照 3.2 节和 3.3 节所述原理创建数据库记录或知识点核心字段,文字标准码字段通过键盘或查询方式填写,质量分析码通过质量分析算法自动生成,$S[k, l_{\max}]$ 内容为规范手写码,语音码按第 6 章中相关技术自动生成。书写教学时,库内容只出不进。当用户向容器系统提供文种、年级、课号等索引参数时,容器将索引参数对应课文中的需练习字有序输出,并显示于交互界面的练习内容待选区,等待用户进一步选择具体需要练习的文字。当用户点选需练习文字结束后,被选中文字的文种、年级、课号、字号等构成的索引参数和这些文字的书写计算码对应拼成现场书写过程监督描述字有序存入动态容器(动态知识库)。用户书写时,系统按动态容器中的字序,逐字监督用户书写过程。当用户书写文字的几何架构正确,需进行质量分析或需得到该文字的印刷码等时,按监督描述字的索引字段返回静态库获取相应的代码。更换练习内容时,动态容器内容被刷新。静态容器即多文种融合的知识容器系统包括容器主体模块、容器记录索引指针映射模块、知识输入模块、知识输出模块、输入设备模块、显示设备模块、知识应用通道模块、知识备份设备模块、知识调整通道模块、知识实用系统模块、知识刷新通道模块等,结构如图 3-3 所示。

3.5.1　容器主体模块

容器主体模块 1 用于根据容器记录索引指针映射模块将来自于知识输入模块的记录内容保存于记录指针所规定存储位置,或者根据容器记录索引指针映射模块将存储于记录指针指定位置的记录内容读出到资源输入模块,包括多文种融合的记录存储模块,用于保存文字书写过程描述字记录知识;容器指针模块,用于接收并寄存来自容器记录索引指针映射模块 2 的记录指针数据;知识输入通道模块,用于接收来自于知识输入功能模块 3 的记录数据,并按容器指针模块提供的记录指针将记录数据保存于多文种融合的记录存储模块中的相应位置;知识输出通道模块,用于按容器指针模块提供的记录指针将多文种融合的记录存储模块中相应位置的记录数据读出到知识输出功能模块 4。

容器主体模块中多文种融合的记录存储模块所存储的文字书写过程描述字记

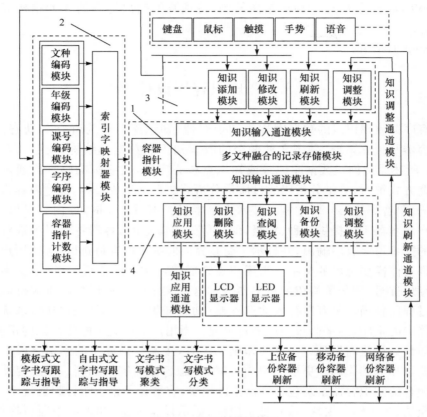

图 3-3　知识容器结构图

录模块结构包括主导笔顺数据模块连接错交笔顺数据模块,错交笔顺数据模块连接错离笔顺数据模块,错离笔顺数据模块连接附加字段数据模块;记录的指针结构为文种编码模块连接年级编码模块,年级编码模块连接课号编码模块,课号编码模块连接课内字序编码模块。

3.5.2　容器记录索引指针映射模块

　　容器记录索引指针映射模块用于将来自输入设备模块提供的单条记录的文种编码、年级编码、课号编码及课内字序编码,或者批量记录的首记录指针及批量长度,通过索引字映射器模块转换为容器主体模块中多文种融合的记录存储模块相应存储单元的地址指针,包括文种编码模块,用于接收来自输入设备模块单条记录的文种编码,并将该编码送入索引字映射器模块;年级编码模块,用于接收来自输入设备模块的单条记录的年级编码,并将该编码送入索引字映射器模块;课号编码模块,用于接收来自输入设备模块的单条记录的课号编码,并将该编码送入索引字映射器模块;字序编码模块,用于接收来自输入设备模块的单条记录的字序编码,并将该编码送入索引字映射器模块;容器指针计数模块,用于接收来自输入设备模块的批量记录的首记录指针及批量记录长度,并将首记录指针送入索引字映射器模块,启动批量传送后,该模块按给定的偏移量自动改变记录指针;索引字映射器模块,将来自单条记录的各编码模块的代码,或来自批量记录容器指针计数模块提供的当前记录指针,变换为容器主体模块中多文种融合的记录存储模块相应存储单元的实际地址指针。

3.5.3　知识输入功能模块

知识输入功能模块用于实现各种相关的知识输入功能,设置的知识输入功能模块包括知识添加模块,实现将来自输入设备模块的知识添加内容经相应处理后传送至容器主体模块的知识输入通道模块;知识修改模块,实现将来自输入设备模块的知识修改内容经相应处理后传送至容器主体模块的知识输入通道模块;知识刷新模块,实现将来自知识刷新通道模块的知识刷新内容经相应处理后传送至容器主体模块的知识输入通道模块;知识调整模块,实现将来自知识调整通道模块的知识调整内容经相应处理后传送至容器主体模块的知识输入通道模块。

3.5.4　知识输出功能模块

知识输出功能模块用于实现各种相关的知识输出功能,设置的知识输出功能模块包括知识备份模块,实现将来自容器主体模块中知识输出通道模块的数据经相应处理后传送至知识备份设备模块进行知识备份;知识删除模块,实现容器的知识删除功能,来自容器主体模块中知识输出通道模块的数据用于知识删除效果查验;知识查阅模块,实现将来自容器主体模块中知识输出通道模块的数据经相应处理后传送至知识显示设备模块进行知识显示;知识应用模块,实现将来自容器主体模块中知识输出通道模块的数据经相应处理后传送至知识应用通道模块,供知识实用系统模块中的系统使用;知识调整模块,实现将来自容器主体模块中知识输出通道模块的数据经相应处理后传送至知识调整通道模块。

3.6　多文种融合的书写计算码创建实例

以汉字(L_1)、英文(L_2)、汉语拼音(L_3)融合为例,即 $A=3$。三文种融合的相关信息结构如表 3-2 所示。

表 3-2(a)　三文种笔画计算元共享与独特内容及其对应的空间编码

关系 类别	融合 文种	笔画关系			
		β	$|\beta|$	编码空间	例字
共享	$C_3^3(L_1,L_2,L_3)$	、，一，丨，／，\\\\	5	001,002,003,…,009,010	体,B,p,上,x,乂
	$C_2^3(L_1,L_2)$	⌐	1	011,012	E,区
	$C_2^3(L_1,L_3)$				
	$C_2^3(L_2,L_3)$	c,s,…	12	013,014,…,035,036	C,S,Z
独特	$C_1^3(L_1)$	亅，乑…	22	047,048,…,089,,090	到,奶
	$C_1^3(L_2)$	a,b…	26	081,082,…,137,138	a,b,c
	$C_1^3(L_3)$	ı,ſ,ˤ	3	139,140	f,m,r,

表 3-2(b)　三文种笔画关系计算元共享与独特内容及其对应的空间编码

关系 类别	融合 文种	笔画关系			
		ϕ	$|\phi|$	编码空间	例字
共享	$C_3^3(L_1,L_2,L_3)$	左右,上下, T 交,十交	4	20000～20022,20100～20122, 20200～20222,20300～20322	川,王,H,ü j,i,二
	$C_2^3(L_1,L_2)$				
	$C_2^3(L_1,L_3)$				
	$C_2^3(L_2,L_3)$				
独特	$C_1^3(L_1)$	马字交	3	20400～20422	马,冯
	$C_1^3(L_2)$	o 弧,T 交	1	20700～20722	Q
	$C_1^3(L_3)$	o 弧,十交	1	20800～20822	Q

表 3-2(c)　三文种部件关系计算元共享与独特内容及其对应的空间编码

关系类别	融合 文种	部件关系			
		φ	$|\varphi|$	编码空间	例字
共享	$C_3^3(L_1,L_2,L_3)$	左右,上下	2	3000x～3002x,3010x～3012x	件,明,ing,i,ě,昌
	$C_2^3(L_1,L_2)$				
	$C_2^3(L_1,L_3)$				
	$C_2^3(L_2,L_3)$				
独特	$C_1^3(L_1)$	半包围	1	3040x～3042x	凶,句,匚
	$C_1^3(L_2)$				
	$C_1^3(L_3)$				

表 3-2 中没有参数的子集栏目表明该子集为空。取笔画粒度 $m=2$，即笔画规模按长、短 2 种状态设置，$f^{(ss)}+f^{(us)}=72$，取 $\varepsilon^{(ss)}=10,\varepsilon^{(us)}=17$，编码空间为 $001\sim198$；笔画关系空间采用 3_3 细分编码，即 $e^{(sr)}=2,b_2=3,b_3=3,B_2,B_3\in\{0,1,2\}$，$f^{(ssr)}=4,f^{(usr)}=5$，取 $\varepsilon^{(ssr)}=2,\varepsilon^{(usr)}=9$，编码空间为 $20000\sim21922$；部件关系空间采用 3 区位细分编码，即 $e^{(pr)}=1,b_2=3,B_2\in\{0,1,2\}$，$f^{(spr)}=2,f^{(upr)}=1$，取 $\varepsilon^{(spr)}=2,\varepsilon^{(upr)}=5$，编码空间为 $3000X\sim3192X$。表 3-2 三类计算元编码空间栏给出由算法 3.1 生成的相应类计算元编码空间。图 3-4 所示为"体"、"E"字的书写教学知识形态或模板结构及其 $Q^{(B)}(W)$ 的生成内容。

对于模板"体"，写完第 1 条笔画，笔迹点坐标数据被记录于 $S[1]$，笔画识别模块将该识别结果"008"存于 Cstroke（笔画码）容器，并在图 3-4(a)界面的 W 子窗口显示；第 2 条写完，笔迹数据放入 $S[2]$，识别结果"006"放入前条笔画编码之后。依据 $S[1]$、$S[2]$ 进行第 2、1 条笔画关系识别，该关系为 T 字交关系，生存的编码为"20311"，存于 Crelation（关系码）容器，并显示于图 3-4(a)的 R 子窗口。第 3 画"短横"与第 2 画"长竖"本系统无法确定两者空间关系，在第 2 画之后插入部件分割标志代码 p，将两者定制在两个紧邻部件中，并记录该标志在 Crelation 中序号。如此直至第 7 条笔画即该字的最后一条笔画写完，主导笔顺的 Cstroke 生成结束，Crelation 笔画关系编码生成完毕，但部件关系待进一步分析确定。"体"的书写数据 $S[k,l_{max}]$ 如表 3-3 所示，其中 $k=7$，$l_{max}=42$，$x_{max}=63$，$x_{min}=19$，$y_{max}=62$，$y_{min}=24$。

(a) 模板"体"及其 $Q^{(B)}(W)$

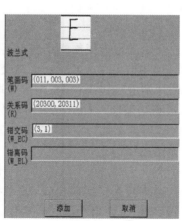
(b) 模板"E"及其 $Q^{(B)}(W)$

图 3-4　文字书写教学知识生成实例

表 3-3　"体"字 $S[k, l_{max}]$

笔序	笔画笔迹点坐标序列
$S[1]$	28 26 26 28 26 30 25 32 24 34 23 36 22 38 22 39 20 40 19 40 19 42
$S[2]$	25 34 23 34 24 36 24 38 24 39 24 41 24 43 23 45 24 47 24 49 24 51 24 53 24 55 24 56 24 58 24 60 24 62
$S[3]$	35 32 37 32 39 32 41 31 42 31 44 31 46 31 48 31 49 31 51 30
$S[4]$	42 24 43 26 42 28 43 30 43 32 43 34 43 36 43 38 43 40 43 41 43 43 43 45 43 47 42 49 42 51 43 53 43 55 43 57 43 58 43 60 43 62
$S[5]$	42 32 42 34 42 36 41 38 41 40 41 41 39 43 38 45 37 47 35 49 35 51 33 53 32 53
$S[6]$	43 35 43 37 45 38 45 40 45 41 46 43 48 45 49 45 50 47 52 48 53 50 55 51 56 51 58 53 60 53 61 53 63 54
$S[7]$	38 53 40 53 41 53 43 53 45 53 47 52

　　根据记录的标注符在 Crelation 中的序号,第 1 轮按序进行由标注符分割的笔画子集(部件)之间的关系识别。该文字只记录了 1 个标注符,且序号为 2,即图 3-4(a)"体"在书写过程中被定制为 M_1 和 M_2 两个部件,$M_1 \supseteq \{S[1], S[2]\}$,$M_2 \supseteq \{S[3], S[4], S[5], S[6], S[7]\}$。利用均质比较法识别 M_1 和 M_2 的关系为居中左右关系,赋予 30011 码,该码存于 Crelation 容器,并显示在图 3-4(a)的 R 子窗口。

　　从 $S[3]$ 开始进行错交预测。端点笔段长度取 5,延伸步长取 2,延伸长度至文字最值边线,预测结果存入 Cerrorc(错交码)容器,并显示在图 3-4(a)的 W_{EC} 子窗口。从 $S[3]$ 开始进行错离预测,十字交取 $\upsilon = 0$,点与笔画 T 字交取 $\upsilon = 2$,端点 T 字取 $\upsilon = 5$,预测结果存入 Cerrorl(错离码)容器,并显示在图 3-4(a)的 W_{EL} 子窗口。

　　图 3-4(b)为英文大写字母"E"的书写模板及其 $Q^{(B)}(W)$,该字存在一对预测错交笔画,无错离结构。

　　对 30 个英文字母,30 个汉语拼音字母,340 个汉字进行编码实验,正确率达到 98.3%,录入速率与人工编码比较,效率提高 15%,冗码率如图 3-5 所示,字数越多,人工冗码率越大,而自动编码较平稳。

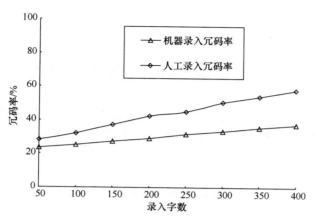

图 3-5 手动与自动生成知识点冗码率对比

第 4 章 多文种融合交互结构

系统使用是否方便,能否被用户接受,人机交互结构起着重要作用。根据多类文字书写训练的基本使用要求,交互结构研究的核心是如何使系统能仿真多类文种不同书写格式的纸质书写练习簿,且不失信息技术系统的使用优势。多文种融合文字书写自动教学系统的交互结构通常可按三级界面设计,第一级一般为文化界面,第二级多为被练习内容的文种、年级、课号等参数输入界面,第三级是用户书写练习界面,集中了系统绝大多数的功能实现。本章主要讨论第三级界面的系统功能与交互内容。

4.1 概   述

4.1.1 练习人群的特征

学龄前儿童和低年级小学学生是主要参与文字书写练习的人群。低龄用户进行书写练习时主要有如下几方面的特征,应据此设计柔性与趣味交互结构(褚玉荣,2011)。

① 学习过程中通过感知获得的目的性较弱。儿童注意力持续时间较短,在感知过程中出现的无意性、情绪性较为明显。如果忽视儿童这一特定年龄段出现的特点,教学的某些主要内容往往容易被某些毫不相关的外部事物或次要内容所掩盖而忽视了主要内容,孩子们会将注意力放在那些毫不相干的地方。况且,他们感知的时间一般不太长,也就是注意力所持续的时间较成年人短很多,感知内容较为简单和单一。如何将主要内容设计为孩子们不容易忽视的焦点,增长孩子们的感知时间,是交互结构设计所面临的难题之一。

② 思维形式较为简单,容易和形象、表面的事物联系思考。人类思维具有形象和抽象之分,他们之间的联系随着教育程度、生活阅历、家庭背景等不同,二者发生着不同的变化。然而儿童的思维主要还是停留在形象思维当中,抽象思维处于初级发展阶段。当他们进行思维时,总是喜欢和具体的事物联系在一起,不善于进行概念思考。伴着年龄的增加和教育程度的加深,思维中的形象直观思维逐渐减少,取而代之的是抽象概念性思维不断增加。针对这一人群在发育阶段所出现的思维具有很大程度形象性的特点,如何结合直接经验和感性认识进行智能辅导是文字书写教学系统面临的难题之二。

③ 具有天生的游戏心理。游戏是人类的天性,相信每个人都喜欢进行游戏活动。许多心理实验也表明,游戏是儿童最佳的学习方式(Klopfer,2005)。因为在

游戏的过程中,其本身包括非常复杂的认知过程和心理活动,如记忆、观察、想象、思维等。正是由于游戏本身能培养这么多丰富的认知知识,所以它也是促进孩子学习,增加孩子认知的另一扇门。注意儿童这一特点,既能避免注意力分散和思维简单的不足,也有利于激发他们进一步学习的愿望和兴趣。如何在学习中加入游戏元素,针对发育阶段出现的这些特点来研究和开发,也是本类系统应面临的问题。

④ 对于低龄人群,由于其正处于发育期,心理和身体状况都不够成熟,书写时难免会出现握笔不规范、驭笔能力差、坐姿不正确、行笔时用力不均衡、行笔速度不合理、抖动厉害等诸多问题,从而影响写字效果。

4.1.2　设计交互结构所面临的问题

人类祖先最原始的记事方式靠结绳,后来慢慢开始以兽骨或龟甲作为书写材料,然后又发明了甲骨文。其后开始在竹片和木片等书写材料上进行书写,甚至用非常昂贵的帛。帛、竹片、木片虽比龟甲方便,但仍太重,都被后来发明的纸所替代。从西汉时期就有了纸的制作,从此广泛使用和普遍流传,使得纸和笔的工作方式一直延续至今。

使用笔在纸上进行书写是一个长期形成的认知与记识习惯,无论文字还是图形,都可以自由地勾画或书写在纸上。纸笔具有的独一无二地物理和长时间使用的特性,具有的社会影响和认知习惯是一时难以改变的,因此研究一个能仿真纸笔工作方式的习字交互结构具有非常重要的意义。在继承传统纸质书写练习优势的同时发挥数字电子设备的先进功能,如通过软件手段仿真书写纸的格式使其格式可以动态变换,书写格大小随意调节,进行合理的例字布局、描红布局等。

在纸上书写时,随着书写速度、书写力度的不同会出现不同的笔迹特征。电阻式触摸屏由于触点信号需要触摸力度才能发出,与纸质书写有一定相似性,适用于低龄人群在纸质和触摸屏之间书写相互快速过渡。电阻式触摸屏可以很好的模拟笔速、书写力度等特征。如书写速度过快会出现笔画轻飘,书写过慢则会出现线条"绳结"。书写力度较轻时,无触摸力度而无法出现感应信息,即触摸屏需要一定力度才会有感应。过重书写会导致书写速度过慢,从而出现"绳结"现象。但是,使用电容式、红外感应式触摸屏,都不能模拟上述书写特征。

4.2　交互结构框架描述

在联机文字书写智能辅导方面的研究中,采用日常书写辅导隐喻技术,使机器能很好地代替老师来完成文字书写辅导任务,达到有效智能辅导的目的。隐喻作为人们寻求更为形象、直观理解计算机的一种方式和方法,本质就是利用人们已经熟知的概念来解释另一种相对抽象或不易理解的概念。在本章研究的交互结构中,将学生、老师之间的关系和交互行为隐喻成为人、机器之间的交互,用机器替代人进行智能活动。

4.2.1　交互界面的隐喻

在交互界面方面,于触摸屏或通过软件技术仿真的交互纸上进行文字书写,是基于人们书写的纸笔工作方式的隐喻,符合人们长期的社会认知。可以说,在信息社会,此种方式仍占据着不可替代的统治地位(Yu,et al.,2006;Komis,et al.,2002;Rolland,et al;2000)。

书写笔在高度仿真书写纸的触摸屏上完成书写功能,此时的触摸屏和交互界面称为交互纸(interactive paper)。文字练习者可以在交互纸上进行自由书写,书写环境高度仿真纸质练习纸的书写环境。交互界面显示的仿真文字书写练习纸外观和普通纸质练习纸外观基本相同,不同的地方在于仿真练习纸加入了一些特色交互功能,如方格大小可以个性化随意缩放;擦除可以按笔画、字、行、甚至页进行等。更为重要的不同是,交互纸既是作为输入的部件,又作为一个反馈的部件,将辅导意见在交互纸上实时显示,在继承纸质书写特性的基础上发挥数码电子设备的长处,达到辅导文字练习者书写的目的。

基于计算机强大的存储功能,在图形软件技术支持下,交互界面隐喻的不是一页练习纸,而是远比纸质文字书写练习簿容量大得多的具有格式多变能力的虚拟文字书写练习簿。

4.2.2　交互功能设置

主交互界面分为两个区域,一个区域为例字选择区,另一个区域为练习区。例字选择区可以进行练习例字的选择,练习内容采用正式教材,内容与教材的教学顺序严格吻合。文字书写练习区由书写格和书写结果处理功能键、主结构功能键三部分组成。如图 4-1 所示为交互结构的逻辑树。

例字选择区有年级、课文选择键及其显示子窗口,可以按照练习进度选择练习内容,对应于确定的年级与课文参数,系统将选定课文的需练习文字按教材的字序显示在例字显示区(显示纸);练习次数选择键需根据老师布置的作业选择练习次数;学生根据作业要求点选需书写练习的例字,例字选择完成后直接点击选字确认即可完成例字选择;例字显示纸显示所选择的例字;如果所选内容超出了一张例字显示纸的显示范围,就可以进行明暗页交换显示的翻页处理。

主结构功能键包括笔画回清、边旁回清、整字回清、行回清、页回清、前后翻页键、书写质量打分、练习保存、作业保存等。回清键用于书写修改,类似于日常书写修改时使用的橡皮擦。前后翻页键用于练习翻页,即练习内容超出一页的显示范

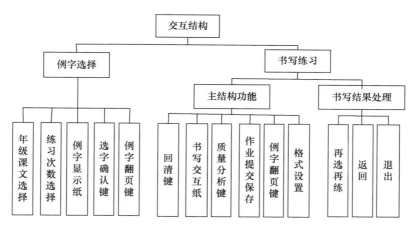

图 4-1　交互结构逻辑图

围时,按多页进行明暗页交换显示。点击打分键,系统根据"质量分析"设置的评价角度,对书写结果进行质量分析并打分。点击练习保存,系统将本次练习结果连同各类功能设置参数一并按序压入栈保存,确保当用户再次进入本系统使用"接上次"功能时,练习界面环境可通过弹练习保存栈恢复原样书写环境。点击作业保存,系统给出加注作业文件名的子界面,文件内容为各类功能设置和本次作业书写内容压入作业保存栈子模块。最后还有格式设置功能键,通过该键可以重新设置书写格的一些属性,如大小、格式、练习方式等。此外,该键也可以设置书写笔的书写线条粗细、颜色等一些个性化内容。

书写结果处理含三个功能键,分别是再选再练、返前界面和退出系统。点击再选再练,系统退出书写练习管理过程而再回到练习文字选择区的设置、选择过程,初始状态为上一次未点击"选字确认"键之前的状态。点击返前界面,系统返回功能设置界面。点击退出系统,系统结束提供练习环境而回到平台系统。

4.2.3　交互行为的描述

根据对辅导行为特性的分析,采用学生、老师的隐喻模型,同时使用面向对象思想,描述文字书写过程中实时辅导交互行为的框架结构设计。

```
ICEAS(InputStroke,Control,Event,Action,Suggestion)
ICEAS 描述模板
Interactive  counselling
{
InputStroke  stroke [ point_type ];
Control { position:should writing the area;
```

```
        Is Write:Example word or writing position; }
Event {G⃗:The word & stroke & relationship of sample word;
        event1();
        event2();
        …
    }
Action { verification:using the relevant event to verificating
the storke of InputStroke;
        }
Suggestion { suggestion:if the action is wrong,feedback the
suggestion;
            sound(…);
            animation(…);
            wordForms (…);
            }
    }
```

在该描述模板中,每一个进行辅导交互对象都可以用一个"Interactive"模块刻画和描述,模块的名称为"counselling"。其本质是一个拥有面向对象思想的文本描述方式。一个模块由当前笔画的笔迹信息、控制信息、事件、动作和反馈流定义构成。当前书写笔迹状态可以通过变量 stroke[point_type]来描述,其中 point_type 类型为二维平面坐标(x,y);position 规定当前书写范围,对练习者进行书写笔迹范围的监督,且变量 control 对书写进行控制,当前书写格是否允许书写和应书写在什么区域;Event 指事件信息,即辅导的教师信息,模板字的笔画、关系描述等等信息;动作 Action 用来验证当前书写笔迹 stroke[point_type]是否正确,通过实时计算将计算结果反馈给变量 Suggestion;Suggestion 通过用户设置的配置信息,最终决定用何种通道输出反馈意见。多通道输出的种类有 sound()声音输出通道、animation()动画形象输出通道、wordForms ()文字提示输出通道。

在上述描述中,以辅导一字分配一交互对象为单位进行计算。如果辅导一课或一单元,只需将每个交互对象装填到容器中,依次进行辅导即可。ICEAS 中的一个描述以对象的形式存在,封装在"Interactive"里,因此基于 ICEAS 的交互描述本身具有极大的可重用性。通常对于一个交互行为的建模可以被多次使用,从而使辅导行为中交互方式的研究经验和知识可以以 ICEAS 的描述来积累。在后面的工作中,将会加入更多的面向对象的思想和特性,如继承、聚合等,从而进一步提高辅导效果和效率。

4.3 交互结构基本功能实现方法

具有高度仿真书写纸的交互纸,极力模仿日常生活中文字书写环境,使练习者在进行文字书写练习时符合日常的社会认知和书写习惯等,能够让机器对书写者进行有效的文字书写辅导,对交互结构设计的成功具有非常重要的意义。但不能仅限于模仿书写纸,而是应该根据数字电子设备的特点,在继承传统纸质书写的基础上进行创新,充分发挥数字电子设备的优点。如克服纸质书写的一次性、书写格不具有随意放缩、格式不能任意更改等静态局限性。本节主要介绍交互结构的一些特色功能,使其在充分发挥数字电子设备优点的基础上,继承纸质书写的优点和书写习惯,更好地进行文字书写练习智能辅导。

交互结构的基本功能依托交互结构框架实现,包括书写格式成型、例字布局和点选、书写范围监督、练习字数布局、明页暗页互换、回清功能及作业保存和提交等。

4.3.1 书写格式成型

在进行文字练习时,根据文种和练习方式的设定来选择不同的书写格式。例如,在汉字练习时,传统的书写格式有田字格、米字格、回字格、口字格,但在练习拼音或是英文字母时,普遍使用的是四线格,此外还有二线格等。刚开始练习时,由于握笔平衡感较差、书写线条复杂等原因,导致书写的字偏大。在设计交互结构时应充分考虑这些特点,将方格大小、格式结构及格式布局等可进行合理自由调节。以电阻式触摸屏作为书写材质可以较方便实现这一功能,基本方法为动态刷新、重新绘制。

根据不同的个性化要求,应生成不同的书写格式。用 a 和 b 分别表示交互纸的长和宽,用 $size = a' \times b'$ 表示书写格的大小,行与行之间的间距为 d。交互纸是一个二维直角坐标平面,如图 4-2 所示。

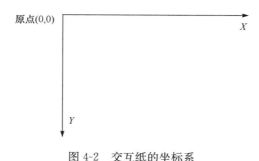

图 4-2 交互纸的坐标系

在绘制书写格时,应根据交互纸的大小 $a \times b$ 和每个书写格的大小 size 进行自动计算、生成和布局。绘制方格的矩形范围在交互纸上的左上坐标和右下坐标分别为(left,top),(right,down)。开始绘制书写格的左上角为(left′,top′),右下角为(right′,down′),数学模型为

$$\begin{cases} \text{left}' = \text{left} + ((\text{right} - \text{left}) \% s/2 \\ \text{top}' = \text{top} + ((\text{down} - \text{topt}) \% (s+d)/2 \\ \text{right}' = \text{right} - ((\text{right} - \text{left}) \%)/2 \\ \text{down}' = \text{down} - ((\text{down} - \text{top}) \% (s+d))/2 \end{cases} \quad (4.1)$$

绘制书写格行数和每行书写格个数的数学模型为

$$\begin{cases} l = (\text{down}' - \text{top}')/(s+d) \\ c = (\text{right}' - \text{left}')/s \end{cases} \quad (4.2)$$

当计算出交互纸上所有书写格的范围坐标之后,只需在每一个书写格内按照规定格式画出书写格的格式和范围即可。获取完参数,每个方格绘制的坐标由算法 4.1 获得。

算法 4.1　求取每一个方格的矩形区域,即左上坐标和右下坐标。

输入:(left′,top′),(right′,down′),$d,l,c,a' \times b'$

输出:每一个方格矩形区域

结构:

```
Begin
for(i=0;i<c;i++)//垂直方向
    {for(j=0;j<l;j++)//水平方向
      {CPoint topLeft(left'+j* a',top'+i* (b'+d));
        CPoint bottomRight(left'+(j+1)* a',top'+i* (b'+d)+b');
      CRect rect(topLeft,bottomRight);//得出矩形区域
      position.push_back (rect);//按"Z"字形存储坐标
}}
end.
```

4.3.2　例字布局和点选

日常的书写练习习惯于练字时有一个可以照写的范本。交互结构的设计延续了这一书写习惯,进行例字的布局。设当前练习课中有生字 n 个,此时需要布局的书写格数目应该分方块字和非方块字的情况讨论。如果是方块字,只需布局 n 个书写格;如果不是方块字,如拼音或英语单词,则需拆分。布局书写格数目用 N 表示,有

$$N = \sum_{i=0}^{n} t_i + n - 1 \tag{4.3}$$

其中，t_i 表示第 i 个单词或拼音的字符数目。

需要注意的是，在非方块字中，单词与单词之间需要预留一格，以便区分不同的单词或拼音。布局计算时采用的描述对象如下。

```
Sample  word
{
Position:drawing area;
Sample:word;
Control:{
        BOOL  IsDraw;
        BOOL  IsChoose;
    }}
```

以书写格为单位，每一个书写格都由上述的描述结构进行描述。描述对象中，Position 表示例字绘制的区域；Sample 表示 Position 区域中绘制的字或字符；Control 表示控制信息，IsDraw 为真时该区域进行绘制，否则跳过忽略；IsChoose 表示鼠标左键是否对 Position 区域进行单击，如果进行单击，则置为 true，否则为 false。容器中的逻辑图如图 4-3 所示，其表示的是人民教育出版社出版的小学义务教育教材第一册识字课中"我会写"生词拼音。字符"♯"表示此处不进行绘制，即 Control 中 IsDraw 变量为 false。

图 4-3　容器中字符的逻辑图

在例字区中进行完布局后，接下来的工作是练习者进行需练习生字的点选。当例字区域内的方格区域有触摸或点击信息时，将 Control 中的 IsChoose 标记为 true，再一次点击时，又将其重置为 false，且每一次重置，都重新绘制该生字或单词拼音，让其在颜色上面有所改变，使用户真实感知点选功能的存在。

4.3.3　书写范围监督

由于年龄小、注意力易分散等原因，练习者容易出现在书写纸上随意写画的情况。为了防止这种情况，提高练习效率，交互结构应设计书写范围监督功能，使练习者只在规定书写格内进行练习，当前书写任务完成后才可移到后续书写格书写。

设当前书写的笔迹坐标为 (x, y)，从当前 ICEAS 描述对象中读取书写格范围的控制信息 Position，如 Position 满足的书写范围数学模型式(4.4)，即当前笔迹坐标位于规定书写格内，允许进行书写活动。否则，将计算结果通过消息流的形式传递给 Suggestion，输出超书写范围的反馈信息。

$$\begin{cases} \text{left} <= x <= \text{right} \\ \text{top} <= y <= \text{down} \end{cases} \tag{4.4}$$

4.3.4　练习字数布局

为了仿真纸质书写纸上练习环境，交互结构设计练习字数布局的功能，包括练习的重复次数和练习格式，如清练、描红、比照练习。算法 4.2 实现从容器中读取 ICEAS 描述对象信息，如 position 区域位置控制、Iswrite 是否可写等信息。读取信息后直接按照其中的 ICEAS 描述信息进行显示操作即可。重复上述步骤将一页的信息全绘制完成。

算法 4.2　练习区域布局

输入：ICEAS 描述对象、书写格总数 n；

输出：显示布局；

结构：

```
Begin
for(i=0;i<n;i++)//一页中有 n 个书写格
{    iceas=Read();//读取第 i 个 ICEAS 描述对象
     Iceas.control.position();//读取出当前的控制区域
     if(Iswrite==false)
       {
       显示印刷体;
          }}
End
```

4.3.5　明页暗页互换

练习区域例字的布局依然是以书写格为单位的 ICEAS 描述。每一个书写格为一个辅导描述对象，如图 4-4 所示。但此布局存在一个问题，例字区中有四个生字，每个字重复描红次数为 7 次，$l=5$，$c=4$，即 $4*28 > 4*5$，这意味着在一页中不能全部显示所有被选中的练习生字。

为了解决在一页中不能完全显示的问题，设计一个明暗页显示的机制进行应对。通过先前计算出来的每一页行数和列数信息，得出明页的 ICEAS 描述对象数目 $l \times c$。在容器中，所有的智能辅导对象结构，即每个 ICEAS 描述对象存放的逻辑顺序如图 4-5 所示。其中第一级容器存储的是页节点信息，即表示每一个节点来存储一页中出现的所有用 ICEAS 结构描述的 ICEAS 描述对象信息；在 A 的每一个节点中，又存储一个二级容器。该二级容器每一个节点存储的是一行的所有 ICEAS 描述对象信息，如图中显示的 B 中第 j 行节点表示在第一页中第 j 行的所有信息。此后，在第二级容器的每一个节点中又存储有一个三级容器，在第三级容器中每一个节点表示的便是具体的 ICEAS 描述对象。ICEAS 描述对象描述在当前书写方格中，书写文字应该如何进行辅导、控制等一些交互操作。一个 ICEAS 描述对象本身即是一个容器单元。当书写到第 i 页时，只需将第一级容器中的第 i 个节点索引出来显示信息进行辅导即可。

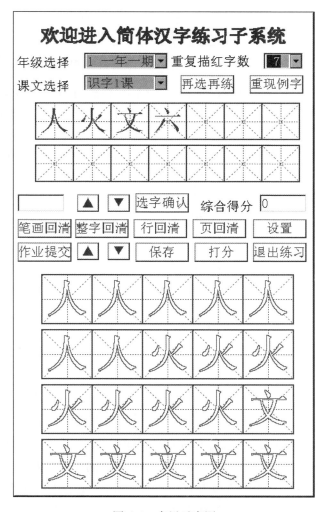

图 4-4　布局示意图

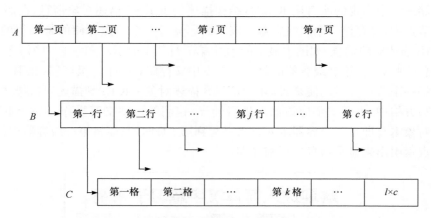

图 4-5　容器中 ICEAS 描述结构存放的逻辑顺序

书写格的形式由"练习格式"选择结果确定,格式行数根据触摸屏的尺寸、两区面积分配和书写格大小设置而定,4.3.1 节对于格式定型的数学模型和算法已有详述。

书写区域为多层结构,供用户书写的触摸屏书写区域为明页,在存储区开辟能容纳与明页点阵完全相同的多页空间,该空间的页称为隐页,其中一页跟踪触摸记录的隐页称为缓冲隐页,记为 BP,其余隐页为动态生成,分别记为 DP1,DP2,…,DPq。书写区的页结构如图 4-6 所示。

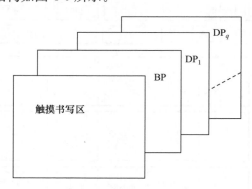

图 4-6　书写的实际范围示意图

$BP \in \{DP_1, DP_2, \cdots, DP_q\}$,为方便 BP 与 $DP_1, DP_2, \cdots, DP_q$ 交互,设置动态隐页计页器 β。$\beta = i, i \in \{1, 2, \cdots, q\}$,说明 BP 内容装的是 DP_i 的内容,也说明页显示的是 DP_i 的内容。不同的练习方式,q 有不同的计算公式。设选中 a 个练习对象,每字练习 b 个,明页最多能容纳书写 c 个字,对于描红,有

$$q = 取整[a \times b / c + 0.99] \tag{4.5}$$

对于比照和清练，有

$$q=取整[a\times(b+1)/c+0.99] \tag{4.6}$$

算法 4.3 描述了明页转换为暗页，然后将下一页暗页显示明页的算法流程。其中设当前显示的明页信息为第 i 页，书写格数目为 lc，l 表示行数，c 表示列数，总 ICEAS 对象数目为 k。

算法 4.3　明暗页互换

输入：明页

输出：第 i 暗页转明页

步骤：

Step 1，进行换页时书写格大小 size 改变，如果未改变，转 Step 6。

Step 2，计算新书写格大小 size、位置信息 position，绘制书写格 Draw(position)。

Step 3，获取书写格总数信息，计算在一页中出现的行列数，分别为 l' 和 c'。

Step 4，按新信息重新填充所有 ICEAS 描述对象。

Step 5，根据行列数信息，将 ICEAS 描述对象按图 4-5 重新进行逻辑排列放置。

Step 6，要显示的 ICEAS 对象为第 $i\times l\times c+1$ 个。

Step 7，索引第一级容器中第 $[(i\times l\times c+1)/(l'\times c')$ 取整] 个节点。

Step 8，绘制节点中的运行属性、例字显示等信息，完成暗页转明页操作。

4.3.6　回清功能

回清是仿真纸质本书写练习中橡皮擦擦除书写笔迹的功能。交互结构实现的基本回清功能有笔画回清、字回清、行回清、页回清等。笔画回清就是读取当前 ICEAS 描述辅导对象中 stroke[point_type]信息，将最后输入的笔迹信息删除重新绘制，然后在相应书写格内调用笔迹信息显示。字回清类似于笔画回清，但删除的笔迹信息较笔画回清多，直接将 stroke[point_type]容器信息清空，然后再重新绘制该书写格内信息；行回清是直接读取二级容器，将该节点内的所有 ICEAS 描述信息中 stroke[point_type]内容循环清空。

如当前是第 i 页 j 行，那么从第一级容器中读取出第 i 个节点信息，然后从该节点中读出第二级容器的第 j 个节点的信息，将其描述结构中所有 stroke[point_type]信息删除；最后实现页回清也就相对简单，基本类似于行删除，只是删除信息的范围更广，将第一级容器相对应节点中所有描述结构的 stroke[point_type] 全部删除。如图 4-7 所示，表示的是字回清逻辑图。当前要删除的是第一页第一行第 k 个字，此时直接索引定位到第三级容器 C 中的 k 位置，做删除操作即可。

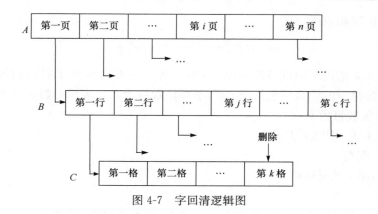

图 4-7　字回清逻辑图

4.3.7　作业保存和提交

练习作业结果保存对于回顾写字进步历程、自检书写错误、促进学习效果、实现教具变革等是不可缺少的功能,对于社会接受该系统具有重要的意义。

保存功能分为练习保存和作业保存两种,练习保存的内容是整个现场,包括练习属性、明页及所有隐页,以方便用户下次接着练习。作业保持只要方便一个老师批阅多个学生作业便可,不需要恢复所有现场。两种保存均采用堆栈文件形式。保存功能实现流程如图 4-8 所示。

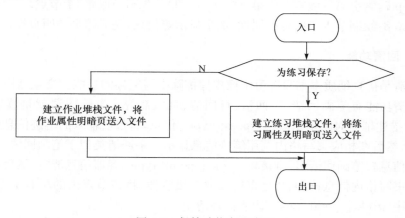

图 4-8　保持功能实现流程

保存结构:

```
SAVE
{   Property
  {   Writing grid;//书写格属性
      Way to practice;//练习方式
```

```
        Content;//练习内容
        Location;//当前练习位置
        Kind;//文字种类
        Guidance;//辅导方式
    }
    Position:Stroke[point_type];练习笔迹
    }
```

要进行各种保存功能，只需将上面的保存结构内容放入文件保存即可。保存结构主要分为两部分：一部分为运行时的特征属性信息；另一部分为练习时书写的笔迹信息。Property 代表属性信息，包括书写格的属性、练习方式、内容、当前练习位置、文字种类、辅导方式等信息。Stroke[]代表练习时书写笔迹，数据类型为 position类型，即(x,y)形式的二维坐标。

当进行练习结果保存时，将保存结构进行填充。如进行练习保存，下次接上次练习时只需将上述信息进行还原即可得到练习现场。将 property 结构和 stroke[point_type]信息流进行保存即可完成现场保存。作业提交时，将保存结构通过网络传到教师端。因为教师端采用的练习终端与学生端相同，从保存信息中索引到属性信息恢复现场，将笔迹信息进行还原显示，即可得到练习时的现场，老师可在自己机器上进行人工作业的批改、评分等操作。

如算法 4.4 和算法 4.5 所示，作业保存时只需将运行参数和书写练习笔迹压入栈进行保存，当要进行作业恢复或是接上次练习时，直接将参数弹出恢复程序运行现场。利用这种矢量保存的方法，可以避免截屏保存图片而产生的大量数据生成。矢量保存容量大概为几十 K，而截屏保存图片，一张图片也是几兆。当页数较多时，矢量保存更能凸显其优势，成数量级的降低了存储数据量，很适合在嵌入式设备、存储资源较为短缺的机器上使用。同时在进行网络的作业传输时，由于矢量保存的数据量少，所以传输速度快，传输出错率少等优势尤为明显。

算法 4.4　作业保存

Step 1,终止机器的运行模式，进入保护状态，保护各种属性参数。

Step 2,开辟保存栈空间 Stack。

Step 3,将当前书写完成的所有笔迹信息 stroke 按从书写顺序由后到先的原则压入保护栈进行保存 Stack. push(stroke)。

Step 4,依次将运行状态参数 run_param 如练习内容、例字选择结果、练习进度等压入保护栈进行保存 Stack. push(run_param)。

Step 5,依次将设置参数 set_param 如练习方式、辅导方式、提示方式、书写笔设置的属性等压入栈进行保存 Stack. push(set_param)。

Step 6,将栈中内容保存到文件中，释放栈空间,Stack. destory()。

Step 7,结束。

算法 4.5 **作业保存后显示复原**

Step 1,读作业保存文件,开辟恢复栈空间 Stack。

Step 2,将文件读入恢复栈 Stack。

Step 3,弹出栈中的设置参数,按其参数设置好机器状态 Stack. pop()。

Step 4,弹出运行状态参数,从数据库中读取出内容,按例字选字结果、练习进度等进行布局 Stack. pop()。

Step 5,弹出笔迹信息,将所有书写笔迹进行绘制 Stack. pop()。

Step 6,退出恢复模式,进入辅导模式,释放栈空间 Stack. destory()。

Step 7,结束。

4.4　文字书写教学系统的一般交互效果

依托交互结构框架 ICEAS,4.3 节所述基本交互功能的多文种融合文字书写教学系统的交互结构系统的仿真纸质练习本界面布局,如图 4-9 所示。该界面为交互结构系统的第三级或用户书写界面,其中第二、三行的子窗口内容由前置界面内容的用户操作结果确定。第四、五行格式中的文字为练习对象,由第二、三行的子窗口内容进行文字库检索获得,图中文字为人民教育出版社出版的九年义务教育小学第一册识字练习第一课的练习文字。第六、七、八行为本界面交互功能操作键,第九行及其以下区域为用户书写练习区域。图中四个生字被设置为重复练习 2 次,练习格式设置为田字格比照练习。

图 4-9 的交互结构生成步骤如下。

Step 1,绘制书写方格,按照练习参数,绘制方法如 4.3 节所述。

Step 2,进行例字布局和点选功能。在本次练习中,所有的生词被全部选中。例字的布局结构如图 4-4 所示,以第一个生字"人"为例的描述如下。

```
Sample  word
    {Position(top=149,down=209,left=33,right=93);
        Sample:"人";
            Control:{BOOL  IsDraw  true;
        BOOL  IsChoose  true;
    }}
```

Step 3,进行练习区域的例字布局。按照前面章节的描述,此处第一级容器中只有一个节点,其逻辑结构如图 4-10 所示。在此页中显示有三行,每一行 5 个需练习的生字。

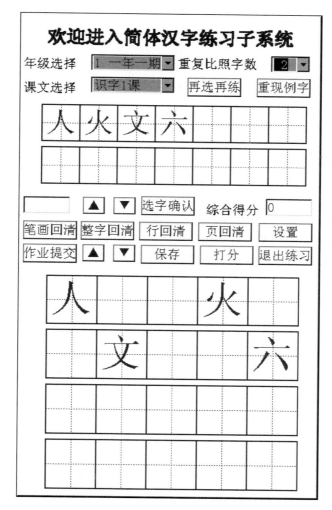

图 4-9 清练布局示意图

Step 4，按照容器中每一个书写格的 ICEAS 描述对象进行智能实时辅导。以图 4-10 中的书写格为例，前两个书写格的 ICEAS 描述实例情形如下。

```
Interactive  人//第一格,只显示不能书写和辅导。
{  InputStroke  stroke[point_type]=NULL;
   Control{position:(top=432,down=512,left=43,right=123 );
        IsWrite="人";}
          Event{G⃗:NULL}
        Action{NULL}
```

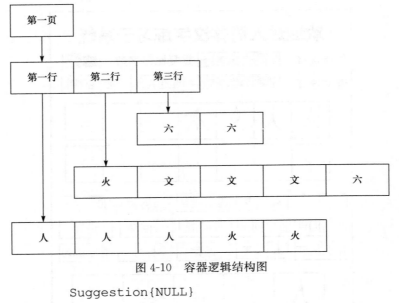

图 4-10　容器逻辑结构图

```
        Suggestion{NULL}
    }
Interactive  人  //第二格,不显示例字,只能进行书写练习和辅导
{ InputStroke  stroke[point_type]=NULL;
    Control{position:(top=432,down=512,left=123,right=203);
    IsWrite="人";}
      Event{G⃗(8,10),(6310,63110)(NULL)(NULL)}
      Action{verification:8,10,(6310,63110)}
    Suggestion { … }}
```

第一书写格中的人字只做例字用,不能在此方格内进行书写,只绘制显示字形。如果在此处进行书写,会提示书写超出范围。第二个书写格允许书写,且要按照书写笔运行的轨迹将书写笔迹进行显示。例如,第二格中的 ICEAS 描述信息,Action 执行的动作是以 Event 中 $\vec{G}$ 信息为依据,然后进行辅导。如果书写没有按照 $\vec{G}$ 模板进行,则 Action 反馈出信息给 Suggestion,进行辅导意见的提示。

图 4-11 表示交互时机器的辅导反馈意见。当练习者输入一条笔画信息时,机器便进行实时计算,计算该笔画是否符合交互中预先设置的条件。如果符合,则机器允许练习者进行下一步骤的练习,授予书写下一笔的权限或是自动将可书写范围跳至下一书写格。书写反馈意见采用多通道技术,可以分为文字、动画、语音三种方式。由于截图的局限性,所以在此采用文字提示的方法。图 4-11,是严格按照九年义务教育中一年一期第三课中的生词。其中设置的练习格式为米字格或田字格,练习方式为清练,即没有描红模板或例字,例字只显示在上面的例字区。

图 4-11(a)中提示书写口字时出现错误,第一画竖和第二画横折之间的关系错误,横折书写过长,与竖不是"T"字交叉的关系。在图 4-11(b)中也是提示关系错误,弹出对话框进行文字提示"横和竖折不是半包围关系"。由图可知,横书写过长,穿过了横折。由于这两条笔画的关系错误,所以造成书写的错误。此时机器及时进行提示,供练习者及时擦除当前书写笔画进行重新书写。在第三幅图(图 4-11(c))中,提示最后书写"中"字时竖的几何形状书写错误,竖的起笔带有毛刺,使其几何形状发生改变。

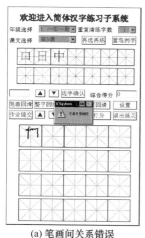 

(a) 笔画间关系错误　　　　(b) 笔画间关系错误　　　　(c) 笔画形状错误

图 4-11　书写错误时的反馈意见

如图 4-12 所示,实验中所选内容为小学汉语拼音所学拼音字母,练习格式为描红。图 4-12(a)中例字部分"f,d,t,n,j,q,o"(着为蓝色)为选中想要练习的拼音字母,没有选中的拼音字母用不同被选中字母的颜色区别,如红色。点击选字确认键后,出现图 4-12(b)所示的结果。下面的练习区域显示的描红信息即只有选中的那些拼音字母。接下来调节重复练习次数,选择练习次数为 2 次,系统根据所选练习次数进行红底字布局。练习区域中出现描红的模板信息,如图 4-12 (c)所示。

图 4-13 为交互结构的一些特色功能。通过设置不同的配置参数来进行交互结构的调节。如图 4-13(a)中所选书写格格式为传统的米字方格,练习内容为义务教育中一年一期识字第一课,每个字的练习次数为 4 次。初布局结构为图 4-13(a)中练习区域显示结果。图 4-13(b)中的书写方格格式调成田字格,方格大小改成142 * 142,所绘制的方格变大。练习区中即只能排下六个字。还有未显示完的描红模板字,即采用暗页显示的方法,逻辑结构在前节已有详述。图 4-13(c)中练习格调节得更大,采用 170 * 170 规格大小。图 4-13(d)将练习的格式变成比照模式,图 4-13(e)在图 4-13(d)的基础上将清练的练习次数设置为四次,图 4-13(f)改变了练习的文种,将练习文种变成英文。

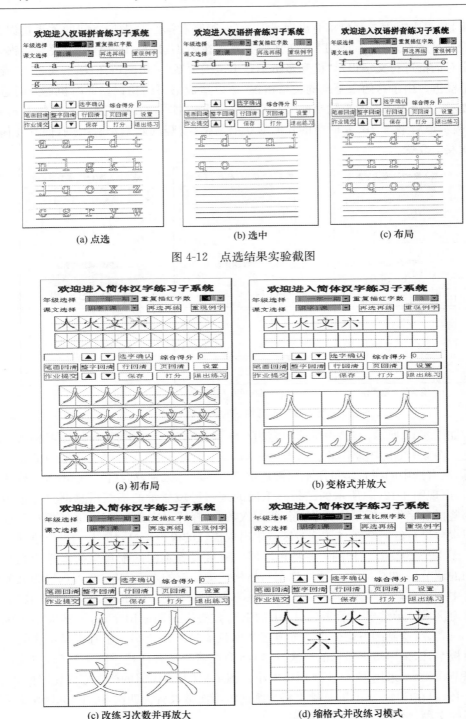

(a) 点选　　　　　　　　(b) 选中　　　　　　　　(c) 布局

图 4-12　点选结果实验截图

(a) 初布局　　　　　　　　　　　　(b) 变格式并放大

(c) 改练习次数并再放大　　　　　　(d) 缩格式并改练习模式

(e) 改练习格式和次数   (f) 改文种与格式

图 4-13 交互结构特色功能实验

第 5 章　书写信息前置处理

　　基于触摸屏的文字书写指导过程的实现一般包括笔迹信息获取、前置处理、笔画基元特征抽取、笔画分析、笔画关系分析、部件关系分析、书写质量评价、书写结果打分等众多工作环节,其中前置处理是笔迹信息获取后处理过程的最基础环节。该环节工作质量的好坏将直接影响笔画基元特征抽取的正确性、鲁棒性与客观性等,进而影响后续各环节的工作质量及系统的书写教学质量。

5.1　概　　述

　　以触摸屏作为书写材质有三方面基本用途(Wang,et al.,2007;Song,et al.,2004;Zanibbi,et al.,2002),一是作为手写字符识别和手绘图形识别输入工具,相应的技术为联机书写模式识别技术;二是作为电子白板(Nescher,et al.,2011),相应的技术为手绘真迹显示与手绘模式识别结合技术;三是作为文字书写教具(姜珊,2009;李冬青,2008;陈定,2008),相应的技术为教学知识指导下的文字书写过程分析技术。对于手绘真迹显示,由于没有后续处理环节,不需要获取用于后续处理的相关笔迹信息,因此基本不需要进行严格的前置处理。对于手写识别,为了使分类算法有较好的鲁棒性,前置处理的目的是为了突显笔迹的不变性结构,因此前置处理的内容通常较多,力度也较大。对于文字书写教具,基于以可视文字模板或描红结构为教学知识的指导系统无需严谨的前置处理。对于以文字书写过程描述字为教学知识的自由式书写教学(戴永,等,2011;胡智慧,2010),需要根据文字书写过程中书写效果分时、分层次结构实时提出指导意见,注重的内容是用户实际书写的笔迹点结构与反映笔迹走向的笔迹点坐标值变化,而不是有利于抽取特征的具有鲁棒性的整体笔迹骨架结构。如果对原始笔迹按手写模式识别的数据要求作结构修缮性的预处理,如细化、字符分割、规范化及过度增强、不留原迹的平滑(实质平滑)等,系统对用户书写效果提出指导意见的笔迹信息依据将缺乏真实性。例如,对书写文字进行位置、大小规范化处理有利于特征提取,从而有利于文字识别;对于书写指导,文字写得过大、过小及位置不规范等都是需要提出指导意见的,一旦规范化则失去了产生指导意见的真实信息依据。凸显不变性特征与信息保真是面向书写识别与面向书写教学在预处理要求上的重要区别,因此也导致了两者预处理内容及技术的重要不同。

　　触摸屏书写的特点是硬笔与硬板“硬碰硬”,难以保证用户运笔过程用力均衡,触摸屏传感器感应笔触均匀到位,致使用户尤其是低龄用户驭笔困难,尽管联机采集的笔迹信息多为单比特宽度,也将包含多种类型的噪声。

触摸屏传感器将当前笔触点对应的模拟电压值送入 A/D 转换器生成该点对应的触摸面域坐标(x,y)。触摸笔在触摸屏上的笔画书写过程便是该条笔画的笔迹点坐标值连续产生的过程。噪声主要来源于手抖动、笔速多变、感应失真、非线性 A/D 转换等。预处理包括字符分割、平滑、去噪(白色、黑色)、规范化等。不同目的的触摸屏手写信息应用方案,可以采用不同的预处理方法或过程及预处理强度。

5.2　噪 声 分 析

针对低龄用户在触摸屏上学习文字书写出现较多的非正常行笔状态,研究面向教学的联机书写笔迹信息噪声处理方法。从行笔速度的角度观察,不规范行笔状态有过快或飘笔、过慢或顿笔两类。从行笔方向的角度观察,不规范行笔状态表现为书写过程笔迹非法变向。三种行笔状态导致的非正常笔迹点结构可以归纳成白色、黑色及抖动三类噪声。

5.2.1　笔迹信息采集

文字书写过程中,触摸屏笔迹信息为实时跟踪一次性获取。嵌入式系统 μOS 按固定时间间隔 T(基于人们一般书写速度而设置)对当前触摸笔所在的位置进行坐标采集,由此得到具有时间先后顺序的二维坐标点集。用 P 表示采集到的点集,$P=\{p_1,p_2,\cdots,p_n\}$ 是通过 n 次采样获得,$p_i(1\leqslant i\leqslant n)$ 为第 i 次采样到的笔尖触摸点,相应的二维坐标记为(x_i,y_i)。

设 $v_i(i=2,3,\cdots,n)$ 表示笔尖从第 $i-1$ 笔迹点到第 i 笔迹点移动的速度,T_t 为经历的时间,用直线线段拟合两点之间的路径,两点的直线间距为

$$g(p_{i-1},p_i)=v_iT_t \tag{5.1}$$

其中,$T_t=NT$,当 $N=1$ 时,$g(p_{i-1},p_i)=v_iT$,说明每隔一个 T 都能获得一个笔迹点;当 $N>1$,说明 p_{i-1} 和 p_i 之间间隔了 N 个 T。

式(5.1)表明,当 T_t 一定时,相邻两笔迹点之间的书写速度越快,$g(p_{i-1},p_i)$ 越长;速度不等,$g(p_{i-1},p_i)$ 不同。令

$$g(p_{i-1},p_i)=\sqrt{(x_i-x_{i-1})^2+(y_i-y_{i-1})^2} \tag{5.2}$$

用 p_{i-1} 和 p_i 之间的像素点数目表达 $g(p_{i-1},p_i)$,结合式(5.1)和式(5.2)可知,v_i 越高,$g(p_{i-1},p_i)$ 越大,p_{i-1} 和 p_i 之间的空白笔迹点越多,反之少。v_i 不均匀使得 p_{i-1} 和 p_i 之间空白笔迹点数目不等。p_{i-1} 和 p_i 之间空白笔迹点越少笔迹结构越接近真实笔迹,p_{i-1} 和 p_i 之间空白笔迹点越多笔迹越失真。

5.2.2　噪声分类

受客观和主观因素的影响,在触摸屏上书写文字难免出现噪声,噪声呈现出多种多样的形态。图 5-1 是一位二年级学生在习字系统中练字结果的部分有典型意义的截图。图 5-2 是与截图对应的未进行前置处理的真迹点阵放大图。

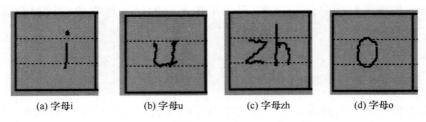

(a) 字母i　　　　　(b) 字母u　　　　　(c) 字母zh　　　　　(d) 字母o

图 5-1　习字系统中练习结果的部分截图

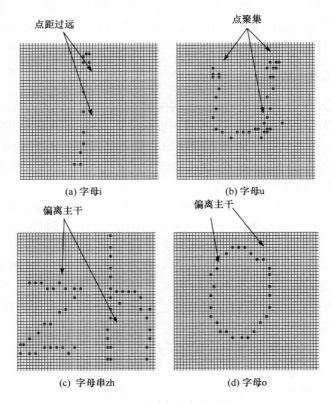

图 5-2　笔迹真迹点阵放大图

图 5-2(a)表明图 5-1(a)文字笔画中笔迹点分布十分的稀疏,出现相邻两点之间距离过大的现象,造成此现象主要是因为用户书写时行笔过快,即 v_i 过高;飘笔(笔尖触摸不连续)导致 $T_t = NT, N > 1$,即 p_{i-1}, p_i 时间间隔大于 T。图 5-2(b)表明图 5-1(b)文字笔画中笔迹点疏密不均,两个笔画在落笔点附近出现笔迹点聚集的现象,造成此现象主要是因为用户在落笔处书写行笔过慢或顿笔导致 v_i 过低。图 5-2(c)表明图 5-1(c)文字笔画中存在笔迹点偏离主干位置的现象,这是因为书写时笔尖与触摸屏硬碰硬产生抖动所致,抖动时笔力不均,时快时慢,笔径方向多变;图 5-2(d)表明图 5-1(d)文字笔画中笔迹点分布均匀,但仍然存在笔迹点偏离主干位置现象,即后两种书写效果使得笔迹点集 $P = \{p_1, p_2, \cdots, p_n\}$ 中的点坐标失去主干方向单调性。

图 5-3 是一位一年级学生在触摸习字系统中练写简易汉字结果的部分有典型意义的截图。图 5-4 是与截图对应的未进行前置处理的真迹点阵放大图,并指出了与图 5-2 相同的噪声形态。

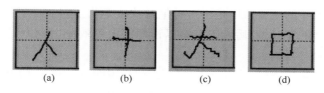

图 5-3　触摸习字系统中练习结果的部分截图

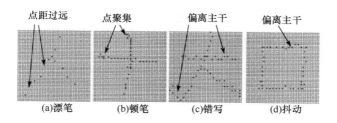

图 5-4　真迹点阵放大图

书写笔画的笔迹点分布不均匀和不规整性可归纳为三类问题,第一类是点与点之间距离过大,称之为白色噪声,一般由飘笔书写导致,噪声大小取决于书写速度与系统对笔迹的采样频率的匹配度,匹配度高噪声小,反之噪声大,说明书写时飘笔严重;第二类是笔迹点出现聚集现象,称之为黑色噪声,主要原因为行笔过慢或顿笔,致使同一非笔画结构交叉笔迹点多次无益采样;第三类是笔迹点偏离主干位置,称之为抖动噪声,其可由客观或主观因素引起。白色噪声分为可消除和不可消除两大类,可消除是指未采集到的笔迹点可通过软件按预测笔迹重构;不可消除是指未采集到的笔迹点无法预测其笔迹进行重构。黑色噪声的主要危害是增加笔迹数据的冗余度及加大笔迹结构的复杂度。抖动噪声根据抖动大小分为可消除和不可消除两大类。可消除是指抖动幅度小,不需要产生指导意见;不可消除是指抖动幅度大,形成新笔段,其是笔形分析产生指导意见的依据。这三类噪声处理的好坏,直接影响笔迹走向及结构的分析,进一步影响书写指导意见的合理性。

5.3　双色噪声消除

白色噪声与黑色噪声合称为双色噪声,是触摸屏书写的典型噪声类别,对于教学意见的正确性产生重要影响,具有很大的危害作用。双色噪声的应对策略分别为步长可选插值、去重法。

5.3.1　白色噪声及消除

白色噪声产生的主要原因是书写行笔过快或笔力过轻,前者噪声程度取决于系统对笔迹采样的实时性;后者则有难以预期的白色效应。笔力过轻所造成白色噪声通常难以笔迹重构。

令 γ 为过度飘笔阈值,当 $g(p_{i-1},p_i) \geqslant \gamma$ 时,说明 p_{i-1} 和 p_i 两点之间出现的白色噪声不可消除,习字系统给出指导意见"书写笔力过轻或书写速度过快",并进入相应的后续工作模块;否则进入笔迹重构。笔迹重构是指当 $g(p_{i-1},p_i) < \gamma$ 时对空白笔迹点进行步长可选直线插值处理。

直线插值模型为以下四组表达式,即

$$f(x) = \begin{cases} \dfrac{|x_i - x_{i-1}|}{\eta} - 1, & |x_i - x_{i-1}| \% \eta = 0 \\ \dfrac{|x_i - x_{i-1}|}{\eta}, & \text{其他} \end{cases} \tag{5.3}$$

$$f(y) = \begin{cases} \dfrac{|y_i - y_{i-1}|}{\eta} - 1, & |y_i - y_{i-1}| \% \eta = 0 \\ \dfrac{|y_i - y_{i-1}|}{\eta}, & \text{其他} \end{cases} \tag{5.4}$$

$$\begin{cases} y = k_x \cdot x + b_x \\ x = x_{i-1} + \text{sgn} \cdot \lambda \cdot \eta \end{cases} \tag{5.5}$$

$$\begin{cases} x = k_y \cdot y + b_y \\ y = y_{i-1} + \text{sgn} \cdot \lambda \cdot \eta \end{cases} \tag{5.6}$$

当$|x_i-x_{i-1}|\geqslant|y_i-y_{i-1}|$时,用式(5.3)求两点之间插入点的数目,根据式(5.5)计算各个插入点的坐标值;否则,用式(5.4)求两点之间插入点的数目,根据式(5.6)计算各个插入点的坐标值。插值模型中$k_x=(y_i-y_{i-1})/(x_i-x_{i-1})$,$b_x=y_{i-1}-k_x\cdot x_{i-1}$,$k_y=(x_i-x_{i-1})/(y_i-y_{i-1})$,$b_y=x_{i-1}-k_y\cdot y_{i-1}$,$\lambda$表示在相邻两点之间插入的第$\lambda$个点,$\eta$表示插点的步长,sgn表示坐标变换符号,即当$x_i-x_{i-1}>0(y_i-y_{i-1}>0)$时,sgn=1;当$x_i-x_{i-1}<0(y_i-y_{i-1}<0)$时,sgn=-1;否则,sgn=0。

用P'表示直线插值重构后的点集,则对笔迹信息点集进行线性插值的具体实现如算法5.1。

算法5.1　笔迹直线插值重构。

输入:P

输出:P'

注释:$p_\lambda(x_\lambda,y_\lambda)$表示在第$i$点之后第$i+1$点之前插入的第$\lambda$个点坐标值,num表示两点之间插入点数目。

步骤:

Step 1,$i\leftarrow2,j\leftarrow1,p'_j\leftarrow p_{i-1},j++$。

Step 2,若$i>n$,执行 Step 6;否则,$\lambda\leftarrow1$;

Step 3,若$|x_i-x_{i-1}|<|y_i-y_{i-1}|$,num$\leftarrow f(y)$,转 Step 5;否则 num$\leftarrow f(x)$顺序执行。

Step 4,若$\lambda>$num,p'_j;p_i;$j++$;$i++$;转 Step 2;否则由式(5.5)求出$p_{(i-1)\lambda}$;$p'_j\leftarrow p_{(i-1)\lambda}$;$j++$;$\lambda++$;转 Step 4。

Step 5,若$\lambda>$num,$p'_j\leftarrow p_i$;$j++$;$i++$;转 Step 2;否则,由式(5.6)求出$p_{(i-1)\lambda}$;$p'_j\leftarrow p_{(i-1)\lambda}$;$j++$;$\lambda++$;转 Step 5。

Step 6,结束。

如果点集P经线性插值插入了m个点,则$P'=\{p'_1,p'_2,\cdots,p'_\alpha\}$,其中$\alpha=n+m$。消除白色噪声后笔画的笔迹点距变得基本均匀。

5.3.2　黑色噪声及消除

在笔迹点集合中出现相同笔迹点源于两种情况,一种是笔迹结构存在交点,另一种是由于书写过慢或顿笔。由于笔迹点是按时序采集的,笔画结构交点的基本特征是相同坐标的笔迹点的位置索引有一定的差值。黑色噪声的基本特征为相同坐标的笔迹点位置索引差值很小。根据这一点结构特性,设位置索引差值阈值为ζ,黑色噪声处理方法是当点集P'中存在$p'_i=p'_j$且$j-i\leqslant\zeta$时,则将p'_j删除,其

中 $0<i<j<\alpha$。设黑色噪声处理后的点集为 P'',去重处理后 P' 删除了 q 个点,则 $P''=\{p''_1,p''_2,\cdots,p''_\beta\}$,其中 $\beta=\alpha-q$。

5.4　抖动噪声虚拟平滑

抖动噪声的形态特征是笔迹点偏离主干位置,由客观或主观因素引起。抖动处理环节是在排除书写速度对笔迹信息的影响,即消除双色噪声之后,根据笔迹点的数目估算笔迹的长度或抖动幅度的基础上,按笔迹点坐标变化分析书写过程抖动噪声及笔画的书写结构。

联机文字书写教学的笔迹信息去抖动处理结果需保障两方面的需求,一方面不影响笔画的验证识别效果,即通过去抖突显笔画的不变性特征;二方面对于需提出指导意见的大幅度抖动应保留真迹供书写效果分析。为同时满足两方面的要求,对抖动噪声依据方向序列码和关键点进行虚拟平滑。

5.4.1　关键点求取

关键点包括笔迹的起点、终点,以及可以将笔迹分段的转折点。设噪声阈值为 δ,P'' 中所有点到由该集合两端点连接直线的最大距离为 h,如果 $h\leqslant\delta$,则认为 P'' 中没有转折点;否则到由两端点连接直线距离最大的点就是笔迹的一个转折点,以此转折点可以将 P'' 划分为两个子点集,再以递归法求两个子点集中的转折点,即可求得 P'' 的所有转折点。如图 5-5 所示,如果点集中所有点到由两端点 A 和 D 的连接直线的最大距离 $h_1>\delta$,其对应的点 B 就是点集中的转折点,以 B 为划分点,将点集划分为两个子点集,再以递归方法求两个子点集的转折点就可以求得图中点集的所有转折点。

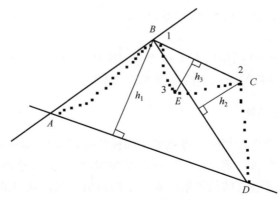

图 5-5　转折点分析图

用容器 K 保存 P'' 的关键点位置索引,求 P'' 的所有转折点位置索引可由算法

5.2 完成。

算法 5.2　求笔迹的所有转折点位置索引集。

输入：P''

输出：K

注释：dm(s,e)是求 P'' 中第 s 点和第 e 点之间的点到由 p''_s 和 p''_e 组成直线的最大距离，GetIn(s,e)是求 dm(s,e)对应点的位置索引。

步骤：

Step 1，$s \leftarrow 1$；$e \leftarrow \beta$。

Step 2，若 dm$(s,e) > \delta$；$k \leftarrow$ GetIn(s,e)；将 k 存入 K；转到 Step 3 和 Step 4 递归求出转折点位置索引；否则转 Step 5。

Step 3，$s \leftarrow 1$；$e \leftarrow k$；用递归法求 P'' 中第 s 点和第 k 点之间的转折点。

Step 4，$s \leftarrow k$；$e \leftarrow \beta$；用递归法求 P'' 中第 s 点和第 k 点之间的转折点。

Step 5，结束。

求出笔迹的转折点位置索引集后，将 1 和 β 存入 K，并将 K 内元素进行升序排序，即可求出笔迹的关键点位置索引集。在 K 的基础上对 P'' 进行虚拟平滑。

5.4.2　虚拟平滑

虚拟平滑是指在保留实际笔迹的基础上，为实现某单一逻辑需求而进行的平滑处理，处理结果另存，不用于笔迹显示，不作为强制性公共数据。虚拟平滑通过方向序列码和方向计数器实现。方向序列码分为 x 和 y 方向序列码，表示点集在 x 和 y 方向上的坐标值单调变化情况。设相邻两个关键点的位置索引值是 k_i 和 k_{i+1}，它们之间的夹点构成的子点集为 $Q_i = \{p''_{k_i}, p''_{k_i+1}, \cdots, p''_{k_{i+1}}\}$，将 Q_i 进行 x 和 y 坐标分离可获得相应的 x 和 y 坐标集合，用 $Z = \{z_1, z_2, \cdots, z_{k_{i+1}-k_i+1}\}$ 表示 Q_i 分离出的 x 或 y 坐标集，Z 对应的方向序列码可以表示为

$$D = [d_1, d_2, \cdots, d_{k_{i+1}-k_i}] \tag{5.7}$$

其中

$$d_j = \begin{cases} 1, & z_{j+1} > z_j \\ 0, & z_{j+1} = z_j , \quad 1 \leqslant j \leqslant k_{i+1} - k_i \\ -1, & z_{j+1} < z_j \end{cases} \tag{5.8}$$

对两个关键点之间的子点集 Q_i 进行虚拟平滑，使得其对应的方向序列码的元素值统一化。由于虚拟平滑后方向序列码的元素值相同，因此可以用方向计数器来表示虚拟平滑后的方向序列码。方向计数器是一个数对，包含方向属性和统计个数。用 $c = (\text{fl}, \text{cn})$ 表示由 D 虚拟平滑后所得的方向计数器，其中统计个数 cn =

$k_{i+1}-k_i$，$\mathrm{fl}\in\{1,0,-1\}$ 是方向属性，表示 D 经过虚拟平滑后的统一值，设有方向阈值为 ε，fl 的值由式(5.9)决定。当 $\mathrm{fl}=1$ 时，表示在 $\mathrm{cn}+1$ 个点的范围内，x(或 y)坐标值逐渐增大；当 $\mathrm{fl}=-1$ 时，表示在 $\mathrm{cn}+1$ 个点的范围内，x(或 y)坐标值逐渐减小；当 $\mathrm{fl}=0$ 时，表示在 $\mathrm{cn}+1$ 个点的范围内 x(或 y)坐标值保持不变。

$$\mathrm{fl}=\begin{cases}1,&\sum_{j=1}^{k_{i+1}-k_i}d_j>\varepsilon\\-1,&\sum_{j=1}^{k_{i+1}-k_i}d_j<-\varepsilon\\0,&其他\end{cases}\tag{5.9}$$

设关键点的个数是 sn，用容器 CX 和 CY 来保存 P'' 的 x、y 方向计数器，flx_i 和 fly_i 分别表示某子点集的 x 和 y 方向计数器的方向属性，则对 P'' 进行虚拟平滑处理的具体实现算法如下。

算法 5.3　虚拟平滑。

输入：P''，K

输出：CX，CY

注释：mg(C)是对计数器集合 C 进行合并操作，$c_i(\mathrm{fl}_i,\mathrm{cn}_i)$ 和 $c_{i+1}(\mathrm{fl}_{i+1},\mathrm{cn}_{i+1})$ 中，当 $\mathrm{fl}_i=\mathrm{fl}_{i+1}$ 时，则将两计数器合并成 $c_j(\mathrm{fl}_i,\mathrm{cn}_i+\mathrm{cn}_{i+1})$。

步骤：

Step 1，$i\leftarrow1$。

Step 2，若 $i\geqslant\mathrm{sn}$，转 Step 3；否则，由式(5.7)求子集 $Q_i=\{p''_{k_i},\cdots,p''_{k_{i+1}}\}$ 的 x、y 方向序列码 DX_i 和 DY_i；由式(5.9)求出 x 和 y 方向属性 flx_i 和 fly_i；$\mathrm{CX}_i\leftarrow(\mathrm{flx}_i,k_{i+1}-k_i)$，$\mathrm{CY}_i\leftarrow(\mathrm{fly}_i,k_{i+1}-k_i)$，$i++$，转 Step 2。

Step 3，mg(CX)，mg(CY)，结束。

CX 和 CY 分别保存了笔画中各相邻两个关键点之间所夹点集的 x 方向和 y 方向计数器，根据 CX 和 CY 就可以判断转折点类型属性，由此分析笔画的走向及结构。转折点的类型是根据相邻两个方向计数器的方向属性判定。转折点的类型及形态结构如表 5-1 所示。

表 5-1　转折点的类型及形态结构

类型	形状	判定必要条件		附加条件
		tempx	tempy	
左极点	<	<−1,1>		
右极点	>	<1,−1>		
上极点	∧		<−1,1>	

类型	形状	判定必要条件		附加条件
		tempx	tempy	
下极点	V		$<1,-1>$	
左上拐点	Γ	$<-1,0>$	$<0,1>$	$y_{i+1}>y_i$
左下拐点	L	$<0,1>$	$<1,0>$	$y_{i-1}<y_i$
右上拐点	⌐	$<1,0>$	$<0,1>$	$y_{i+1}>y_i$
右下拐点	⌐	$<0,-1>$	$<1,0>$	$y_{i-1}<y_i$

触摸屏的坐标系是以左上角作为原点,越往右 x 坐标值越大,越往下 y 的坐标值越大。表 5-1 中的 tempx 表示相邻两个 x 方向计数器方向属性,tempy 表示相邻两个 y 方向计数器方向属性。对于一个转折点,判断其类型只需根据必要条件中 tempx 或 tempy 的值再加上附件条件即可。结合方向计数器和关键点位置索引集就可以获取笔画的转折点类型进而判断笔迹的走向及结构,从而分析书写结果给出合理的指导意见。

5.5　预处理实例

图 5-6 为用户在习字系统中书写的内容。

图 5-6(a)中的当前笔画对应音节"i"第一个笔画,图 5-6(b)中的当前笔画对应音节"lü"第一个笔画。图中弹出的指导意见窗口及其内容属系统教学功能产生的结果,产生原理在后面章节介绍。

图 5-6 中两条笔画分别记为 P_1 和 P_2,触摸屏传感器感知的信息,经 A/D 转换并经坐标系平移变换,P_1 和 P_2 中各原始笔迹点的坐标参数如表 5-2 所示。

表 5-2　原始笔迹信息点集

笔画	原始坐标点集
P_1	(36,26),(36,30),(35,33),(36,37),(35,40),(35,44),(36,47),(37,50),(40,52),(41,49),(43,47),(46,44),(50,45)
P_2	(24,45),(21,45),(21,42),(20,35),(21,30),(20,18),(20,11),(22,2),(24,5),(24,5)

设飘笔阈值 γ 为 10,插点步长 η 为 2,索引插值阈值 ζ 为 3,噪声门限值 δ 为 5,方向门限值 ε 为 3,对 P_1 和 P_2 进行消除双色噪声处理,处理后的数据变化情况如表 5-3 所示。

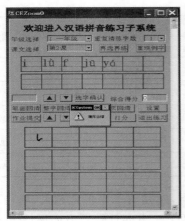

(a) "i" 第一条笔画　　　　　　　　　　(b) "lǜ" 第一条笔画

图 5-6　笔画书写实时跟踪指导效果图

表 5-3　原始笔迹点消除双色噪声后的坐标点集

笔画	消除双色噪声后的坐标点集
P_1''	(36,26),(36,28),(36,30),(35,32),(35,33),(35,35),(36,37),(35,39),(35,40),(35,42),(35,44),(36,46),(36,47),(37,49),(37,50),(39,52),(40,52),(41,50),(41,49),(43,47),(45,45),(46,44),(48,44),(50,45)
P_2''	(24,45),(22,45),(21 45),(21,43),(21,42),(21,40),(21,38),(21,36),(20,35),(20,33),(20,31),(21,30),(21,28),(21,26),(21,24),(21,22),(21,20),(20,18),(20,16),(20,14),(20,12),(20,11),(20,9),(20,7),(20,5),(20,3),(22,2),(24,4),(24,5)

表 5-3 中加横线的坐标数据都是插入点的坐标值。P_1 和 P_1'' 及采用 origin8 模拟在线手写识别平滑处理后的点阵效果如图 5-7 所示。P_2 和 P_2'' 及采用 origin8 模拟在线模式识别预处理后的点阵效果如图 5-8 所示。

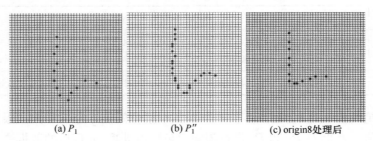

(a) P_1　　　　　　　(b) P_1''　　　　　　(c) origin8 处理后

图 5-7　字母 i 的第一个笔画点集信息的点阵效果图

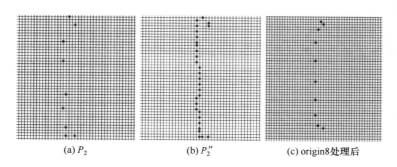

(a) P_2 (b) P_2'' (c) origin8处理后

图 5-8 音节 lù 的第一个笔画点集信息的点阵效果图

由图 5-7(b)和图 5-8(b)可知,经过消除双色噪声后,笔迹信息点集分别变得点距均匀。根据算法 5.2 求得 P_1' 和 P_2' 的关键点位置索引集,如表 5-4 所示。

表 5-4 两个笔迹的关键点位置索引集

笔迹	P_1''	P_2''
关键点位置索引集	1,15,24	1,29

关键点位置索引集可将 P_1'' 和 P_2'' 划分为有限个子点集,则每个子点集对应的 x 和 y 方向序列码如表 5-5 所示。

表 5-5 方向序列码

	相邻两个关键点索引位置	x 方向序列码	y 方向序列码
P_1''	<1,15>	$[0,0,-1,0,0,1,-1,0,0,0,1,0,1,0]$	$[1,1,1,1,1,1,1,1,1,1,1,1,1,1]$
	<15,24>	$[1,1,1,0,1,1,1,1,1]$	$[1,1,-1,-1,-1,-1,-1,0,1]$
P_2''	<1,29>	$[-1,-1,0,0,0,0,0,-1,0,0,1,0,0,0,0,0,-1,0,0,0,0,0,0,0,0,1,1,0]$	$[0,0,-1,-1,-1,-1,-1,-1,-1,-1,-1,-1,-1,-1,-1,-1,-1,-1,-1,-1,-1,-1,-1,-1,-1,-1,-1,1,1]$

根据表 5-5 及虚拟平滑算法可求得 P_1'' 对应的 x 和 y 方向计算器集分别为 $CX_1=\{(0,14),(1,9)\}$ 和 $CY_1=\{(1,14),(0,9)\}$;P_2'' 对应的 x 和 y 方向计算器集分别为 $CX_2=\{(0,28)\}$,$CY_2=\{(-1,28)\}$。根据 CX_1 可知,书写"i"的第一个笔画竖时,x 坐标先保持不变后逐渐增大,出现了左下拐点,不符合竖的形状结构特性,习字系统给出如图 5-6(a)中提示框所示的指导意见。

从 CX_2 和 CY_2 可知,书写"lǚ"第一个笔画竖时,x 坐标保持不变,y 坐标逐渐减小,即出现了笔画从下往上写的现象,习字系统给出如图 5-6(b)中提示框所示的指导意见。在线手写识别预处理后的数据,如图 5-7(c)所示的点阵数据,其消噪力度大,将噪声幅度消弱,改变真实笔迹信息,不利于书写笔画的形状结构分析。

第6章 多文种融合教学语音

多文种文字书写自动教学系统主要用于对初学者,更多的是低龄用户进行在线教学与辅导,内容包括书写规范引导、效果评价和综合指导等,虽然教学意见表达的方式可多种多样,如弹出意见与建议文字子窗口、动画引导图案、问题地方进行加亮或闪烁标注、铃声或音乐等,但由于低龄用户处于身心发育阶段,识字量和理解能力十分有限,更好的沟通方法应该是简明有趣的语音,因此这类系统的文字、评价内容及综合指导等语音信息不可或缺。文字书写自动教学系统的信息处理器多为嵌入式计算机系统,相对于台式 PC 机或笔记本电脑而言,存储容量十分有限,进而使得众多指导意见语音、被练习文字读音等语音数据量与多文种融合文字书写自动教学系统的存储空间产生突出矛盾。

多文种文字书写自动教学系统除逻辑程序外,需要大量存储空间来支持的内容有交互结构的图形界面、多文种融合知识库,再者就是语音子系统。语音子系统提供各文种被练习文字发音与教学意见语音,原始数据量较为庞大,而嵌入式系统的存储容量有限,如不加以相应处理将致使系统程序无法完全加载工作。

6.1 异类文种音素关联分析

6.1.1 音素关联的生理基础

人类发音器官的构造及其协同作用是人发音的生理基础(Mann,et al.,2002),人的发音器官主要由以下几部分组成。

(1)肺、气管、支气管

呼吸产生的气流是发音的最原始推动力。在与呼吸相关的器官中,肺的作用最为重要,它相当于风琴中的风箱,肺部收缩时,气体被排出,这是呼气的过程,肺部扩张时,气体流入肺部,是吸气的过程。人的发音大多数是由呼气过程产生的。

(2)喉头、声带

喉头呈圆筒状,由若干软骨构成,上连咽腔,下接气管,它包含一个声带和一个假声带,声带由两片薄膜组织构成,薄膜之间形成声门,声门可以打开或闭合,气流经过闭合的声门时,会引起声带周期性振动,产生浊音,气流经过打开的声门时,声带不振动,产生的音为清音。

(3)口腔、鼻腔、咽腔

鼻腔位于口腔上方,当呼出的气流在口腔、鼻腔都未受阻挡时,会发出鼻化音,当气流在鼻腔未受阻挡而在口腔受到阻碍时,发出的音为鼻音。咽腔位于口腔后面,是鼻腔、口腔、喉头、食道的接合部。口腔、鼻腔、咽腔在发音过程中起到了共鸣器的作用,口腔和咽腔中器官的协同作用赋予了声音各种变化。

人的发音器官构造是相似的,其各部分器官、组织在发音中的作用和机理也是一致的。虽然在物理属性上,不同人的发音在音高、音长、音强、音质等方面存在差异,但是相同的生理构造决定,在发声的差异背后,必然存在共性的特征,这是本章进行多语种关联音素融合的生理基础。

6.1.2 音素关联的语言学基础

从音色的角度看,最小的语音单位是音素,是根据发音器官的活动来划分的,与特定的人无关,与发音的高或低、强或弱、长或短无关(Golipour, et al., 2012; Wielgat, et al., 2008; Yamagishi, et al., 2009; Park, et al., 2008; Clendon, et al., 2005; Malfrère, et al., 2003; Mann, et al., 2002)。例如,"ren"可以分解为音素"r"、"e"、"n"。人的发音器官可以发出的音素数目是无限的,但是语言实际运用中的音素个数是有限的,如汉语中的音素数目为 32 个,英语中的音素数目为 48 个。对于某个音素发音,以"r"为例,由于不同人的生理心理、发音习惯、辨识能力、语言学知识等不同,发音会表现出差异性,且在多语种的环境下,母语不同的人对"r"的发音也会受其母语背景影响,在具体发音数据上会有较大的区别,但是往往能辨别出该音素为"r",这是因为不同音素在声学空间中占有相对独立的位置,它们之间能比较明确的区分开(屈丹,等,2004),不同人对相同音素的发音在声学空间中也具有相对稳定性和有序性。虽然各种语种、方言等的发音各自成系统,但是它们之间也存在某些一致性。不同语种音素在声学空间中的共性特征是音素关联融合的语言学基础。

6.1.3 异类文种音素关联分析

图 6-1 线框所围为汉字"书"中音素"u"和英语音素"u:"的发音音谱,"书"和"u:"的语音数据长度分别为 8664 字节和 8544 字节,在数据开始部分和结尾部分,二者均有一定长度的无声样本点,"书"和"u:"中发音相似的样本点序列(框中所示)长度分别为 4740 字节和 4696 字节。图 6-2 线框中为汉语音素"a(阿)"与英文音素"ʌ"的音谱,"a"、"ʌ"发音相似的音频段块长度分别为 3976 字节与 3465 字节。

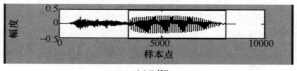

(a)"书"

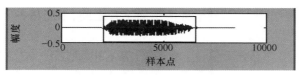

(b)"u"

图 6-1　"书"与"uː"的音谱（x 轴：0-10000）

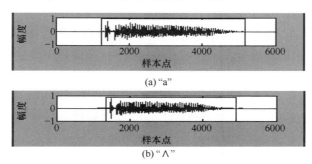

(a)"a"

(b)"ʌ"

图 6-2　"a"与"ʌ"的音谱（x 轴：0-6000）

　　图 6-3（a）为音素"a"由静音部分过渡到有声音段的部分语音数据。图 6-3（b）为"ʌ"的部分过渡语音数据。从实际语音样本可以看出，在数据波动的前后，两者语音样本数据序列取值较为相近。

(a)"a"由静音过渡到有声的部分语音数据

(b)"ʌ"由静音过渡到有声的部分语音数据

图 6-3　"a"与"ʌ"部分语音数据

字词语音数据结构表明,同语种内不同字音之间、不同语种字词之间,音频段块发音相似现象较为普遍。

为了处理方便,对传统的音素(罗安源,等,1985;彼得·拉德福吉德,1992;周殿福,2001;王士元,等,2006)概念进行了拓展,以声韵母作为汉语语音分析基元,称为汉语音素;以英语音标发音作为英文分析基元,称为英文音素。下文中的音素均指拓展后的音素。

用 P 表示音素,s 表示语音样本点,P 为相关 s 的有序集合,即 $P=\{s_1,s_2,\cdots\}$。

基于音素数据结构进行多文种语音融合编码,关键在于建立多文种通用的音素数据链接结构模板序列集合,简称共享模板集。被编码语音是共享模板集中相关元素的数据序列。设 $L(1),L(2),\cdots,L(n)$ 为 n 种不同的语种,各语种对应的 P 数目分别为 $N(1),N(2),\cdots,N(n)$,按下式进行多语种音素到统一音素模板的映射,即

$$\text{Share}(c)=\text{IPA}(L,\text{iph}) \tag{6.1}$$

其中,c 为模板号;$\text{Share}(c)$ 为模板名;L 为语种编号;iph 为编号 L 语种中的音素,$\text{IPA}()$ 为映射规则,主要依据为语言学知识和发音实践。

设分类后 P 的数目为 K,$K \leqslant \sum_{l=1}^{n} N(l)$。由该 K 个 P 构成的集合称为样本截取音素模板集合,用 L_Phone 表示,即 L_Phone $=\{P_1,P_2,\cdots,P_K\}$。在 n 个语种中选取含 $P_i(i \in \{1,2,\cdots,K\})$ 的文字 $m_i(m_i \geqslant 30)$ 个作为训练文字,分别在 m_i 个文字语音数据中截取 P_i 样本,记 m_i 个 P_i 样本序列为 $P_{i1},P_{i2},\cdots,P_{im_i}$,

$$P_{i1}:(s_{i,1,1},s_{i,1,2},\cdots,s_{i,1,\sigma_1})$$
$$P_{i2}:(s_{i,2,1},s_{i,2,2},\cdots,s_{i,2,\sigma_2})$$
$$\cdots$$
$$P_{im_i}:(s_{i,m_i,1},s_{i,m_i,2},\cdots,s_{i,m_i,\sigma_{m_i}})$$

m_i 个 P_i 样本序列,是融合训练生成 P_i 共享模板集的基础。

以汉、英语种为例,设 $L(1)$ 为汉语语种,编号为"L00",$L(2)$ 为英语语种,编号为"L01"。汉语中有 23 个声母,24 个韵母,共 47 个音素,英语中有 48 个音标发音,因此 $N(1)=47,N(2)=48$。

以式(6.1)进行映射后,两种语种音素综合的 P 的数目 $K=46$,表 6-1 给出了映射规则,例如,对于序号为 15 的模板"z",有下式成立,即

$$\text{Share}(15)=\text{IPA}(''L00'',''zh'')$$
$$=\text{IPA}(''L00'',''z'')$$
$$=\text{IPA}(''L01'',''dz'')$$
$$=''z''$$

由汉语中发音为"zh"、"z"的音段数据和英语中发音为"dz"的音段数据组成模

板"z"共享模板集的训练数据。

表 6-1　汉、英语种音素与模板元素映射表

序号	模板名	汉语音素	英语音素	序号	模板名	汉语音素	英语音素
1	b	b	b	24	v	v	
2	p	p	p	25	ai	ai	e,æ,ai
3	m	m	m	26	ei	ei	ei
4	f	f	f	27	ui	ui	
5	d	d	d	28	ao	ao	ɔː,ɔ
6	t	t	t	29	ou	ou	∂u,au
7	n	n	n,η	30	iu	iu	
8	l	l	l	31	ie	ie	
9	g	g	g	32	ve	ve	
10	k	k	k	33	er	er	
11	h	h	h	34	an	an	
12	j	j	ʒ,dʒ	35	en	en,eng	
13	q	q	tʃ	36	in	in,ing	
14	x	x	ʃ	37	un	un	
15	z	zh,z	dz	38	vn	vn	
16	c	ch,c	ts,tr	39	ang	ang	
17	s	sh,s	s,θ	40	ong	ong	
18	r	r	ð,z,r	41	ow		ɔi
19	i	y,i	iː,i	42	iy		iə
20	u	w,u	v,w,uː,u	43	ey		ɛə
21	a	a	aː,Λ	44	uw		uə
22	o	o		45	dr		dr
23	e	e	əː,ə	46	jx		j

6.1.4　音素、音节语音拼接分析

选择 WAV 文件格式语音进行处理,因为 WAV 格式文件的数据部分为 PCM 样本,是语音信号 A/D 转换后的原始数据。WAV 文件有一定的格式,由文件的格式部分和数据部分组成,文件的格式部分为前 44 个字节,包含文件的大小和采样频率等常规信息。系统中语音的拼接是针对相同采样环境下得到的语音数据,采样格式字段都是相同的,所以只需要关心各个原始语音文件的大小。在 44 个字节的格式块中,第 4~8 字节以 int 类型存储了从第 9 个字节到文件结束的长度

$L1$,即总长度 $L=L1+8$,在第 41～44 字节中存储了实际数据的长度 $L2$。系统中以一个单独的 bat 文件保存一个 44 字节的格式块,并记录各个单字的 $L1$ 与 $L2$,在语音还原或者合成中,通过读取或者计算二者的长度,并在格式块的相应位置进行替换,就能得到正确的文件头。语音文件拼接操作结构为

```
BYTE *ReadFormat(CString sound_file,long *datasize,long *file-
size);
BYTE *ReadData(CString sound_file,long datasize);
void Modify(CString filename,BYTE *H_Data,BYTE *S_Data,long
datasize2);
```

其中,ReadFormat()读取 sound_file 文件的数据长度 datasize 和文件总长 filesize,返回并存储其 44BYTE 的 Header;ReadData()返回 sound_file 的实际语音数据;Modify()中 S_Data 为拼接的数据部分;datasize2 为拼接后数据长度,H_Data 为系统中保存的 Header,Header 与 S_Data 按序组合,并根据 datasize2 调整 Header 中数据长度、文件长度,合成后保存为 filename 文件。

　　进行拼接的可以为音节、音素等结构,由音素拼接生成音节,音节拼接生成语音串,生成音串时可以适当加入停顿。

6.2　音素序列自动截取

6.2.1　单个音节截取

　　系统中涉及简体汉字发音、汉语拼音发音、英文字母发音、英文音标发音等,仅简体汉字数目已达到 3500 个以上,且加之长度为 10 个音节左右的中文提示音串数目约为 100 条,语音音节数目较为庞大。考虑到人工录音工作量巨大,发音绝对标准的人士很难寻觅,采取从标准语料库中一次性生成所有需要的音节,而后再分别进行截取生成单个音节。在少而简单的情况下可以人工操作截取,若多且复杂则不宜人工切分,因为人工切分音节费时费力,长时间、大量的切分会使人手眼疲劳、心情烦闷,容易造成误差;且不同切分人员对音节截取的理解不同,不同人员的切分,或相同人员在不同时间段的切分都可能产生很大的主观随意性,造成切分后的单个音节在整体上不一致,影响后续的处理效果。为保证音节切分的客观、高效,设计音节自动切分模块。图 6-4 是以汉字读音为例的音节自动切分流程。

1. 一级汉字字形的读取

　　汉字字形的编码可由 ASCII 码和区位码对应,一个汉字由 2 个 ASCII 码值表示,每个 ASCII 码值的范围均为 161～254。汉字的区位码有 4 位,前两位为区码,范围为 01～94,后两位为位码,范围与区码相同。"160+区码"为组成汉字的 2 个

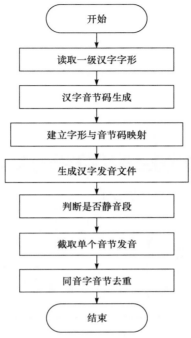

图 6-4 音节自动切分流程图

ASCII 码中的第一个,"160＋位码"为码值的第二个。例如,"李"的区位码为 "3278",则"李"字对应的 2 个 ASCII 码值分别为 160＋32＝192 和 160＋78＝238。 在国标字库(GBK)中,区码为 16~55 的部分为一级汉字,按拼音顺序排列,基本 覆盖了所有的中文简体汉字,个数为 3755 个。算法 6.1 给出了读取一级国标汉字 的方法。

算法 6.1 读取 3755 个一级国标汉字

输入:GBK 字库

输出:gb3755.txt

结构:

```
Begin
unsigned char hanzi[4];
  ofstreamfile_1("c:\\gb3755.txt ", ios::binary);
    hanzi[2]=163;      // 添加逗号分隔
      hanzi[3]=172;
        for (int qu=176;qu<=215;qu++)     // 一级汉字
          for(int wei=161;wei<=254;wei++)
            if(! ((qu==215)&&(wei>=250)))    // 除去未编码的部分
```

```
        {
        hanzi[0]=qu;
        hanzi[1]=wei;
    file_1.write((char *)&hanzi,4);    // 写入字与逗号
    }
end.
```

读取后的汉字依次存放在 gb3755. txt 文件中,图 6-5 给出了部分汉字字形。

图 6-5　文本文件中的国标汉字字形图

2. 汉字拼音标注

汉语的音节一般由声母、韵母和声调组成。汉字拼音中有 23 种声母,为 b 、p、m、f、d、t、n、l、g、k、h、j、q、x、zh、ch、sh、r、z、c、s、y 与 w,24 种韵母,4个声调,共能拼出约 1400 种读音。常用的简体汉字个数在 3500 个左右,通过对单字的检索码和音节码做映射,把不同检索码下发音相同的字映射到相同的音节码上,这样能消除大量的同音字现象,节省较大的存储空间。

把通常的四种声调用 1,2,3,4 来表示,以便于后续操作。以"握"字为例,它的汉语拼音由声母 w,韵母 o 和音调的 4 声组成,所以它在汉字语音库中的音节码即为"wo4",同样这个音节码也可以用来读取诸如"卧","沃"等的字。

国标汉字的拼音可以通过已有注音软件生成,采用"快典网(http://py. kdd. cc/index. asp)"进行在线注音,注音格式选择"只要拼音",多音字以红色标记,普通汉字拼音以灰色标记,部分注音效果如图 6-6 所示。

注音软件标注的为带声调的拼音,需进行相应转换,转换过程可结合语音学知识开展。

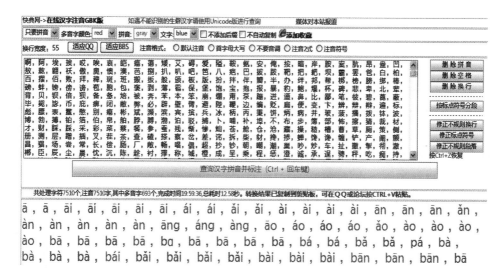

图 6-6　注音软件拼音标注图

在汉语语言学中,声调的标记方法为:声调只标记在 a, o, e, i, u, ü(计算机中用 v 代替)6 个元音字母上,当拼音中出现 a,o 或 e 时,标记的优先级依次为 a,o,e;在 a,o,e 都不出现的情形下,声调标记在第二个出现的元音字母上。例如,xiǎng(想)中 ang 的 a 字母,tuī(推)中的 i 字母。

为了方便地用"韵母＋数字"形式代替"韵母＋声调"形式,需要建立一定的规则,这个规则必须保证对汉字拼音"全覆盖"和"无重复"。表 6-2 所示为替换规则,其中序号对应的每一条记录仅以四个声调中的一个为例说明,以序号顺序表示替换优先级,序号为 1 的韵母优先级最高。在此规则下,例如用"ang1"替换了"ang"后,再用"an1"替换"an"就不至和之前的"ang"产生歧义。

表 6-2　拼音到音节码转换的韵母优先级表

优先级	带声调韵母	音节码中韵母	优先级	带声调韵母	音节码中韵母
1	ang	ang1	9	ēng	eng1
2	an	an1	10	ēn	en1
3	ai	ai1	11	ér	er2
4	ao	ao1	12	ēi	ei1
5	a	a1	13	ē(含 iē, vē)	e1
6	ōng	ong1	14	īng	ing1
7	ōu	ou1	15	īn	in1
8	ō	o1	16	uī	ui1

续表

优先级	带声调韵母	音节码中韵母	优先级	带声调韵母	音节码中韵母
17	ī	i1	20	ū	u1
18	iū	iu1	21	ǖn	vn1
19	ūn	un1	22	ǘ	v2

利用以上规则,可以在程序中实现从拼音到音节码的转换。在建立语音库时,为了节约开发时间,借用 Windows Word 编辑器的"替换"功能,遵循上述规则,实现音节码的生成,生成的音节码保存在"音节码.doc"中。

3. 生成一级汉字语音

利用字音播报软件生成所有汉字的发音,采用"科大讯飞"InterPhonic5.0,标准语料库选用"小倩"库,设置为"不读标点",软件默认以 16KHz 采样,量化为 16bit,将语音采样格式转换为 16KHz 采样,8bit 量化,生成后的语音导出到"Whole_16_8.wav"中。图 6-7 为播报软件界面图。图 6-8 为可视化语音编辑软件 Goldwave 的波形显示区域,区域下方为 3755 个汉字的发音,上方显示为区域下方白色框内部分汉字发音,字与字之间因为"逗号"的分割产生一段静音数据。

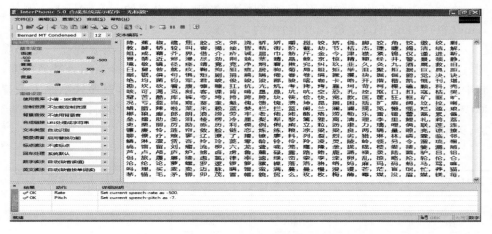

图 6-7 InterPhonic5.0 播报软件工作界面

4. 音节端点检测

根据 Goldwave 工具显示可知,在"Whole_16_8.wav"中,音节与音节的区分较为明显,只要判断出单个音节的起始端点位置,就可以将该音节准确切分。根据待切分语音音节仅以静音作为间隔的特点,可以采取短时能量的方法进行端点判别。

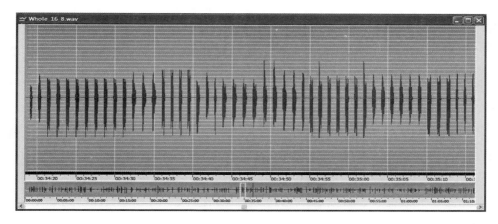

图 6-8　Goldwave 语音编辑软件的波形显示界面

语音帧的短时能量为

$$E(v) = \sum_{l=0}^{L-1} \left[\mathrm{sw}(v \cdot \mathrm{LM} + l) \right]^2 \tag{6.2}$$

其中,$E(v)$ 表示第 v 帧短时能量;L 为帧长,LM 为帧移;$\mathrm{sw}(v \cdot \mathrm{LM} + l)$ 表示加矩形窗后,第 v 帧第 l 个样本点。

在语音中,静音帧的能量为 0,有声语音帧和静音帧可以通过是否为 0 判断。

5. 字形与音节码映射关系

在"Whole_16_8. wav"中包含 3755 个国标汉字发音,但是根据语言学知识,语音文件中的音节种类不超过 1400 个。存在大量同音字的情况下,对若干相同语音只保留其中一个,建立字形与语音的多对一索引,能明显减少需要存储的语音数据量。

利用 Excel 表作为辅助工具完成这一工作,选择这一工具的原因如下。

① 建立 Excel 表比较简单,系统开销小。

② Excel 表较易与 TXT、DOC 文件等关联起来,如"gb3755. txt"中的 3755 个汉字可以先在 Word 文件中生成行数为 3755,列数为 1 的表格,再导入 Excel 表中。

③ Excel 表是一种顺序表,便于进行循环操作。

④ 可以自定义类和函数对表中数据直接读取和修改。

⑤ 可视性,便于观察和统计实验结果。

定义 Excel 表的操作类,结构如下。

```
class COperateSheet
{
```

```
public:
    COperateSheet(CString Filename,CString Sheet);
                        //打开 Fi-lename 文件的 Sheet 表单
    ~COperateSheet();//析构函数
    bool AddRow(CStringArray &Rows,long row=0);//插入一行
    bool AddUnit(CString UnitValue,long row,short column);
                        //row 行 column 列插入值
    bool ReadRow(CStringArray &Rows,long row=0);//读取一行
    bool ReadColumn(CStringArray &Columns,short column);
                        //读取一列
    ......
};
```

在字处理软件中进行"文字转换为表格操作",将"音节码.doc"中的 3755 个音节码和"gb3755.txt"中的 3755 个国标汉字放入"音节码与汉字索引表.xls"的 Sheet1 表单中,并根据播报软件 InterPhonic5.0 对多音字中少量误标的音节码进行修正。部分音节码与汉字索引关系如图 6-9 所示。

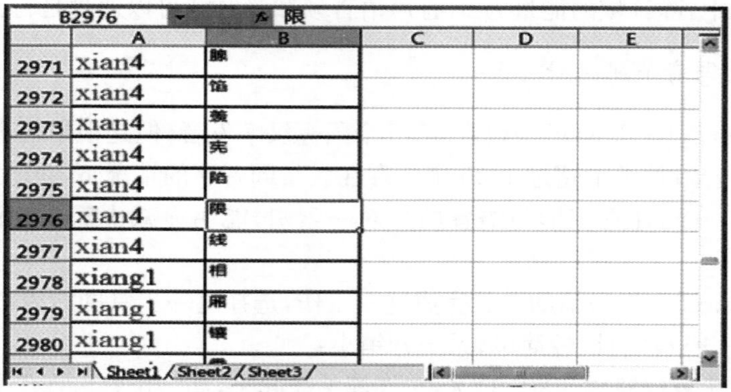

图 6-9　部分音节码与汉字索引关系

6. 音节切分与去重

首先,对待切分语音文件分帧、加窗、计算每帧的短时能量,帧长 FR_SIZE＝240,帧移 FR_MOVE＝80,短时能量值存储在数组 Energy[Fre_Num]中,其中 Fre_Num 为帧数目。根据观察,音节与音节之间的静音时长约为 0.7s,即相隔 0.7 * 16 000＝11 200 个样本点,由于音节内部可能出现某几帧为静音帧,所以以

连续 20 帧为静音作为音节间静音的判断依据。

以 P1 作为遍历 Energy[Fre_Num]的指针,指针 P_Start、P_End 指向某音节起、止帧在 Energy[Fre_Num]中的位置,n 为帧号,P_Sum(P1,20)统计从 P1 开始的 20 帧的短时能量之和,file_start 为某音节在语音源文件中的起始地址,file_start=(P_Start-Energy)∗FR_MOVE,readsize 为该音节的长度,readsize=(P_End-P_Start)∗FR_MOVE,N_Syll 统计检测到的音节数目,N_Del 存储去除同音字后剩余的音节数目。

算法 6.2 国标汉字音节截取与同音字去除

输入:音节码与汉字索引表.xls,Whole_16_8.wav

输出:以音节码命名的单个音节发音文件

结构:

```
Begin
BYTE *p_format=ReadFormat(Filename ,&sound_datasize);
                                            //读文件头
    BYTE *p_data=ReadData(Filename , sound_datasize);
                                            // 读实际数据
        double *Dou_Data=S_PRE(p_data,sound_datasize,&Fre_
Num);// 语音数据预处理:分帧,加窗,返回帧数目
        double *Energy =S_Energy(Dou_Data,Fre_Num);
                                            //公式(1)计算短时能量
        COperateSheet SS ("Outer\\音节码与汉字索引表.xls", "
Sheet1");
        CStringArray Column, Column3;
        SS.ReadColumn(Column,1);     //  读取索引表中音节码
    While(n<=Fre_Num-20)         // 是否接近待切分文件结尾
    {
        ……      // 计算第 N_Syll 个音节的 file_start 和 readsize
    Sin_excel=Column.GetAt(N_Syll-1);   // 读取其音节码
    for(int i=0;i<Column3.GetSize();i++)    //Column3初始为空
        {
            if(Column3.GetAt (i).Compare (Sin_excel)==0)
            {                           // 音节码出现过,跳过该音节
                break;
            }
        }
```

```
        if(i==Column3.GetSize())
        {
        N_Del++;
        Column3.Add(Sin_excel);   // 未出现的音节码加入 Column3
        Sin_name.Format("Single_Pinyin\\"+Sin_excel+".wav");
        Modify(Sin_name, p_format,AB_pData3,readsize);
                                            //生成单音节文件
    }
}
……  // 最后一个音节处理
end.
```

7. 音节切分效果

执行算法 6.2 后,在文件夹"Single_Pinyin"中生成 1109 个相互独立,以音节码为文件名,且音节发音各不相同的语音文件,1109 个音节码和其对应的字形被依次放入"音节码与汉字索引表.xls"中的 Sheet2 表单中,以便在 1109 个音节发音中进行音素切分。"Single_Pinyin"占用空间大小为 6.94MB,即单个音节文件大小平均约为 6.42KB。3755 个音节发音经同音字去除和生成字形与音节码的索引后,存储量约减少 16.60MB.

图 6-10 所示为音节切分后的效果,图 6-10 (a)所示为"闯(chuang3)"字音谱,图 6-10 (b)为"桐 (tong2)"字音谱。

6.2.2 音素切分

一个音节通常由若干音素组成,把音节中的不同音素切分出来,将同一音素名对应的音素语音数据放入一个集合中,以便提取音素的特征矢量,训练得到该音素的共享模板集。

1. 音素名称提取

对音节进行音素分割,首先要确定该音节中包含的音素数目,由于系统中以声、韵母作为汉语音素,可以根据汉语语言学获得单个音节中音素数目和名称的先验知识。

根据汉语拼音方案,以如下规则提取声母音素的音素名。

①"知,吃,诗,日,资,次,思"为整体认读音节,音节"zhi,chi,shi,ri,zi,ci,si"中"i"不发音,音素名称提取时,只提取声母"zh,ch,sh,r,z,c,s"。

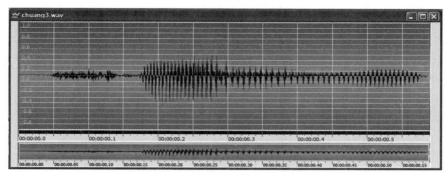

(a) "闯"字音谱图

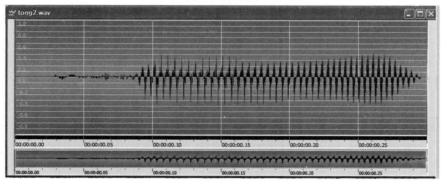

(b) "桐"字音谱图

图 6-10　音节切分效果图

　　② 音节"yi，yin，ying"中"y"是形式上的声母，实际不发音，提取音素名时，只提取"i，in，ing"。

　　③ "yu，yun，yuan，yue"中"y"为形式声母，"u"的原型为"ü"，与"y"一起拼读时，标音符号由"ü"变为" u"，提取音素名时，舍去声母"y"，韵母中"u"改为"ü"（记为"v"）。

　　④ 其他音节中的声母"y"提取音素名时以"i"替换。

　　⑤ "wu"中"w"为形式声母，提取音素名时只保留"u"，其他音节中声母"w"的音素名称以"u"替换。

　　⑥ 声母"j"、"q"、"x"后"u"的原型为"ü"，提取音素名称时，"u"改为"v"。

　　⑦ 除上述情形之外的音节，直接按音节中的声母名称提取音素名。

　　音节码中声母音素名称提取过程如图 6-11 所示。

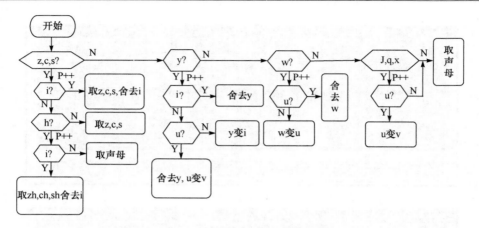

图 6-11   音节码中声母音素名称提取

声母音素名提取后,剩余的韵母音素名称以表 6-3 中优先级进行提取,其中优先级栏值越小者优先级越高。

表 6-3   韵母音素名称提取优先级表

优先级	韵母	优先级	韵母	优先级	韵母	优先级	韵母
1	ang	7	ou	13	ie	19	iu
2	an	8	o	14	ve	20	i
3	ai	9	eng	15	e	21	un
4	ao	10	en	16	ing	22	vn
5	a	11	er	17	in	23	u
6	ong	12	ei	18	ui	24	v

如果某音节的韵母由表 6-3 中两个韵母组合而成,则进行两次提取。算法 6.3 描述了音节码中提取声、韵母音素数目及名称的过程。

算法 6.3   获取音节码中音素数目和名称

输入:音节码

输出:音素数目和各音素名称

结构:

```
Begin
GetLeft();// 提取声母  区分 0 声母、单声母与 zh,ch,sh
GetRest();// 去除声母的剩余部分
Suit();//剩余部分进行最长字串匹配
Multi();//判断是否多韵母复合,如果是,再次提取
Save();//音素名和数目保存
End
```

2. 音素语音数据切分

确定音节码中的音素数目及各音素名称后,进行音素语音数据的切分。对汉语中的声韵母,可以从清浊音的角度进行分析。

清音类似白噪声,无明显周期性,语音帧能量较小,因频率较高,样本点数据波动较大,在语音波形中表现为穿过坐标横轴次数较多,短时过零率较高。

浊音由声带均匀振动产生,有较强的周期性,声音较响亮,语音帧能量较高,因为频率相对清音较低,所以短时过零率低。

元音是气流经过闭合的声门,引起声带周期性振动,但是在通过咽腔、鼻腔、口腔等器官时不受阻碍产生的音,所以元音都是浊音。

辅音是气流在声门、咽腔、鼻腔、口腔等发音器官的一处或几处受到阻碍,冲破这种阻碍发出的音,可能受到声门阻碍,使声带周期性振动,也可能只受到其他发音器官阻碍,所以辅音中有浊音也有清音。

汉语中的拼音方案有如下一些规律。

① 汉语中声、韵母由元音或辅音构成。

② 声母都由辅音构成,音节中至多只有一个声母。

③ 韵母由"元音"、"元音＋元音"、"元音＋n"、"元音＋ng"形式构成。

④ 音节的声韵母组合可能为"韵母"、"声音＋韵母"、"声母＋韵母＋韵母"。

"n"、"ng"均为浊辅音,所以汉语中韵母音素都为浊音音素,声母或为清音或为浊音。表 6-4 列出了汉语中的元音与辅音。

表 6-4　汉语中元音与辅音表

元音		a,o,e,i,u,ü(v),er
辅音	清辅音	p,t,k,c,ch,q,f,s,sh,x,h
	浊辅音	b,m,n,d,g,r,l,z,j,zh,y,w,ng

音素切分可以分解为两个步骤,即清、浊音素的切分;浊、浊音素的切分。

短时自相关函数可以用来表征语音周期性特征(郭英,等,2002),自相关函数峰值、短时能量、短时过零率 3 个声学参数的组合可以用来进行清、浊音的判决。

式(6.3)和式(6.4)分别计算语音帧的短时能量和短时过零率,即

$$E(v) = \sum_{l=0}^{L-1} \left[\mathrm{sw}(v \cdot \mathrm{LM} + l) \right]^2 \tag{6.3}$$

$$Z(v) = \frac{1}{2} \cdot \sum_{l=1}^{L} \left| \mathrm{sgn}[\mathrm{sw}(v,l)] - \mathrm{sgn}[\mathrm{sw}(v,l-1)] \right| \tag{6.4}$$

其中,$E(v)$ 表示第 v 帧短时能量;L 为帧长;LM 为帧移;$\mathrm{sw}(v \cdot \mathrm{LM}+l)$ 表示加矩形窗后第 v 帧第 l 个样本点,记为 $\mathrm{sw}(v,l)$;$Z(v)$ 为语音帧 v 的短时过零率;

sgn[·]为符号函数,即

$$
\mathrm{sgn}[\mathrm{sw}(v,l)]=\begin{cases} 1, & \mathrm{sw}(v,l))\geqslant 0 \\ \\ -1, & \mathrm{sw}(v,l)<0 \end{cases} \tag{6.5}
$$

第 v 帧的能零比为 $\mathrm{EZD}(v)=E(v)/Z(v)$,能零积 $\mathrm{EZT}(v)=E(v) \cdot Z(v)$。语音帧 v 的自相关函数为

$$
\mathrm{Corr}(v,f) = \sum_{l=0}^{L-f-1} \mathrm{sw}(v,l)\mathrm{sw}(v,l+f) \tag{6.6}
$$

其中,f 为帧内变量,以 $\mathrm{MaxCorr}(v)$ 表示帧 v 自相关函数的峰值。

由语音学统计可知,浊音音素在浊音段中的时长比例是相对稳定的,依据时长比例和浊音段的总帧数计算第 d 个浊音音素的帧数,即

$$
\mathrm{PT}(d) = \frac{\mathrm{PhoneT}(d)}{\displaystyle\sum_{d=1}^{D} \mathrm{PhoneT}(d)} \cdot T \tag{6.7}
$$

其中,$\mathrm{PT}(0)=0$;T 为浊音段帧数,$T=\mathrm{vfe}-\mathrm{vfs}+1$,vfs 和 vfe 表示浊音段的起、止帧号;$D$ 和 d 为浊音音素个数与编号;$\mathrm{PhoneT}(d)$ 为 d 音素的相对时长。基于统计的相对时长列于表 6-5。

$$
\left[\left(\mathrm{vfs}+\sum_{u=1}^{d}\mathrm{PT}(u-1)-F\right) \cdot \mathrm{LM}, \left(\mathrm{vfs}+\sum_{u=1}^{d}\mathrm{PT}(u)+F\right) \cdot \mathrm{LM}+L \right] 为浊音
$$

段第 d 个音素的样本序列截取区间。$-F$、$+F$ 分别表示浊音音素向左、向右延展 F 帧,以 保留音素上下文信息,音节边界处不做延展。

表 6-5　浊音段浊音音素相对时长比例表

音素名	时长比例
m,i,r,w,v,n,g,d,b,l	1
a,o,e,u	2
an,en,in,ou,uo,ao,ei,iu, ui,ai,er,ie ,un,vn	2.2
ang,eng,ing,ong	2.5

算法 6.4　单字音素样本序列截取

输入:$\mathrm{wf}_j.\mathrm{wav}, P_i, A, \beta$

输出:P_{ij}

注释:$\mathrm{wf}_j.\mathrm{wav}$ 为第 j 字字音文件,A 为字音中音素数目,β 为 P_i 在 $\mathrm{wf}_j.\mathrm{wav}$ 中所处的段序号,$\beta \leqslant A$。T_{11} 和 T_{12} 为 $\mathrm{EZT}(v)$ 的阈值,T_2 和 T_3 为 $\mathrm{EZD}(v)$,Max-

$\mathrm{Corr}(v)$ 的阈值，$\mathrm{flag}(v)$ 为第 v 帧清浊音标识，$v=0,1,\cdots,\mathrm{nframes}\text{-}1$，nframes 为总帧数，$\mathrm{flag}(v)=2$ 为浊音，$\mathrm{flag}(v)=1$ 为清音，$\mathrm{flag}(v)=0$ 为无声。

步骤：

Setp 1，$T_{11}\leftarrow 0.15$；$T_{12}\leftarrow 130$；$T_2\leftarrow 0.36$；$T_3\leftarrow 0.15$；$v\leftarrow 0$。

Step 2，ExtString("wf$_j$.wav"，PSet，A)

//根据 A 建立 wf$_j$.wav 的音素名称集合 PSet。

Step 3，计算 $E(v)$、$Z(v)$。

Step 4，计算 $\mathrm{EZD}(v)$、$\mathrm{EZT}(v)$。

Step 5，若 $v<\mathrm{nframes}$ 则执行 Step 6，否则，转 Step 9。

Step 6，若 $\mathrm{EZT}(v)<T_{11}$ 则 $\mathrm{flag}(v)=0$，$v++$，转 Step 3；否则，执行 Step 7。

Step 7，若 $\mathrm{EZD}(v)<T_2$ 则 $\mathrm{flag}(v)=1$，$v++$，转 Step 3；否则，计算 MaxCorr (v)。

Step 8，若 $(\mathrm{EZT}(v)<T_{12})\&\&(\mathrm{MaxCorr}(v)<T_3)$ 则 $\mathrm{flag}(v)=1$；否则，$\mathrm{flag}(v)=2$；$v++$，转 Step 3。

Step 9，DSetGetPosition(flag，nframes，&ufs，&ufe，&vfs，&vfe)。

//由 flag 定清浊音起止帧

Step 10，Comp(DSet，PSet，A，ufs，ufe，vfs，vfe)。

//A 个音素的起止点存入 DSet

Step 11，OutSet("wf$_j$.wav"，PSet，DSet，A。

//输出 A 个音素样本序列到 A 个序列子集

Step 12，$P_{ij}\leftarrow A$ 个序列子集中的第 β 个序列子集，结束。

任意 P_i 对于所选 m_i 个训练字，算法 1 执行 m_i 次，分别获得 P_{i1}，P_{i2}，$\cdots$，P_{im_i}。

3. 音素切分实验

为了验证算法 6.4 中清浊音截取效果，进行汉字字串发音实验。实验数据为"我是聂小倩"（"wo shi nie xiao qian"）的发音，图 6-12(a) 为原始语音波形，图 6-12(b) 到图 5-12(d) 依次为语音帧能零积、能零比、自相关函数峰值构成的曲线。图 6-12(e) 为判决结果，在算法 6.4 中，值 2、1、0 分别代表浊音帧、清音帧、静音帧。

"wo shi nie xiao qian"中的音素划分为"w/o_sh/i_n/ie_x/i/ao_q/i/an"，5 个音节中音素的清浊组合分别为"浊＋浊"，"清＋浊"，"浊＋浊"，"清＋浊＋浊"，"清＋浊＋浊"。

在图 6-12(e) 中，"wo"对应于 1-18 帧，"shi"对应于 19-42 帧，"nie"对应于 47-84 帧，"xiao"对应于 89-122 帧，"qian"对应于 123-155 帧。从图中可以看出，算法 6.4 能对清浊音音素进行有效的区分。

在实验中，F 取经验值 3，$L=240$，$LM=80$，由清浊音判决结果，式 (6.7) 和表 6-5 确定了浊音音素的样本起止区间，如"w"音素由相对时长确定起止帧分别为

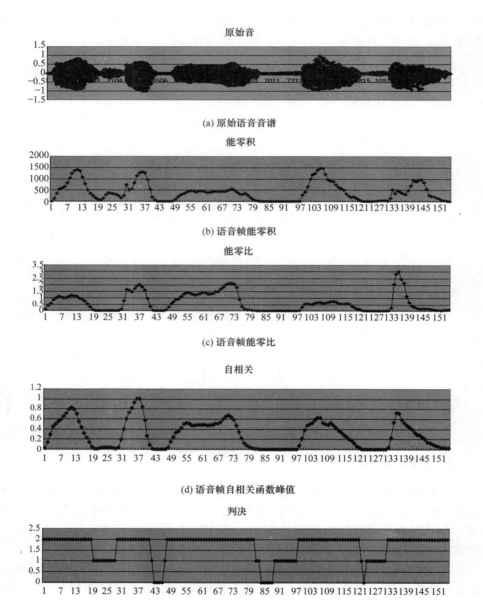

图 6-12　音串"我是聂小倩"切分效果分析

第 1 帧和第 6 帧,右侧延拓 3 帧,即以第 1 帧和第 9 帧为起止帧,样本数据起止区间为 $[0,9*LM+L]$,即 $[0,960]$。

6.3　音素融合与语音重构

6.3.1　序列小波变换与特征矢量提取

基于声音信号的非平稳时变特点，对音素 P_i 的 m_i 个样本序列 $P_{i1},P_{i2},\cdots,$ P_{im_i} 分别进行小波变换，相应变换模型为

$$y_J(\eta) = \sum_{\kappa \in Z} g(2\eta - \kappa) x_{J-1}(\kappa) \tag{6.8}$$

$$x_J(\eta) = \sum_{\kappa \in Z} h(2\eta - \kappa) x_{J-1}(\kappa) \tag{6.9}$$

$$x_{J-1}(\eta) = \sum_{\kappa \in Z} H(\eta - 2\kappa) x_J(\kappa) + \sum_{\kappa \in Z} G(\eta - 2\kappa) y_J(\kappa) \tag{6.10}$$

其中，$x_J(\eta)$ 和 $y_J(\eta)$ 分别为第 J 层的尺度系数和细节系数；h 和 g 为低通和高通分解滤波器；H 和 G 为低通和高通重构滤波器。

小波变换后生成的系数序列记为 $P'_{i1},P'_{i2},\cdots,P'_{im_i}$。由于低频系数对信号还原影响较大，且不同尺度间系数具有相关性，分别提取 $P'_{i1},P'_{i2},\cdots,P'_{im_i}$ 的低频成分和跨频带成分，构成 P_i 的两类特征矢量集 $\mathrm{VA}_{i1}[p]$ 和 $\mathrm{VA}_{i2}[q]$，包含矢量个数分别为 VN_{i1} 和 VN_{i2}。

算法 6.5　P_i 特征矢量提取

输入：$P_{i1},P_{i2},\cdots,P_{im_i}$

输出：$\mathrm{VA}_{i1},\mathrm{VA}_{i2}$

结构：

```
begin
double *pData; intLen1,Len2;
for (j=1;j<=mᵢ;j++)
    {pData=FRead(Sname,& Len1);  //读 Pᵢⱼ的实际样本点
        SetData(pData,Len1,&Len2);
//规格化为 2ʷ•p 的整数倍,不足补 0,Len2 为规格化后长度,W 为变换级数
        RealMallat(pData,wavname,W);
//采用 Mallat 算法进行小波变换,wavname 指定相应滤波器,小波系数原址
  保存
        CoefQuan(pData);//小波系数量化
        Ext1(pData,Len2,p);//提取 Len2/(2ʷ•p)个 p 维矢量放入 VAᵢ₁
        Ext2(pData,Len2,q);//提取 Len2/2ʷ个 q 维矢量放入 VAᵢ₂
        }//Endfor
    end.
```

6.3.2　共享矢量集的生成

从矢量总体中划分出若干类,每一类生成适当的矢量作为这一类的代表,称之为共享矢量(李淑红,等,2000;Cao,et al.,2005;陆哲明,2001),所有的共享矢量构成共享矢量集。对于 P_i,记 VB_{i1} 为与 VA_{i1} 对应的 p 维共享矢量集,VB_{i1} 中矢量个数为 N_{i1},由 VA_{i1} 生成 VB_{i1} 的算法的主要步骤如下。

① 定义数据结构。$VA_{i1} = \{X_1, X_2, \cdots, X_{M_{i1}}\}$,$VB_{i1} = \{Y_1, Y_2, \cdots, Y_{N_{i1}}\}$,$M_{i1} = VN_{i1}$ 且 $M_{i1} \geqslant N_{i1}$,$Y_t(t=1,2,\cdots,N_{i1})$ 与 $X_\delta(\delta=1,2,\cdots,M_{i1})$ 的维数 VEC_DEM 相同,变量 $CLUSTER_\delta$ 记录 VB_{i1} 中与 X_δ 失真度最小的矢量的序号;变量 NUM_t 为 VA_{i1} 中 CLUSTER 值等于 t 的矢量的个数,矢量 R_t 为此 NUM_t 个矢量之和。

② 初始化。$Y_t = X_r(r=t \cdot (M_{i1}/N_{i1}))$,为初始共享矢量,设置迭代次数最大值 Max_Round、初始失真值 d'、迭代结束的阈值 e。

③ 计算 VA_{i1} 中矢量与 VB_{i1} 中所有矢量的失真度,即

$$CalDistortion(X_\delta, Y_t) = 1 - \frac{\sum_{r=1}^{VEC\_DEM} x'_{\delta,r} \cdot y'_{t,r}}{\sqrt{\sum_{r=1}^{VEC\_DEM} x'^2_{\delta,r} \cdot \sum_{r=1}^{VEC\_DEM} y'^2_{t,r}}} \qquad (6.11)$$

其中,$X_\delta = [x'_{\delta,1}, x'_{\delta,2}, \cdots, x'_{\delta,VEC\_DEM}]$,$Y_t = [y'_{t,1}, y'_{t,2}, \cdots, y'_{t,VEC\_DEM}]$,若矢量 X_δ 与 $Y_{t'}(t' \in \{1,2,\cdots,N_{i1}\})$ 之间失真值最小,则该值记为 $dist(\delta)$,令 $CLUSTER_\delta = t'$、$NUM_{t'} = NUM_{t'} + 1$、$R_{t'} = R_{t'} + X_\delta$。

④ 计算 $d1 = \sum_{\delta=1}^{M_{i1}} dist(\delta)$,令 $cd = fabs((d1-d')/d')$,若 $cd < e$,或迭代次数 $nR > Max\_Round$,则转 ⑦;否则,$d' = d1$,执行 ⑤。

⑤ 若 $NUM_h = 0(h \in \{1,2,\cdots,N_{i1}\})$,且 $NUM_\mu(\mu \in \{1,2,\cdots,N_{i1}\})$ 为 N_{i1} 个 NUM 值中最大的,则取 VA_{i1} 中 CLUSTER 值等于 μ 的矢量,把其中 $NUM_\mu/2$ 个矢量的 CLUSTER 值赋为 h,并调整 NUM_h、NUM_μ、R_h、R_μ。

⑥ 更新共享矢量,从 $t=1$ 到 N_{i1},$Y_t = R_t/NUM_t$,Y_t 作为新的共享矢量,转③。

⑦ 输出共享矢量集 VB_{i1} 作为共享模板的一部分。

P_i 对应的 q 维矢量集 VA_{i2} 进行同样处理,可得到矢量数目为 N_{i2} 的矢量集 VB_{i2},VB_{i1} 和 VB_{i2} 构成 P_i 的共享模板集 $T(i)$,即

$$T(i) = \{VB_{i1}, VB_{i2}\} \qquad (6.12)$$

在实际程序中,定义数据结构如下。

```
typedef struct _tTSVector{   //training set vector
double data[VEC_DEM];        //vector data
```

```
int cluster;                       //cluster belong to
}tTSVector;
typedef struct _tCBVector {  //code book vector
double data[VEC_DEM];              //vector data
int num; //number of vectors in this cluster
double sum[VEC_DEM];
//sum of vectors in this cluster, to calculate cluster center;
}tCBVector;
do{
        d_bak=d;
        d=0;                       //as accumulator of distortion
        if (nRound++)
            UpdateCB();
        else
            InitCB();
                                   //clustering
    for (int i=0; i<TS_SIZE;i++) {
//cluster every ts vectorwhich cb vector should a ts vector belong
   to
        v_dist=BIG_NUMBER;
        for (int j=0; j<CB_SIZE; j++ ){
            temp_v_dist=CalDistortion(TrainingSet[i].data,
CodeBook[j].data,DistType);
            if(temp_v_dist <v_dist){
                v_dist=temp_v_dist;
            TrainingSet[i].cluster=j;//belong to this cb vector
            }
            }                      //this cluster member increase
        CodeBook[ TrainingSet[i].cluster ].num++;
    //sum up ts vector to calculate cluster center in UpdateCB
        for(j=0;j<VEC_DEM;j++)
            CodeBook[ TrainingSet[i].cluster ].sum[j ]+=Tra-
iningSet[i].data[j];
                                   //add up distortion
```

```
            d+=v_dist; }
            d/=TS_SIZE;
            rd=fabs((d_bak-d)/d);
        printf("==Finished the %3dth round training,rd=%.21f
\n",nRound,rd);
            if(rd<g_dist_threshold)
    {
            sprintf(fname,"Other\\cb(%.0211f).txt",g_dist_
threshold);
                                        // name
            WriteCB(fname, rd);
            g_dist_threshold=rd / 2;
    }
    }
while(rd>e && nRound<MAX_ROUND);
  sprintf(fname, "Whole_223_All\\%d_cb.txt", jk);
    WriteCB(fname,rd);
```

6.3.3　编码与解码算法

任意字音及语句音串均依据共享模板集 $T(i)$ 的元素进行编码与解码。

字音编码分解为字音中若干音素的编码,语句音串可以看做单个字音的拼接。编码语音数据特征集 VA 中输入矢量 X 与共享集 VB 中 $Y_t(t=1,2,\cdots,N)$ 以式 (6.11)比较失真度,输出与 X 失真度最小的矢量 Y'_f 的编号 f' 作为 X 的编码值。

算法 6.6　单字字音编码

输入:$\mathrm{cmf}_\lambda.\mathrm{wav}$,$T(i)$,$B$

输出:$\mathrm{cmf}_\lambda.\mathrm{dev}$

注释:$\mathrm{cmf}_\lambda.\mathrm{wav}$ 为待编字音,$\lambda\in Z^+$,$T(i)$ 为共享模板集,$i=1,2,\cdots,K$,B 为字音中音素数目,$\mathrm{cmf}_\lambda.\mathrm{dev}$ 为编码文件。

结构:

```
ExtString("cmfλ.wav",PSet,B);    // 建立音素名称集合 PSet;
CompA("cmfλ.wav",DSet,PSet,B);
FWrite("cmfλ.dev",DSet);          // B 个音素起止信息写入编码文件
for(intj=0;j<B;j++)
    {pData[j]=RData("cmfλ.wav",DSet,PSet,j);
                              //读 j 音素实际数据
```

```
Vector(pData[j],wavname,W,op1,op2);
```
　　//算法 6.5 方法提取 p、q 维矢量集,op1、op2 为指向两类矢量集的指针
```
    Dist(pname,PSet,j,op1,p); // pname 指向 p 维矢量编码结果
    Dist(qname,PSet,j,op2,q); // qname 指向 q 维矢量编码结果
    FWrite("cmf_λ.dev",pname,qname);//追加方式写入 cmf_λ.dev
}                                    //单字编码结束
```

　　解码是编码的逆过程。首先,在 cmf$_λ$.dev 中读取音素 PSet(j)的编码结果,根据 $T(i)$还原出 PSet(j)的两类矢量。其次,把两类矢量组合成初始小波系数形式。然后,进行与编码过程同级的小波逆变换,根据 DSet 截取准确长度的数据序列作为 PSet(j)的还原音素,重复 B 次得到字音中全部解码音素。最后,将各音素依次组合,加入格式与长度信息,形成可播放的字音文件。

6.3.4　语音重构检索逻辑

　　1. 整体结构设计

　　被练习字的描述字根据教材按(文种号,学期号,课号,课内字号)保存,四个字段组合构成被练习文字的检索码。由(音节,音素)构成的语音记录库索引是描述字的字段之一。

　　语音体系由音素记录库与(音节,音素)记录库组成,系统通过检索码在(音节,音素)记录库中查询(音节,音素),由(音节,音素)查询音素记录库中相关音素模板串记录进行相应的语音重构。此机理从根本上摆脱文种、文字、语句等差异的影响。

　　2. 检索码与音节、音素码的映射关系

　　检索码与(音节,音素)的映射逻辑关系有多种方法实现,查表法是基本方法之一。表 6-6 是针对人民教育出版社新版小学语文教材部分被练习文字的检索码与(音节,音素)映射结构示例。检索码(L00,1,4,2)中,L00 表示大陆汉语文种,其余 3 项解读为第 1 学期第 4 课的第 2 个字,被练习字为"入"。通过(L00,1,4,2)得到"入"的语音库索引码为(ru4,(31,124,r)(83,332,u)),其中音素用于索引音素库中的音素数据段块进行拼接实现语音重构。音素码的三元结构对应(VA_1 编码长度,VA_2 编码长度,音素名)。

表 6-6　检索码与音节、音素码映射关系

序号	检索码	播音内容	音节码	音素码
11	(L00,1,4,1)	八	ba1	(24,96,b)(87,348,a)
12	(L00,1,4,2)	入	ru4	(31,124,r)(83,332,u)
⋮	⋮	⋮	⋮	⋮
74	(L00,1,12,3)	巴	ba1	(24,96,b)(87,348,a)
⋮	⋮	⋮	⋮	⋮
102	(L00,2,5,1)	爸	ba4	(27,108,b)(91,364,a)

6.4　实验及其效果分析

6.4.1　实验环境

语音库体系由音素记录库与(音节,音素)记录库组成。

音节码是教学知识点的文字语音码字段,也是被练习字的教学知识点与其音素记录库建立联系的纽带,每条音节码对应唯一的一个音素码,它们之间的关系如表 6-6 所示。系统通过检索码在(音节,音素)记录库中查询(音节,音素),由(音节,音素)查询音素记录库中相关音素模板串记录进行相应的语音重构。

图 6-13 为多文种文字书写自动教学系统的简体汉字教学知识数据库实例系统的知识记录录入界面。教学知识点的核心字段为书写计算码,包括主导笔顺码和书写约束码,通过对模板手写文字识别而生成的笔顺数据分别显示于笔画、关系、错交、错离等子窗口;质量分析参数设置模板文字的大小、比例与畸变三个;规范码选择汉字区位码,与模板文字对应的印刷体文字显示于规范文字子窗口;与主系统相同的教学知识点索引参数(年级编码,课号编码,字号编码)通过键盘输入,并显示于界面所在的子窗口;由索引参数获取的该字的音节码显示于音节码子窗口。语音码库的索引完整结构为(文种号,学期号,课号,课内字号),与教学知识点在教师数据库中的索引结构相同。图 6-13 中例字为手写的模板简体汉字"木",其文种号为"L00","木"字为国民义务教育人教版第 1 学期第 2 课第 2 个字,即可产生的语音检索码为(L00,1,2,2)。当确认教师模板字后,系统在生成书写计算码及相关的质量分析数据的同时,通过检索码在(音节,音素)记录库中获取音节码有序列入教学知识点码列中,并将"mu4"显示于音节码子窗口。

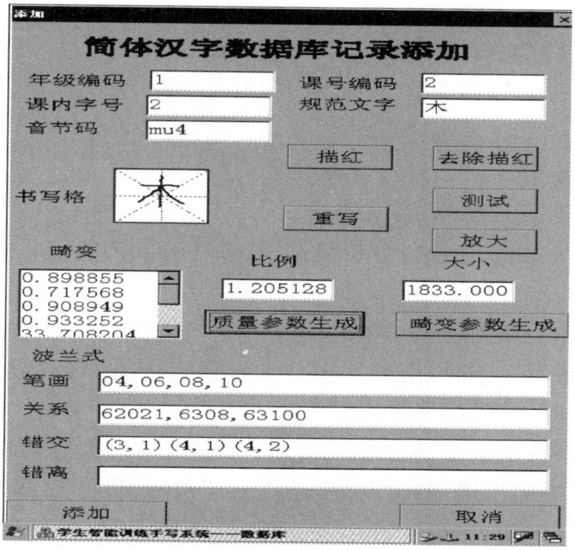

图 6-13　汉字书写过程描述字添加界面

库操作结构如下。

```
class CDatabaseOperate
{......
public:
bool CreateDB();//打开创建
bool AddDatabase(const CHARACTER& character);//添加记录
PCHARACTER ReadDatabase(int k);//读取第 k 条记录
bool CloseDatabase();//关闭数据库
bool DeleteDB();//删除一条记录
bool DeleteDBLast();//删除最后一条记录
inline bool GetFlag(void) {return m_bFlag;}
bool FindRecord(CString index );
PCHARACTER ReadDatabase(CString index);
inline int GetIndex(void) const {return m_index;}
}
```

结构体 CHARACTER 保存了检索码与过程描述字的映射关系

```
typedef struct
{
LPWSTR sIndex;         //检索码 依次为 文种号,学期号,课号,课内字号
```

```
    LPWSTR sStroke;//笔画代码
    LPWSTR sRelation;//关系
    LPWSTR sCross;//错交
    LPWSTR sSeparation;//错离
    LPWSTR sCharacterCode;//标准字
    LPWSTR sSyllable;// 音节码
    LPWSTR sQuality;//质量分析数据,按顺序分别为每个笔画的抖动模糊值,
长度,比例,面积
    } CHARACTER,*PCHARACTER;
```

用户点选需练习文字时,由该文字教学知识点中音节码字段(文字语音码字段)查找音素记录库,解码拼接成单字发音。

系统中每种书写错误类型都有一个错误编号,错误编号对应一条错误码,如"笔画的起始书写方向出错"的错误编号为"S11",其错误码为"bi3_ hua4 _de1 _qi3 _shi3_shu1_xie3_fang1_xiang4_chu1_cuo4",语音提示时,先分割出错误码中的音节码,分别进行单个字音解码,再拼接生成提示音串。提示类型由如下结构选择。

```
    void CAuthentication::ShowError(CDb error,int kind,int flag)
    {                                          // 播报书写错误提示
     if(kind==0)                              // 文字指导方式
          AfxMessageBox(error.FindRecord(flag));
          else if(kind==1)                    // 语音指导方式
          GetSound(flag);
            else if(kind==3)                  // 文字与语音指导并存
          {AfxMessageBox(error.FindRecord(flag));
    GetSound(flag);}}
```

选择"语音＋文字"指导方式,在触摸屏上点选时,系统会读出汉字发音。在书写过程中,根据书写过程描述字进行指导,会适时给出语音形式的错误提示及评价。图 6-14(a)为点选界面,图 6-14 (b)选中"木"字进行练习,图 6-14 (c)同时给出语音和文字辅导。

6.4.2　实验过程

多文种融合文字书写教学系统缺省练习文种为简体汉字、汉语拼音、大小写英文字母,并为添加其他文种预留了空间。以现有文种的语音数据为实验对象,即汉字读音、汉语声韵母发音、英文字母及音标发音,可根据 6.1.3 节模型推广到其他语种。

(a) 点选界面

(b) 练习字选定界面

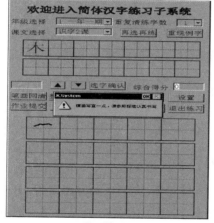

(c) 练习辅导界面

图 6-14　文字书写练习与辅导界面

汉语中声韵母音素个数为 47 个,英语中音标音素个数为 48 个,综合后音素集合中保留的音素个数为 46 个,如表 6-1 所示,"u"音素代表了汉语声母"w"、韵母"u"与英语音标"w"、"v"、"u:"、"u"。

以"ai"为例进行模板训练,"ai"在音素序列中排序为 25,记为 P_{25};以"zai4.wav(在)"为例进行语音编码,"zai4.wav"的原始语音数据长度为 8358byte。

(1) 训练过程

挑选含有"ai"发音的字音,共 66 个,为"埃,挨,…,债,寨,ai,e,æ"(最后 3 个训练字为英文音标),即 $m_{25}=66$,设置 $CA[m_{25}]$,$CB[m_{25}]$ 分别保存每个训练字的

A 值和相应的 β 值，m_{25} 个训练字均执行算法 6.4 后，得到样本序列 $P_{25,1}$，$P_{25,2}$，$\cdots$，$P_{25,66}$，以算法 6.5 对样本序列提取特征矢量，其中 wavname＝"bior1.5"，$W=4$，$p=4$，$q=15$，执行后 $VN_{25,1}=3022$，$VN_{25,2}=12088$；共享模板集 $T(25)=\{VB_{25,1}$，$VB_{25,2}\}$ 生成，$N_{25,1}=N_{25,2}=256$。

（2）编码过程

对于算法 6.4，$A=2$，$\beta=2$，执行后得到音素"z"、"ai"的起止区间分别为 [1，2400]，[2241，8358]；以算法 6.5 中方法对"z"进行特征矢量提取，wavname，W，p，q 取值与训练过程相同，算法执行后，"z"的 $VN_1=38$，$VN_2=152$，其编码后的数据长度为 190byte，同理，对"ai"进行矢量提取后，$VN_1=96$，$VN_2=384$，编码后数据长度为 480byte。在编码文件"zai4.dev"中，先加入音素位置信息（1，2400，"z"）、（2241，8358，"ai"），然后依次存储音素编码数据，编码文件总长度为 694byte，原始数据与编码数据的压缩比例为 8358：694＝12.04：1。

6.4.3 实验效果分析

以分段信噪比作为解码效果评价的客观依据，表示为

$$SNR_{aver} = \frac{1}{P}\sum_{m=1}^{P} SNR_s(m) \quad (dB) \qquad (6.13)$$

$$SNR_s(m) = 10 * \lg\left\{\frac{\sum_{i=1}^{K} S^2(i)}{\sum_{i=1}^{K}\left[S(i)-\overline{S}(i)\right]^2}\right\} \quad (dB) \qquad (6.14)$$

其中，P 为样本包含的段数；$SNR_s(m)$ 和 SNR_{aver} 分别为第 m 段的信噪比和整体平均信噪比；$S(i)$ 为 m 段第 i 个输入样本；$\overline{S}(i)$ 为 m 段第 i 个输出样本，每一段包含 K 个样本点。

以 MOS 得分作为主观评价标准，通过 10 个人试听重建语音，根据清晰度与可辨度给出 0～5 的分数。

与李淑红（2000）方法_实验 1 和赵丹（赵丹，2011）方法_实验 2 的编码结果的比较分析如表 6-7 所示。实验 3 为本章方法运行效果，表 6-7 表明本方法在数据编码的三项重要指标上均优势明显。

表 6-7　文字语音编码效果分析例表

输入语音	实验组别	压缩比	分段信噪比(dB)	MOS 得分
zai4. wav （在）	实验 1	8∶1	14.64	3.0
	实验 2	8∶1	22.56	3.5
	实验 3	12.04∶1	31.28	4.3
bi. 4wav （大写字母 B）	实验 1	8∶1	16.31	3.0
	实验 2	8∶1	25.07	3.6
	实验 3	10.82∶1	31.35	4.4
ei. wav （英语音标 ei）	实验 1	8∶1	16.23	3.1
	实验 2	8∶1	24.85	3.6
	实验 3	11.71∶1	32.17	4.3

　　以"在"字读音为例，图 6-15 为其原始与还原音谱，图 6-16 为原始与还原频谱。图 6-17 是第 11 条语音串"S11"（"笔画的起始书写方向出错"）的自然与拼接还原音谱。

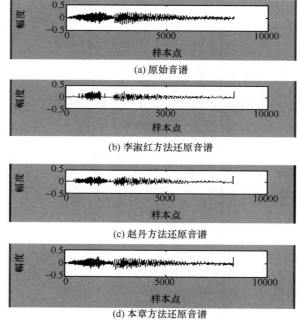

(a) 原始音谱

(b) 李淑红方法还原音谱

(c) 赵丹方法还原音谱

(d) 本章方法还原音谱

图 6-15　"在"字原始音谱与还原音谱

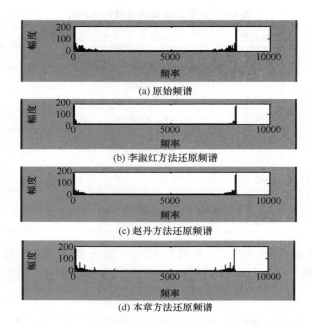

图 6-16　"在"字原始频谱与还原频谱

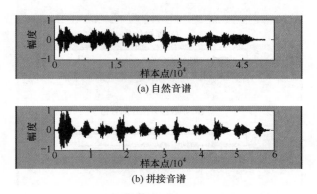

图 6-17　语音串"S11"的自然音谱与拼接还原音谱

　　图 6-15～图 6-17 说明本章方法有着高质量的语音还原效果。

　　戴永(2011)系统中汉字发音约 3500 个,提示音串数目 90 余条,还包含汉语拼音字母发音、英文字母发音、英文英标发音等。应用本章方法,使得 35.9MB 的原始语音数据降为 3.04MB。

第7章　汉字书写自动教学

汉字的结构特征表现为笔画种类多，单个汉字所拥有的笔画种类不尽相同；3500 个常用汉字中单个汉字具有的笔画数目在 1～24，而非常用的单个汉字的最多笔画数目可达 56 之多；笔画关系种类多，尤其是同一类关系存在不同的空间位置关系；部件关系繁杂，既有一连一的，也有一连多的等。因此，人们学习书写汉字时，笔画形态、笔画关系、部件关系等需同时认知，即学写一个汉字，应先要知道该汉字有多少笔画，每条笔画是何种形态，不同形态笔画的书写顺序，先后笔画之间应形成的关系，部首之间应形成的关系等，尽管人们秉承由简到繁的教学过程，但内容的压力导致初学者、低龄用户等往往顾此失彼，如好不容易笔画形态写对了，笔画关系又写错了，和这条笔画关系写对了，又和另外一条笔画关系不对，一个部件写完了下一个部件的第一条笔画不知从何处写正确，虽然字的笔画写完了，但展现在眼前的字的形态丑陋等，更有甚者，为了将笔画写好，用笔要么很重，要么很轻，无法把握住正确的用笔力度。可见，汉字书写教学不但要重视笔画构字过程，还要有整体质量观，在隐喻练习簿上还应注重用笔力度。

7.1　汉字书写结构分析

汉字的基本笔画类型有 28 种（中国社会科学院语言研究所，2011），笔画的结构有如下特点。

① 无闭环笔径。

② 以直线笔径为主（含变向结构的笔径，从折点分割形成的笔段仍是结构稳定的直线笔径）。

③ 笔迹的行笔方向规范（除钩笔产生反向笔迹外，其余笔迹均为非反向地从左至右、从上到下）。

④ 关键点产生的笔迹形态少且规范（除端点与左、右钩极点外，其余关键点均由右折和左下折产生，前者占 11 种笔画，后者占 10 种笔画）。

汉字的笔画关系有 7 大类 169 种（戴永，2015），在书写过程中表现出如下特点。

① 紧邻笔画相同，字不同则笔画搭配的空间位置不同（如"十"与"正"）。

② 紧邻笔画不同，字不同但笔画搭配的空间位置可能相同（如"不"与"正"）。

③ 笔画空间位置种类繁多，细分区域复杂，教学精确度要求高。关于部件及

其关系,不同应用目标有不同的描述与处理方法(吴佑寿,1992;Tao,et al.,2014;Liu,,et al.,2009,2008;Bahlmann,2006;Kim,et al.,Yin,et al.,2003;liu,et al.,2001;Heutte,ey al.,1998)。

以笔画关系是否可计算为依据描述部件关系,具有如下特点。

① 两个部件空间位置关系不受各部件所含笔画数目影响(如"你"与"引")。

② 部件是笔画书写过程中的定制形态,与传统的偏旁部首无必然关联,但传统部首关系起主导作用。

受主观和客观因素影响,如身心不够成熟、坐姿不端正、握笔不稳、书写屏材质等,初学汉字的人容易出现书写错误,错误形态多种多样,图 7-1 是一位一年级学生在触摸屏上书写汉字的 5 种典型错误截图。

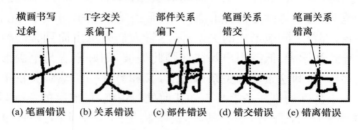

图 7-1　触摸屏上的手写样本

图 7-1(a)第 1 笔由于书写过程中没有控制好书写方向,造成横的书写方向偏上,从而导致横画书写过斜。图 7-1(b)由于观察汉字笔画间关系不够仔细,使得第 1 笔和第 2 笔的交点过于靠下,影响汉字书写的美观。图 7-1(c)部件"日"应该位于部件"月"的左中上部,并且左小右大,由于对汉字结构理解不够,造成两个部首大小几乎相同,关系很不协调。图 7-1(d)应写文字为"天",第 1 笔和第 3 笔本应是 T 字交关系却写成了十字交关系,笔画形成错交。图 7-1(e)中第 1 笔与第 3 笔应该写成 T 字交关系,而图中所写的两条笔画没有形成 T 字交点,即错离 T 字交关系。汉字书写教学内容不但要把好笔画及紧邻笔画关系指导关,更应着重于错交、错离及部件关系监督与告诫。

7.2　自动教学实现

教学知识及其库生成环节包括书写模板汉字,跟踪笔画书写过程,识别笔画,将笔画编码有序填入笔画字段;按书写顺序记录笔迹;识别当前写出笔画与紧邻已写出笔画关系,将关系编码有序填入笔画关系字段;如果紧邻笔画空间关系无法识别,则设置定制部件标志。文字最后笔画写完,则笔画与笔画关系字段生成,接下来依据记录的笔迹点坐标数据及定制部件标志识别定制部件关系,并在笔画关系字段的定制部件标志处填写相应编码;利用笔迹点坐标数据逆跨主导笔顺紧邻笔画识别错交、错离笔画对偶,将错交对偶有序填入错交笔顺字段,错离对偶添加错离关系编码与畸变系数有序填入错离笔顺字段。

$Q^{(B)}(W)$ 为教学知识,系统的教学过程就是利用 $Q^{(B)}(W)$ 的 W(笔画子向量)、R(笔画关系子向量)、W_{EC}(笔画错交子向量)、W_{EL}(笔画错离子向量)对用户在指定格式中书写汉字过程的监测与督促。监测工作包括对用户书写笔迹信息的采集、前置处理、笔画书写过程的正误分析、笔画关系、错交与错离分析与部件关系分析等。督促工作主要是根据监测结果选择适当方式给用户提出指导意见,分析效果越好或指错位置越正确,指导意见越客观,即系统教学效果越好。笔迹信息被采集后采用面向文字书写自动教学的前置处理方法处理。用 P 表示实时采集到的笔迹点二维坐标向量,$P=[p_1,p_2,\cdots,p_n]=[(x_1,y_1),(x_2,y_2),\cdots,(x_n,y_n)]$,$X$ 方向的坐标序列向量为 $P_x=[x_1,x_2,\cdots,x_n]$、Y 方向的坐标序列向量为 $Py=[y_1,y_2,\cdots,y_n]$。容器 $S[k,L]$ 保存书写正确笔画的笔迹点,用以分析各类关系。

运用表 2-1 机理实现汉字书写教学知识 $Q^{(B)}(W)$ 对用户书写汉字过程的计算或监测。

7.2.1　笔画及笔画关系书写教学

笔画书写过程分析采用子模块制,28 种笔画分别对应 28 个分析模块,模块编号分别为 $01,02,\cdots,28$。根据汉字笔画结构特点,监测内容定为笔迹方向和笔画整体结构正误。笔迹方向分为直向和折向两大类,直向集合选择{左→右,上→下,右→左下斜,左→右下斜,左→右上斜},折向集合元素选择{左钩折,左折,下折,右折,左上钩折,右上钩折}。两个集合的元素联合编码的集合为 $\{00,01,02,\cdots,10,11,12\}$,其中"00"、"12"分别为起点、终点编码,"01"对应"左→右","11"对应"右上钩折",其余类推。直向分析内容为起始与末尾笔段方向,笔画整体结构分析主要进行折向次数计算及折点引申笔段方向的正确性分析。针对不同的错误属性向用户提供对应的指导意见。28 种汉字笔画书写过程整体形态分析的主要环节结构如表 7-1 所示。表中折向编码后跟"B"表示为该折点的第 2 种形态(笔画取短、长两个粒度)因此每条笔画对应连续的两个编码,奇数编码对应短笔画,偶数编码对应长笔画,"01、02"笔画对应"01"号分析模块,"03、04"笔画对应"02"号分析模块,依次直至"55、56"笔画对应"28"号分析模块。

表 7-1　笔画整体形态分析环节结构表

笔画	编码	分析环节结构	笔画	编码	分析环节结构
丶	01、02	04 OR 03	ㄅ	29、30	01070907
一	03、04	01	ㄱ	31、32	0108
丨	05、06	02	ㄱ	33、34	010810
丿	07、08	03	フ	35、36	0107

笔画	编码	分析环节结构	笔画	编码	分析环节结构
㇏	09、10	04	㇈	37、38	0209OR0211
㇀	11、12	05	∠	39、40	0309
㇕	13、14	0210B	㇊	41、42	0309B
㇆	15、16	0210	㇋	43、44	01070811
㇂	17、18	0411	㇅	45、46	02090810
㇄	19、20	020911	㇌	47、48	010709B10
㇗	21、22	0209	㇡	49、50	010811
㇄	23、24	0209	㇐	51、52	020907
㇄	25、26	020911	㇣	53、54	0107090810
→	27、28	0106	㇟	55、56	010809

汉字笔画书写过程的基本分析步骤为:提取 $Q^{(B)}(W)$ 中当前应检测的 w_{ij} ($i=1,2,\cdots,c,j=1,2,\cdots,n_i$);依据所设笔画规模粒度值 δ 计算 w_{ij} 对应的分析模块编号;进入 w_{ij} 分析子模块;获取 P;预处理 P;分析起始与末尾笔段方向的正确性;计算整体笔画的折向元素数目,分析数目的正确性;依据分析环节结构有序分析折向的正确性;所有分析环节正确,将 P 按序存入 $S[k,L]$。

点笔画、小粒度且实写笔迹点数目符合给定要求等不进行起始与末尾笔段方向分析。任何分析环节出错通过文字、图案或语音等方式给用户提出对应的指导意见。

W、R、W_{EC}、W_{EL} 分别用 stroke、relation、cross、separation 表示,即分别为 $Q^{(B)}(W)$ 中的笔画字段、关系字段、错交字段、错离字段容器。算法 7.1 实现笔画书写教学。

算法 7.1　笔画书写教学

输入:P,stroke[i]

输出:S[k,L],笔画书写过程指导意见

注释:SetParam()为求取笔画教学模块中所用数据函数,StrokeRelation()为笔画关系分析函数,AuthenCrossSeperation()为错交、错离分析函数,ShowError()为提出指导意见函数,delta 表示 δ,m_error 表示笔画指导意见代码,S 为笔画容器 S[k,L]。

结构

```
Begin
    SetParam(P[i]);//通过笔迹点求取笔画教学模块中所用数据
    int code=GetStroke(delta, stroke[i]);
                                    //获取当前笔画教学子模块编码
```

```
switch(code)
  {case1:
    {m_error=Dian01(void);//"、"画教学模块
      break;}
        …
      case15:
        {m_error =HengZhe ZhePie15 (void);
                                    //"ㄋ"画教学模块
          break;}
            …
          case28:
          {m_error=HengZheWan28(void);//"乚"画教学模块
        break;}
      default:break;}
  if(m_error=-1)
    {S.push_back(P[i]);//书写正确存入笔画容器 S[k,L]
  if(i>0&&relation[i-1]<70000) StrokeRelation (i,i-1,rela-
tion[i-1]);//进入笔画关系分析
      else goto end;
          if(i>1) AuthenCrossSeperation();//进入错交、错离分析
              }
        else
          {ShowError( error,m_error, flag);
                              //提出笔画书写错误意见
          return false; }//end if
end.
```

如"ㄋ"分析环节结构为"01070907",即含一个"左→右"的直向元素,两个"左折"折向元素和一个"右折"折向元素,"ㄋ"的子模块编号为 15。DX 为 x 方向的单调标注向量,count 表示关键点个数,length 为笔画长度,keypoint 存放关键点坐标,"113xxx"为笔画指导意见代码。"ㄋ"分析过程的实现结构如下。

```
HengZheZhePie15(void)
{if((m_param.count!=3)&&(!m_param.mono.DX.empty())
                    &&(m_param.mono.DX[0].x!=1))
  return 113001;//请按照标准认真书写
```

```
                }
        if((m_param.count==3)||(!m_param.mono.DX.empty())
                        ||(m_param.mono.DX[0].x!=1))
            {CPoint p1=m_stroke[m_param.keypoint[0]];
              CPoint p2=m_stroke[m_param.keypoint[1]];
                CPoint p3=m_stroke[m_param.keypoint[2]];
        if((m_param.start.x>p1.x)||(m_param.start.y>m_param.end.y))
            return 113002;　//书写方向错误
            if((p1.x<m_param.start.x)||(p2.x>p1.x)||(p3.x<m_
            param.start.x)
        ||(p1.x<m_param.end.x)||(p2.x>p3.x)||(p3.x<m_param.end.x))
            return 113003;　//横折折撇书写错误,请重新书写
            if((p1.y>p2.y)||(p2.y>p3.y))
                return 113003;　//横折折撇书写错误,请重新书写
                if(m_param.length<=30)
                    return 113004;
                                    //横折折撇书写过短,请写长一点
            if(m_param.length >=130)
                return 113005;　//横折折撇书写过长,请写短一点
            } return-1;
                }
```

设置 7 大类汉字笔画关系,分别为左右、上下、十字交、T 字交、半包围、马形及虚交等,按 3_3 制空间划分,r^* 的 $*=B_1B_2B_3$,B_1 为大类编码(占 2 位),B_2 为大区统一编码(占 2 位),B_3 为小区编码(占 1 位),169 种子关系,建立 7 个大类对应的分析子模块。主导笔顺分析时按 $Q^{(B)}(W)$ 中 $r^*_{i(j-1)}$,即按第 i 部件的第 j 与 $j-1$ 条 w 之间的笔画关系编码进入其分析模块。笔画关系分析按第 2 章相关定义进行,也可以借鉴手写汉字识别技术的笔画关系识别方法(Liu,et al.,2004)。w_{i1}($2\leqslant i\leqslant c$)写完不进行笔画关系分析,笔画分析正确之后记录 w_{i1}。当第 j 与 $j-1$ 条 w 之间关系不满足 $r^*_{i(j-1)}$ 时,系统给用户提出相关指导意见。

7.2.2　错交、错离关系教学

由 $Q^{(B)}(W)$ 实现机制表可知,通过 $S[k,L]$ 进行两错(错交、错离)分析有两种方法,一是 W 的 k 条笔画全部写完,然后按照 $Q^{(B)}(W)$ 实现机制表进行分析,提出相应的教学意见。该方法类似胡智慧(Hu2009;胡智慧,2010)提出的方法。二是从 w_3 开

始每写完一条笔画就进行相应的两错分析,遇到当前笔画与已写笔画出现两错状态,立即提出教学意见,并根据教学严格度对用户的后续写作行为进行约束,如最严格度为禁止继续书写后续笔画,以错交为例,教学意见为"刚写的第几笔画与已写的第几笔画出现错误交叉,请修改,正确后可继续书写该字的后面笔画"。后种方法可实现即错即改,避免一错再错,或不知所错处,极强的针对性尤其适用于低龄用户学习书写汉字。本节重点讨论后种方法。两错分析与部件无关,按 $W=\{w_1,w_2,\cdots,w_k\}$ 中元素排序进行,$Q^{(B)}(W)$ 表中为非部件分类的笔画标识符。两错分析从 w_3 开始,第 1 轮分析 w_3 与 w_1 之间是否有预测的 W_{EC} 和 W_{EL} 元素存在,如果有,依据 W_{EC} 和 W_{EL} 元素结构进入两错分析,未出现两错进入 w_4 的书写监测,有错则提出相应的教学意见,依次监测直至 w_k。由表 2-1 可知,w_3 只需进行一轮 W_{EC} 和 W_{EL} 元素分析,而 w_k 需进行 $k-2$ 轮 W_{EC} 和 W_{EL} 元素分析。虽不是每一轮 W_{EC} 和 W_{EL} 都会存在分析元素,但总体来说笔画越多、结构越复杂的文字,越写到后面,系统的工作量越大。尽管如此,由于检测与分析环节是随书写过程有序递进的,程序复杂度不会因此增加,教学的针对性及意见的客观性不会打折。

　　两错分析的具体内容仍是笔画关系分析,在查询到 (w_i,w_j) 或 (w_i,w_j,r^*,v) 后同样借鉴已有笔画关系分析方法进行分析与教学。

算法 7.2　错交、错离书写教学

输入:stroke[i],S[k,L], cross, separation

输出:指导意见

结构:

```
Begin
if(cross. size()==0&&separation. size()==0)
    return -1;//没有错交、错离,不用判断
    else
    {for(j=i-2; j>=0;j--)//每条笔画进行 k-2 次循环
        {for(r=0;r<cross. size();r++)//遍历错交字段
            {if (cross[r]. current==i&&cross[r]. pre==j)
                {int result =StrokeRelation (S[i],S[j],620);
                                        //620 为十字交关系分析模块
                    if(result ==-1 ) //形成错交
                    {ShowError( error,m_error,flag);
                                            //提出错交指导意见
                    return false;}}}//end for
        for(r=0;r<separation. size();r++)//遍历错离字段
        {if (separation [r]. current==i&& separation [r]. pre==j)
            {int result=StrokeRelation (S[i],S[j],separa-
```

```
tion.Relation,l);
```
　　　　　　　　//分析预测笔画的错离关系
　　　　　　　　if (result! =-1) //不满足预测的笔画关系
　　　　　　　　　　{ShowError(error,m_error, flag);
　　　　　　　　//提出错离书写错误意见
　　　　　return false;}}}}}
　　　end.

7.2.3　部件关系教学

部件关系设置有 3 类,分别是左右、上下、半包围等。左右、上下按 3_3 制空间划分,共有 22 种子关系。半包围设置 7 种子关系。建立 3 个大类分析子模块。各部件的子主导笔顺跟踪结束,说明用户书写笔画结构、笔画关系正确,且无错交、错离现象,最后分析内容是借助主导笔顺跟踪生成的 S[k,L] 和关系字段中 $r_i^{(\rho_i)}$ 分析写出 W 所具有的部件关系的正确性。$r_i^{(\rho_i)}$ 含 3 字段,即 $\rho = U_1 U_2 X$,U_1 为部件类码,通常接续笔画关系类赋码;U_2 为以空间关系为依据的子关系类码;X 表示当前写出的部件将与其后面的 X 个部件形成 $U_1 U_2$ 所标识的部件关系。分析的基本方法是当在关系字段中找到 $U_1 U_2 X$ 时,若 $X=1$,后续紧邻部件为同层部件,进行紧邻部件关系分析;若 $X>1$,进入新层部件的首部件,根据该层各部件的 $U_1 U_2 X$,对当前写完的两个紧邻部件进行关系分析;继续在该层进行同层部件关系分析,该层部件分析完成后,将该层部件作为一个整体与父部件进行关系分析。不论是同层,还是父子层,只要关系分析结果不满足 $U_1 U_2$,系统向用户提供教学意见。

算法 7.3　部件书写教学

输入:S[k,L]、relation

输出:指导意见

注释:UnitRelation()为部件分析函数。

结构:

```
Begin
int sym=0;int m_error=0;
for(i=0; i<relation.size();i++)//找到第一个部件关系
{
  if(relation[i]>70000)
    {
     sym=1;
     if(relation[i]%10>1)
        sym=2;
```

```
    }}
 int start,next;
if (sym==1)
   {
    for(i=0; i<relation. size();i++)
     {
      if(relation[i]>70000)
     {
        start=i-1; next=i+1;
        while(start>=0&&relation[start]<70000) start--;
                                    //找到第一个部件的起始笔画
        while(next<relation. size()&&relation[next]<70000)
        next++
                                    //找到第二个部件的结束笔画
        result=UnitRelation(S, start+1, i, i+1, next);
                                    //计算部件关系
        if(result!=-1)
        {ShowError( error,m_error, flag);
                                    //给出指导意见
         return false;}}}}
      else   //当 x>1 时
     {
     int p=0;
        while(relation[p++]>70000);//找到第一个部件关系
        for(i=p+1;i<relation. size();i++)//处理后面部件关系
        {
        start=i-1;next=i+1;
         while(start>=0&&relation[start]<70000) start--;
         while (next < relation. size ()&&relation[next]<
70000) next++;
         result=UnitRelation (S, start+1, i, i+1, next);
        if(result!=-1)
        {
         ShowError( error,m_error, flag);
                return false;
```

```
    } }
    result=UnitRelation (S,1,p,p+1,relation.size());
                                          //计算父部件关系
      if (result!=-1)
        {ShowError(error,m_error, flag);
    return false;}}//end else
  end.
```

7.2.4　教学过程主体结构

以多文种融合文字书写教学系统(戴永,2011)中汉字书写教学为例。汉字书写自动教学过程分为两个环节,首先是被练习文字准备,包括系统获取被练习文字所处的文种、年级、课号及字序,练习方式参数,练习格式参数,每字书写次数参数等,按照获得的参数在隐喻文字练习簿进行备写场景布局;然后根据文种、年级、课号及字序等编码参数获取当前被练习文字的文字书写过程教学知识 $Q^{(B)}(W)$,利用 $Q^{(B)}(W)$ 在当前书写格式中监测与督促用户书写被选汉字的过程。

Step 1,将 $Q^{(B)}(W)$ 的 4 个字段分别存于对应的向量数组。

Step 2,获取 P,并利用第 5 章方法进行前置处理。

Step 3,利用笔画向量数组元素进行笔画书写过程教学,书写正确的笔画的 P 有序存入 $S[k,L]$。

Step 4,利用笔画关系向量数组元素及 $S[k,L]$ 进行笔画关系书写过程教学。

Step 5,当笔画关系向量数组中出现 $r_i^{(\rho_i)}$ 时,不分析当前笔画与前一笔画的笔画关系。

Step 6,利用两错向量数组元素及 $S[k,L]$ 进行两错现象教学。

Step 7,k 条笔画未书写完转 Step 2;否则,继续。

Step 8,利用 $S[k,L]$ 进行部件关系的书写教学。

Step 9,本次作业未写完,取下一个 W 的 $Q^{(B)}(W)$,转 Step 1;否则,继续。

Step 10,结束。

以上教学步骤正确,说明用户对被练习文字的骨架书写基本正确,文字书写的质量由下节方法进行专门评价。

7.2.5　实验及其效果分析

采用第 3 章提供的笔画、笔画关系、部件关系编码方法,取 $\delta=2$,28 条笔画产生 56 个编码,编码范围为 01~59;笔画关系编码范围为 600~64122;部件关系编码范围为 7000x~7212x。

图 7-2 为"话"字的书写自动教学示例。表 7-2 为"话"字的笔画容器。

$$Q^{(B)}(话) = (01,50)(07,04,06)(05,31,03)(610,70002\ )(610,622,71001)$$
$$(63100,64122,0000) \mid ((3,1)(4,2)(5,3)(8,2))((8,6,63122,3))$$
$$= [01,50,07,04,06,05,31,03][610,70002\ ,610,622,71001,$$
$$63100,64122,0000][(3,1)(4,2)(5,3)(8,2)][(8,6,63122,3)]$$

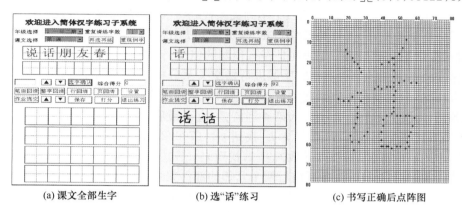

(a) 课文全部生字　　　　　(b) 选"话"练习　　　　　(c) 书写正确后点阵图

图 7-2　"话"字书写布置及书写实例

表 7-2　"话"字的笔画容器 $S[k,L]$

笔画	笔画坐标序列
$S[1]$	20 15 21 17 24 19 25 21 27 22 28 24 29 26
$S[2]$	16 39 19 40 22 40 24 38 27 36 29 36 29 40 27 43 27 46 27 48 26 51 25 53 23 57 24 60 25 64 28 60 31 57 33 55
$r_1^{(\rho_1)}$	70002
$S[3]$	55 10 53 14 51 17 48 19 45 21 41 22
$S[4]$	37 34 39 33 41 34 44 33 46 33 48 33 51 31 54 30 58 31 61 31
$S[5]$	47 19 48 22 48 25 48 28 31 48 33 49 35 48 37 48 40 48 43 48 45
$r_2^{(\rho_2)}$	71001
$S[6]$	49 42 52 41 55 41 59 41 62 44 62
$S[7]$	44 47 47 46 50 47 52 47 55 47 57 47 60 48 59 52 58 55 57 57 56 60
$S[8]$	42 62 45 62 47 63 50 62 52 62 55 63 57 62
Φ	0000

第一课要求学生掌握五个生字,每字重复练习次数为 2 次。"话"字书写监督过程:书写完第一笔"、",取 $Q^{(B)}$(话)笔画字段中第 1 个笔画代码,即"01"除 2 四舍五入取整,进入以该值为编码的"、"画分析子模块,如果书写不符合要求,子模块输出相应的指导意见,反之笔迹点数据存入 $S[k,L]$ 第 1 行,系统进入第 2 笔监

督;第 2 笔书写结束经分析正确,笔迹点数据存入 $S[k,L]$ 第 2 行,根据 $Q^{(B)}$(话)的笔画关系字段的第一个笔画关系代码"610"进入到以 R610 为标识的笔画关系分析子模块,如果笔画关系不符合要求,子模块输出相应的指导意见,反之系统进入第 3 笔监督;第 3 笔书写结束经分析正确,笔迹点数据存入 $S[k,L]$ 第 3 行,因为 $Q^{(B)}$(话)的笔画关系字段的第二个笔画关系代码"70002"为部件关系代码,因此系统不分析笔画关系,部件关系"70002"存入 $S[k,L]$;从第三笔开始,系统进行两错分析,分析第三笔与第一笔之间是否有预测的错交、错离元素存在,根据 $Q^{(B)}$(话)的错交关系字段的第一对错交序偶进行错交关系分析,第三条笔画与第一条笔画没有相交,因此没有形成错交关系;$Q^{(B)}$(话)的错离关系字段没有第 3、1 笔画的错离预测 4 元标识结构,系统进入第 4 笔监督,直至最后一条笔画。"话"字由"讠"、"千"、"口"三个部件组成,在 $S[k,L]$ 找到 $r_1^{(p_1)}$(70002),因为 $X>1$,保留层部件数"2",进入新的部件层,部件计数器置 1,找到 $r_2^{(p_2)}$(71001),此时 $X=1$,部件分析标志置 1,利用上下最值法分析前后两个紧邻的部件关系,部件"千"和部件"口"满足为全幅上下关系,部件计数器加 1,此时部件计数器为 2,与部件层数相等,因此两个子部件"千"和"口"作为一个整体与父部件"讠"进行部件关系分析,方法为左右最值法两个部件满足全幅左右关系,遇到 $\Phi(0000)$,整字教学指导结束,整字书写正确,并给出了单字的综合得分"92"。

　　图 7-3 分别是笔画错误、笔画关系错误、笔画错交错误、笔画错离错误、部件错误的示例,并针对每种错误给出了相应的指导意见。

$Q^{(B)}$(九)=[08,26][622,0000]

$Q^{(B)}$(雨)=[04,05,34,06,01,01,01,01][(610,(600,63100),6322,6308,600,610000][(5,2)(6,2)(7,2)(8,4)][(4,1,6302,3)]

$Q^{(B)}$(长)=[07,04,38,09][(614,615),621,(602,6311),0000]

$Q^{(B)}$(你)=[08,06][07,27,14,57,01][6302,70001][63122,6408,602,600,0000][(7,4)][(7,5,600,2)]

　　图 7-3 为一年级学生的实写教学效果截图。图 7-3(a)中前两个字书写练习正确,图 7-3(b)为第三个字"九"的点阵图,其第二条笔画"乙"的关键点 count 应为 3,而截图实写笔画的关键点个数为 2,因此系统给出图 7-3(a)中弹出窗口指导意见"横折弯钩书写错误,请重新书写"。图 7-3(c)中"雨"字的第四条笔画对于第三条笔画位置偏左,因此系统给出"关系偏左"的提示。图 7-3(d)为"长"的第 3、1 笔画错交。图 7-3(e)为第 4、2 笔画错离。图 7-3(f)中部件"亻"与部件"尔"不满足全幅左右关系,因此系统给出"右边部首偏上"的提示。指导意见在弹出文字窗口显示指导意见的同时,通过语音同步播放。

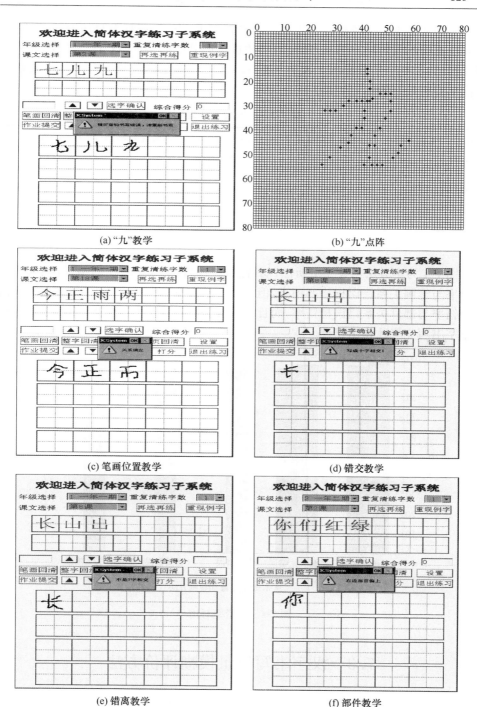

(a) "九"教学　　　　　　　　　　　　　(b) "九"点阵

(c) 笔画位置教学　　　　　　　　　　　(d) 错交教学

(e) 错离教学　　　　　　　　　　　　　(f) 部件教学

图 7-3　多种实写教学效果

　　实验文字来自义务教育一年级语文教材的上、下册（课程教材研究所，2009），由五位不同的低龄用户书写，每个用户随机选取其中的 20 个汉字书写，每个字书写 3 次，共 300 个实验样本。表 7-3 表明，笔画、笔画关系、错交、错离、部件关系的指错率均有较好的实用效果。

表 7-3　实验效果分析

用户	笔画指错率/%	笔画关系指错率/%	错交指错率/%	错离指错率/%	部件关系指错率/%
1	98.1	96.9	94.5	93.5	96.8
2	97.6	97.3	93.7	94.7	97.4
3	98.4	95.7	95.1	94.1	96.7
4	98.3	97.4	94.6	93.6	97.1
5	97.2	96.7	94.2	95.2	96.2

　　图 7-4 为本方法与整字分析法（胡智慧，2010）教学效果对比的结果，笔画错误指错率与笔画关系错误指错率稍高，但是胡智慧方法没有错交错误指错率、错离错误指错率与部件关系错误指错率，而且该方法是实时分析书写错误，而胡智慧方法是整字书写完毕才指出错误。

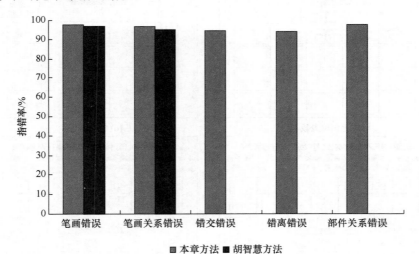

图 7-4　指错率对比

7.3　汉字书写质量模糊评价方法

　　汉字书写质量评价是汉字书写自动教学的一项重要功能。对手写汉字进行质量评价,可以提高学习者对汉字结构的整体认知度。

7.3.1　触摸屏汉字书写畸变现象

　　汉字属于方块字,是由不同的笔画和部件按照一定的顺序和相对位置在二维空间上构成的线段图像,由于书写者要记识的内容繁多、低龄用户身心处于发育阶段、驭笔能力弱、文字书写过程的整体意识差等,会造成一些难以预测的手写体汉字畸形,具体表现为:基本笔画变化,如横不平、竖不直、折笔的拐角变成圆弧等;笔画模糊不规范,该连的不连,不该连的却相连。笔画与笔画之间、部件与部件之间的位置发生改变。如笔画的倾斜角、笔画的长短、部件的大小发生变化等。

　　图 7-5 是部分在触摸屏上书写出来的问题汉字。图 7-5(a)反映了笔画书写多次抖动产生的笔画畸变问题。图 7-5(b)书写汉字明显过小。图 7-5(c)中汉字书写长宽比例不当,汉字显得过廋。图 7-5(d)中汉字位置明显偏左。综合上面书写的各种问题,对手写汉字的质量评价主要包括对各笔画(基元)、字形结构的规范性评价,具体内容为书写大小、比例、位置等方面。

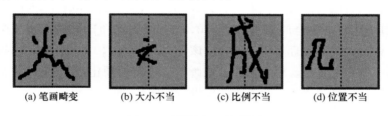

(a) 笔画畸变　　　　(b) 大小不当　　　　(c) 比例不当　　　　(d) 位置不当

图 7-5　触摸屏上手写样本

7.3.2　书写特征模糊子集构造

　　1. 笔画书写特征模糊子集

　　触摸屏笔迹点二维坐标向量用 P 表示,$P=[p_1,p_2,\cdots,p_n]=[(x_1,y_1),(x_2,y_2),\cdots,(x_n,y_n)]$。如果以笔迹坐标作为笔画特征,建库量特别大,以下方法利用关键点进行模糊笔画特征提取。

　　(1) 笔画特征提取

　　根据所分析的笔画书写特点,可以建立 4 种拐点和 4 种极点等关键点类型。图 7-6 所示黑色点分别为左上拐点 ζ_1、右上拐点 ζ_2、左下拐点 ζ_3、右下拐点 ζ_4、左极点 ζ_5、右极点 ζ_6、上极点 ζ_7、下极点 ζ_8。关键点集合 $K=\{\zeta_1,\zeta_2,\zeta_3,\zeta_4,\zeta_5,\zeta_6,\zeta_7,\zeta_8\}$,各关键点统计数目用向量 N 表示,$N=[n_1,n_2,n_3,n_4,n_5,n_6,n_7,n_8]$。

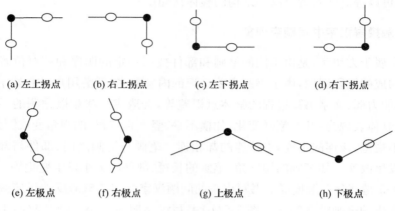

<table>
<tr><td>(a) 左上拐点</td><td>(b) 右上拐点</td><td>(c) 左下拐点</td><td>(d) 右下拐点</td></tr>
<tr><td>(e) 左极点</td><td>(f) 右极点</td><td>(g) 上极点</td><td>(h) 下极点</td></tr>
</table>

图 7-6　关键点分类

（2）笔画特征模糊集

以上述方法提取的特征点建立各种书写笔画特征集合,如横笔画,显然在理想的情况下,其特征集合应该为 $N_h = \{0,0,0,0,0,0,0,0\}$,即不含上述任何关键点;撇笔画,其理想特征集合应该为 $N_p = \{0,0,0,0,0,1,0,0\}$,即该理想笔画只含一个右极点;横折笔画,其理想特征集合应该为 $N_{hz} = \{0,1,0,0,0,0,0,0\}$,即该理想笔画只含一个右上拐点。对书写的各笔画特征进行模糊化,建立笔画特征的模糊集合,式(7.1)用来建立各书写笔画的模糊特征向量,即

$$
\mu(x_K) = \begin{cases} e^{-\frac{(x_K - a_K)^2}{2\sigma_K{}^2}}, & |x_K - a_K| \leqslant \delta \\ \\ 0, & |x_K - a_K| > \delta \end{cases} \tag{7.1}
$$

其中,x_K 为书写笔画特征向量;a_K 为理想笔画特征向量;δ 为最大允许特征点差异数目;$K = \{\zeta_1, \zeta_2, \zeta_3, \zeta_4, \zeta_5, \zeta_6, \zeta_7, \zeta_8\}$。

2. 书写大小、比例和位置特征模糊子集

在规定方格里面进行汉字书写,要显得美观,其大小、比例和位置都应在合适范围之内,不宜采取固定值匹配分析方法,采用模糊的方法能得到更为客观准确的分析结果。

（1）特征提取

如图 7-7 所示，a 和 b 为书写汉字的实际矩形框范围的左下顶点和右上顶点，其坐标分别为（x_{min}，y_{min}）和（x_{max}，y_{max}）；A 和 B 分别为书写方格的左下顶点和右上顶点，其坐标分别为（X_{min}，Y_{min}）和（X_{max}，Y_{max}）。为适应书写方格大小变化，以汉字书写方框面积跟方格面积比作为书写大小特征，即

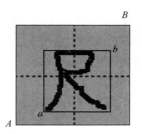

图 7-7　规定方格书写汉字坐标定义

$$S=\frac{(y_{max}-y_{min})(x_{max}-x_{min})}{(Y_{max}-Y_{min})(X_{max}-X_{min})}$$

以汉字的宽高比作为书写比例特征，即

$$T=(x_{max}-x_{min})/(y_{max}-y_{min})$$

以汉字书写的重心作为位置特征点，构成二维特征向量，即

$$W=[\overline{x},\overline{y}]$$

其中，$\overline{x}=\sum_{i=1}^{n}x_i/n$；$\overline{y}=\sum_{i=1}^{n}y_i/n$。

（2）特征模糊函数确定

通过 206 个汉字按标准书写而采集到的大小、比例模糊特征分布情况分别如图 7-8 和图 7-9 所示。

由图 7-8 分布情况可知，大部分汉字大小特征值处于 0.2～0.4，图 7-8（b）分布情况定义大小特征模糊隶属度函数为

$$\mu(x_S)=\begin{cases}e^{-\frac{(x_S-a_S)^2}{2\sigma_S{}^2}}, & 0.1\leqslant x_S\leqslant 0.5 \\ 0, & 其他\end{cases} \tag{7.2}$$

其中，x_S 为书写大小特征向量；a_S 为大小特征分布的中心点，$a_S\in[0.2,0.4]$。

由图 7-9 分布情况可知，大部分汉字比例特征值处于 0.9～1.1，由此可由模

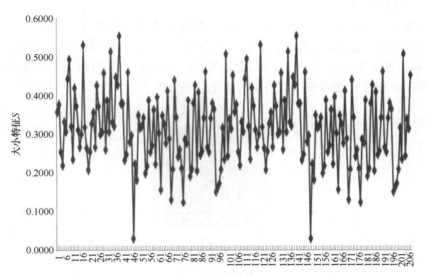

(a) 大小特征值采集图

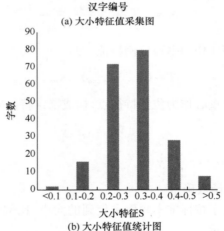

(b) 大小特征值统计图

图 7-8　标准书写汉字大小特征分布

糊子集的概念定义(7.3)式所表示的模糊隶属度,即

$$\mu(x_T)=\begin{cases} e^{-\frac{(x_T-a_T)^2}{2\sigma_T^2}}, & 0.5 \leqslant x_T \leqslant 2 \\ 0, & \text{其他} \end{cases} \tag{7.3}$$

其中,x_T 为书写大小特征向量,a_T 为大小特征分布的中心点,$a_T \in [0.9, 1.1]$。

标准书写的重心要落在方格的中心,因此在评价一个汉字书写位置的好坏时,计算其重心坐标位置,以它与标准重心的距离远近来作为模糊评价依据。由图 7-7可知,标准重心坐标为 $\left(X=\dfrac{X_{\max}-X_{\min}}{2},Y=\dfrac{Y_{\max}-Y_{\min}}{2}\right)$。定义相应的模糊隶属度函数为

$$\mu(x_w)=\begin{cases}1-\dfrac{\sqrt{(\bar{x}-X)^2+(\bar{y}-Y)^2}}{\theta}, & (\bar{x}-X)^2+(\bar{y}-Y)^2\leqslant\theta \\ 0, & \text{其他}\end{cases} \tag{7.4}$$

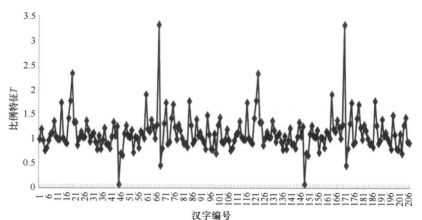

(a) 比例特征值采集图

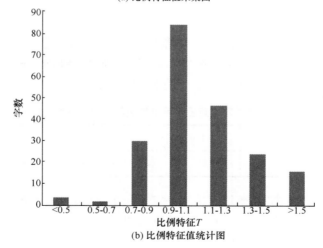

(b) 比例特征值统计图

图 7-9　标准书写汉字比例特征分布

3. 书写质量模糊评价模型设计及算法

(1) 笔画模糊评价

设一个书写汉字有 m 条笔画,由标准书写产生各笔画特征模糊集合为

$$A = [\mu_A(x_1), \mu_A(x_2), \cdots, \mu_A(x_m)]$$

$$= \begin{bmatrix} \mu_A^{(1)}(n_1) & \mu_A^{(2)}(n_1) & \cdots & \mu_A^{(m)}(n_1) \\ \mu_A^{(1)}(n_2) & \mu_A^{(2)}(n_2) & \cdots & \mu_A^{(m)}(n_2) \\ \vdots & \vdots & & \vdots \\ \mu_A^{(1)}(n_8) & \mu_A^{(2)}(n_8) & \cdots & \mu_A^{(m)}(n_8) \end{bmatrix} \tag{7.5}$$

待评价笔画的模糊特征集合向量为

$$B = [\mu_B(x_1), \mu_B(x_2), \cdots, \mu_B(x_m)] \tag{7.6}$$

B 和 A 中单个笔画模糊特征贴近度为

$$d^{(i)}(A, B) = 1 - \sqrt{\sum_{j=1}^{8} [\mu_A^{(i)}(n_j) - \mu_B^{(i)}(n_j)]^2 / 8} \tag{7.7}$$

其中,$i \in \{1, 2, \cdots, m\}$。

计算汉字整体笔画模糊特征贴近度为

$$\text{sim}(A, B) = \sum_{i=1}^{m} (d^{(i)}(A, B) \cdot w_i) \tag{7.8}$$

其中,$0 < w_i \leqslant 1$ 为各笔画在整个汉字的重要性而分配的权值。

笔画质量评价集内容设计为 $V_K = \{$很好,较好,一般,较差,很差$\}$,即书写效果按 5 个等级进行评价,"很好"为最高级别,"很差"为最低级别。式(7.8)计算结果与笔画质量评价等级 $J_K (\in V_K)$ 的对应关系,如表 7-4 所示。

表 7-4 汉字书写笔画质量评价等级与模糊贴近度对应表

笔画模糊贴近度 sim(A, B)	$[0.9, 1.0]$	$[0.8, 0.9)$	$[0.6, 0.8)$	$[0.5, 0.6)$	$[0, 0.5)$
笔画质量评价 J_K	很好	较好	一般	较差	很差

在触摸屏上进行书写,落笔到抬笔决定了一个笔画,可得到笔画数目为 m,笔画类型可从习字样本库中获取,具体评价算法如下。

算法 7.4 书写质量笔画评价

输入:经前置处理之后的笔画信息$\{P^{(1)}, P^{(2)}, \cdots, P^{(m)}\}$,标准模糊集 $\mu_A(x)$

输出:笔画质量等级 J_K

步骤:

Step 1,$i \leftarrow 1$。

Step 2，由 $P^{(i)}$ 提取笔画特征向量 $x_K^{(i)}$。

Step 3，由式(7.1)计算笔画模糊特征向量集合 $\mu_B(x_i)$。

Step 4，由式(7.7)计算 $\mu_A(x_i)$ 和 $\mu_B(x_i)$ 的贴近度 $d^{(i)}(A,B)$；$i \leftarrow i+1$，若 $i <= m$，转 Step 2；否则，转 Step 5。

Step 5，由式(7.8)计算汉字整体笔画模糊特征贴近度 $\text{sim}(A,B)$。

Step 6，根据表 7-4 查取笔画质量评价 J_K 并输出。

（2）结构模糊评价

利用式(7.2)～式(7.4)分别计算大小、比例、位置的模糊特征隶属度 $\mu(x_S)$、$\mu(x_T)$ 和 $\mu(x_w)$，作为评价书写汉字结构质量好坏的 3 个指标，则可以构成模糊集合 $H = \{\mu(x_S),\mu(x_T),\mu(x_w)\}$。

为表达两个书写汉字结构质量状况的相似程度，利用下式来计算两个汉字的结构模糊特征集 H_a 和 H_b 的贴近度，即

$$r_{(a,b)} = \left[\sum_{i=1}^{3} \min(\mu_{ai},\mu_{bi})\right] / \left[\sum_{i=1}^{3} \max(\mu_{ai},\mu_{bi})\right] \tag{7.9}$$

考虑到书写的差异性，取 n 个书写汉字结构模糊特征 $\{H_1, H_2, \cdots, H_{n-1}, H_x\}$，建立模糊相似矩阵，其中 $H_1 - H_{n-1}$ 为 $n-1$ 个标准书写汉字，H_x 为待评价汉字模糊结构特征集。于是可以得到以 r_{ij} 为元素的模糊相似矩阵。

$$R = \begin{bmatrix} 1 & & & & \\ r_{(2,1)} & 1 & & & \\ r_{(3,1)} & r_{(3,2)} & 1 & & \\ \vdots & \vdots & \vdots & & \\ r_{(n-1,1)} & r_{(n-1,2)} & & 1 & \\ r_{(x,1)} & r_{(x,2)} & \cdots & r_{(x,n-1)} & 1 \end{bmatrix} \tag{7.10}$$

计算 H_x 与其他标准书写汉字的平均相似度为

$$\overline{r_x} = \sum_{j=1}^{n-1} r_{jx}/(n-1) \tag{7.11}$$

利用模糊聚类的方法，对照表 7-5 可以得出相应的结构质量评价结果 $J_H(\in V_H)$。书写结构评价集为 $V_H = \{好，一般，差\}$。

表 7-5　汉字书写结构质量评价等级与相似度对应表

结构评价相似度 $\overline{r_x}$	$[0.8,1.0]$	$[0.5,0.8)$	$[0,0.5)$
结构质量评价 J_H	好	一般	差

在评价书写结构质量之前，需提取 $n-1$ 个标准书写汉字的模糊结构向量，并

建立相似矩阵,待评价汉字与它们的平均相似度决定其书写结构标准程度,算法如下。

算法 7.5　书写质量结构评价

输入:经前置处理之后的笔画信息$\{P^{(1)}, P^{(2)}, \cdots, P^{(m)}\}$,标准书写结构向量组$[H_1, H_2, \cdots, H_{n-1}]$

输出:结构质量等级 J_H

步骤:

Step 1,$j \leftarrow 1$。

Step 2,用式(7.2)~式(7.4)分别计算大小、比例、位置的模糊特征隶属度$\mu(x_S)$、$\mu(x_T)$和$\mu(x_w)$。

Step 3,由式(7.9)计算其与标准书写汉字的模糊结构特征相似度r_{jx};$j \leftarrow j+1$,若$j <= n-1$,则继续 Step 3;否则,转 Step 4。

Step 4,由式(7.11)计算平均相似度$\overline{r_x}$。

Step 5,根据表 7-5 查取结构质量评价 J_H 并输出。

(3) 综合评价

在上述各种评价的基础上进行综合评价,可以得到一个全面的评判结果。若笔画和结构相似度任意一项小于 0.5,则取其中的最小值,否则根据各项的重要性求取综合评价结果。综合评价函数为

$$U = \begin{cases} \min(sim(A,B), \overline{r_x}), & sim(A,B) < 0.5 \text{ 或 } \overline{r_x} < 0.5 \\ sim(A,B) \cdot w_K + \overline{r_x} \cdot w_H, & \text{其他} \end{cases} \tag{7.12}$$

综合评价等级集$V_U = \{好,一般,差\}$,评价结果$J_U(\in V_U)$对应关系如表 7-6所示。

表 7-6　汉字书写综合评价等级对应表

综合评价相似度 U	$[0.8, 1.0]$	$[0.5, 0.8)$	$[0, 0.5)$
综合质量评价 J_U	好	一般	差

7.3.3　评价实例与效果分析

图 7-10 是部分汉字书写评价实验效果。

对图 7-10(a)中字"水"进行笔画质量评价,得到笔画总数 $m=4$,笔画包括竖钩、横撇、撇、捺。笔画模糊特征向量为

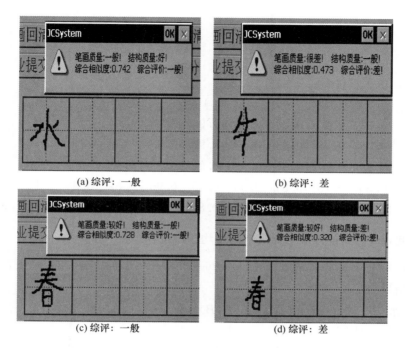

图 7-10 汉字书写实验效果图

$$B^{\mathrm{T}} = \begin{bmatrix} 0.89 & 0.64 & 1 & 0.89 & 0.17 & 0.17 & 0.64 & 0.37 \\ 0.64 & 0.89 & 0.64 & 0.89 & 0.17 & 0.64 & 0.64 & 0.37 \\ 1 & 1 & 0.89 & 1 & 0.89 & 0.64 & 1 & 0.89 \\ 1 & 0.37 & 0.17 & 1 & 0.64 & 0.17 & 0.64 & 1 \end{bmatrix}$$

标准笔画模糊特征向量为

$$A^{\mathrm{T}} = \begin{bmatrix} 1 & 0.89 & 1 & 0.89 & 0.89 & 1 & 1 & 0.64 \\ 1 & 1 & 1 & 1 & 0.64 & 1 & 1 & 0.64 \\ 1 & 1 & 1 & 1 & 0.89 & 1 & 1 & 0.89 \\ 1 & 1 & 1 & 1 & 1 & 0.89 & 0.64 & 1 \end{bmatrix}$$

由式(7.7)和式(7.8)计算得其贴近度为 $\mathrm{sim}(A,B) = \sum\limits_{i=1}^{m}(d^{(i)}(A,B) \cdot w_i) =$ $0.569 \times 0.3 + 0.677 \times 0.3 + 0.867 \times 0.2 + 0.534 \times 0.2 = 0.654$。对照表 7-4 得出评价结果为 $J_K = $ "一般"。

字"水"进行结构质量评价,经过书写训练,取 $a_S = 0.35, a_T = 1.0, 80 \times 80$ 方格区域其重心为 $(40,40)$,由式(7.2)~式(7.4)计算其结构模糊特征向量为 $H_x = [0.664, 0.925, 0]$,取模糊相似矩阵 $n = 10$,建立相似矩阵为

$$R=\begin{bmatrix} 1 \\ 0.90 & 1 \\ 0.89 & 0.93 & 1 \\ 0.91 & 0.82 & 0.81 & 1 \\ 0.99 & 0.89 & 0.88 & 0.92 & 1 \\ 0.91 & 0.82 & 0.88 & 0.93 & 0.93 & 1 \\ 0.98 & 0.88 & 0.88 & 0.93 & 0.99 & 0.93 & 1 \\ 0.94 & 0.84 & 0.87 & 0.93 & 0.94 & 0.98 & 0.93 & 1 \\ 0.88 & 0.78 & 0.84 & 0.95 & 0.89 & 0.96 & 0.89 & 0.93 & 1 \\ 0.85 & 0.76 & 0.82 & 0.80 & 0.85 & 0.85 & 0.86 & 0.83 & 0.83 & 1 \end{bmatrix}$$

因此,H_x 与其他标准书写汉字的平均相似度:$\overline{r_x} = \sum_{j=1}^{n-1} r_{jx}/(n-1) = (0.85 + 0.76 + 0.82 + 0.80 + 0.85 + 0.85 + 0.86 + 0.83 + 0.83)/9 = 0.83$,对照表7-6得出评价结果为 $J_H =$ "好"。

对"水"进行综合评价,$U = \text{sim}(A,B) \cdot w_k + \overline{r_x} \cdot w_H = 0.654 \times 0.5 + 0.83 \times 0.5 = 0.742$,对照表 7-6 得出评价结果 $J_U =$ "一般"。

按照前面所述方法对书写笔画和结构质量进行评价,图 7-10 书写汉字其各项评价结果如表 7-7 所示。

表 7-7　测试汉字书写评价表

评价汉字	笔画质量		结构质量					综合质量	
	模糊贴近度	评价	比例隶属度	大小隶属度	位置隶属度	结构平均相似度	评价	综合相似度	评价
(a):"水"	0.654	一般	0.664	0.925	0.776	0.83	好	0.742	一般
(b):"牛"	0.473	很差	0.625	0.985	0.602	0.73	一般	0.473	差
(c):"春"	0.895	较好	0.876	0.600	0.576	0.56	一般	0.728	一般
(d):"春"	0.826	较好	0.956	0.721	0	0.32	差	0.320	差

通过对 200 个汉字进行共 500 次书写的样本进行质量评价,得到评价效果分析表如表 7-8 所示。实验结果表明,各项汉字书写质量评价准确率较高,最低为 82.03%,最高能达到 90.42%,因此能够很好地应用于汉字书写辅导。

表 7-8　评价效果测试表

评价项目		样本数	正确数	评价效果率/%
笔画	很好	96	81	84.38
	较好	117	97	82.91
	一般	145	120	82.76
	较差	81	70	86.42
	很差	61	52	85.25
结构	好	167	151	90.42
	一般	246	213	86.59
	差	87	73	83.91
综合	好	128	105	82.03
	一般	196	173	88.27
	差	176	152	86.36

7.4　触摸屏手写汉字笔画的笔力模糊评价

利用触摸屏隐喻纸张书写文字已成现实。对于汉字书写,国人对书写笔力的评价有"入木三分,力透纸背"一说,在触摸屏上书写与在纸上书写的笔力效果存在明显异同性。相同之处主要表现在两方面,一是当笔力均匀时,笔画线条轮廓清晰,笔迹着色匀称;二是笔力轻飘时,着色不均,笔径飘忽,两种材质的书写表象基本相似。不同之处为当笔力加重时,纸张上的笔迹线条会给人行笔厚重的感觉,而触摸屏上的笔迹线条由于笔力加重导致书写过慢,更由于触摸屏书写是硬碰硬,笔力加重会造成笔尖抖动与打滑,导致书写效果面目全非,如黑块、波浪、绳结等书写效果。汉字为笔画密集型文字,负面的笔力效果会使文字图形美感缺失,严重影响汉字书写质量。

主观评价手写汉字的质量问题,受个人的教育背景、成长环境、生活阅历等因素影响,会导致评价结果大相径庭,很难达到近乎一致的意见。而机器评价则标准稳定、规则相同、效果客观。客观的评价有助于激发用户在触摸屏上练习文字书写的兴趣,从而推广无纸化文字书写学习。需要说明的是,笔力分析只是评价汉字书写质量的一个重要组成部分,要对汉字书写质量全面评价,还有大小、比例、偏转等指标,如上两节所研讨的内容。尽管如此,触摸屏材质书写的笔力分析不应忽视。

7.4.1　笔力不适的汉字书写现象

低龄或对汉字书写过程不熟的人群,由于驭笔能力差、坐姿不正确、行笔时用力不均衡、行笔速度不合理及抖动比较厉害等影响文字的书写效果。图 7-11 是一位六岁儿童的部分触摸屏汉字书写实例。

图 7-11(a)第二笔和图 7-11(b)中的最后一笔笔迹中出现了跳跃线段,说明书写的过程中速度过快,触摸笔飘了,出现没有掌控好触摸笔的现象。图 7-11(a)中的横画,图 7-11(b)的横折,图 7-11(d)中的横折,笔迹有明显抖动,说明书写时用笔力度不均衡,使得笔尖出现不可预测的滑动。图 7-11(c)中第二横和第三撇,笔迹中出现了黑块,"绳结"现象,采集的信息点在局部聚集,说明书写时笔力过重导致行笔过慢,笔尖在一个较小区段内上下抖动,即在一个小范围反复走笔。图 7-11(a)由于文字笔画少,结构宽松,虽然个别地方出现"轻飘"现象但并没有对整个文字产生大的视觉影响,如果加大笔画密度,则文字的书写质量会因此大打折扣。图 7-11(b)所示的书写文字,无论是整体结构还是笔画的书写表象都是差质的。图 7-11(c)和图 7-11(d)的文字架构较端正,但由于飘弧和黑块的出现,而难说该文字书写质量好。

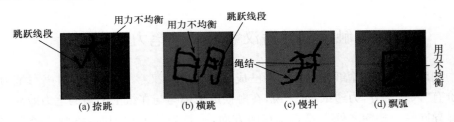

图 7-11　触摸屏上手写样本

综析上述书写现象,笔力状况分为三类:一类是笔力过轻,产生的原因按两种情况分类,即书写速度过快和笔尖触力过小;二类是笔力均匀,即行笔时笔尖在经过之处不因接触滑动而产生多余图素信号;三类是笔力过重,表现为行笔速度过慢,笔尖抖动,行笔方向紊乱。体现这三类状况的书写特点主要表现在关键点的数量与分布上,如笔力过轻过快,因为触摸笔飘忽而不好掌控,在一条笔画中会出现莫名的多余跳跃线段,过重则会无规则地出现数量不等的各类关键点等。

7.4.2　隶属度模板构建

1. 笔迹信息结构

笔迹点信息包括实时采集获取的所有笔迹点的有序二维坐标序列向量。笔迹点序列分别在 X、Y 方向的单调分析结果标注向量,关键点描述向量等。

① 用 P 表示实时采集到的笔迹点二维坐标向量,$P=[p_1, p_2, \cdots, p_n]=[(x_1,$

$y_1),(x_2,y_2),\cdots,(x_n,y_n)]$，$X$、$Y$ 方向的坐标序列向量分别表示为 $P_x=[x_1,$ $x_2,\cdots,x_n]$，$P_y=[y_1,y_2,\cdots,y_n]$。

② X、Y 方向单调标注向量。设用数值 1,0,-1 分别表示单调递增，单调不变，单调递减，即一条笔画某方向的单调标注向量为 $n-1$ 个由 $-1,0,1$ 元素组成的向量。令 u 为笔迹点某方向坐标值，ϕ 为该方向的单调标注值，X 方向和 Y 方向的单调标注向量的计算方法为

$$\phi=\begin{cases}1, & f(u)>0 \\ 0, & f(u)=0 \\ -1, & f(u)<0\end{cases} \qquad (7.13)$$

其中，$f(u)=u_i-u_{i-1}$。

③ 关键点向量。根据所分析的触摸屏书写特点建立 8 种关键点类型，图 7-12 所示为关键形态综合示意图。

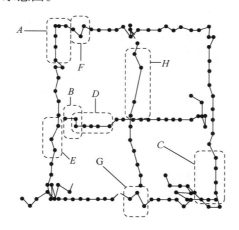

图 7-12　关键点形态

第一，左上拐点：$(\phi_i^x,\phi_i^y,\phi_{i+1}^x,\phi_{i+1}^y)=(0,-1,1,0)$ 或 $(-1,0,0,1)$，用符号 κ_{lt} 表示，其几何结构如图 7-12 中 A 处所示。

第二，右上拐点：$(\phi_i^x,\phi_i^y,\phi_{i+1}^x,\phi_{i+1}^y)=(1,0,0,1)$ 或 $(0,-1,-1,0)$，用符号 κ_{rt} 表示，其几何结构如图 7-12 中 B 处所示。

第三，右下拐点：$(\phi_i^x,\phi_i^y,\phi_{i+1}^x,\phi_{i+1}^y)=(0,1,-1,0)$ 或 $(1,0,0,-1)$，用符号 κ_{rd} 表示，其几何结构如图 7-12 中 C 处所示。

第四，左下拐点：$(\phi_i^x,\phi_i^y,\phi_{i+1}^x,\phi_{i+1}^y)=(0,1,1,0)$ 或 $(-1,0,0,-1)$，用符号 κ_{ld} 表示，其几何结构如图 7-12 中 D 处所示。

第五，左极点：$(\phi_i^x,\phi_i^y,\phi_{i+1}^x,\phi_{i+1}^y)=(-1,1,1,1)$ 或 $(-1,-1,1,-1)$，用符号 κ_l 表示，其几何结构如图 7-12 中 E 处所示。

第六，右极点：$(\phi_i^x,\phi_i^y,\phi_{i+1}^x,\phi_{i+1}^y)=(1,1,-1,1)$或$(1,-1,-1,-1)$，用符号$\kappa_r$表示，其几何结构如图 7-12 中 H 处所示。

第七，上极点：$(\phi_i^x,\phi_i^y,\phi_{i+1}^x,\phi_{i+1}^y)=(1,-1,1,1)$或$(-1,-1,-1,1)$，用符号$\kappa_t$表示，其几何结构如图 7-12 中 G 处所示。

第八，下极点：$(\phi_i^x,\phi_i^y,\phi_{i+1}^x,\phi_{i+1}^y)=(1,1,1,-1)$或$(-1,1,-1,-1)$，用符号$\kappa_d$表示，其几何结构如图 7-12 中 F 处所示。

由笔画关键点构成的集合用κ表示，$\kappa=\{\kappa_{lt},\kappa_{rt},\kappa_{rd},\kappa_{ld},\kappa_l,\kappa_r,\kappa_t,\kappa_d\}$，关键点数目向量用 N 表示，$N=[n_{lt},n_{rt},n_{rd},n_{ld},n_l,n_r,n_t,n_d]$。

2. 模糊子集选择

为进行书写笔力分析与书写质量的评价，设置两类模糊子集（Zadeh，1997；Cook，2003；孔维泽，等，2011）。笔力分析以笔画中的关键点数目为模糊子集，论域为关键点数，即依次出现$\kappa_{lt},\kappa_{rt},\kappa_{rd},\kappa_{ld},\kappa_l,\kappa_r,\kappa_t,\kappa_d$的个数，如横对应的理想模糊子集集合为$\{0,0,0,0,0,0,0,0\}$，表明横的理想几何形状不会出现任何关键点；横折对应的理想模糊子集集合为$\{0,1,0,0,0,0,0,0\}$，即横折的理想集合形状只会在折处出现一个右上拐点。书写质量评价等级设置优秀、良好、中等、合格、差。论域为通过分析整个汉字所得到的模糊隶属度，通过所得到的隶属度的分析，可以得到书写质量评价的等级。

3. 模板参数生成

设一个汉字由 K 条笔画组成，第$i(i=1,2,\cdots,K)$条笔画所对应的 N 由算法 7.6 获得。

算法 7.6　求模板的N_i

输入：P

输出：N_i

结构：

```
Begin
    for(j=0;j<n;j++)//将二维坐标分解为 x 方向和 y 方向两个序列
    {
        Px[j]=P[j].x;
        Py[j]=P[j].y;
    }//end for
    for ( j=1;j<n;j++)//求取 x 方向和 y 方向两个序列的单调性
    {
        temp=monotonicity(Px[j]-Px[j-1]);
```

```
                dx[j]=temp;
             temp=monotonicity(Py[j]-Py[j-1]);
          dy[j]=temp;
     }//end for
   t=0;//变量初始化
   for (j=0;j<n-1;j++)
                      //通过单调性计算出线条中出现的关键点
           {
           pointType=keyPoint( Px[j],Px[j+1],Py[j],Py[j+
1]);//求取关键点类型
              point[t++]=pointType;
                      //将关键点按出现顺序进行存储
           }//end for
    for(j=0;j<9;j++)
       N[i][j]=count ( point );
                  //统计各个关键点的数目,按顺序存储于向量 N 中
      }
   end.
```

用 μ_η 表示 K 条汉字笔画关键点模糊模板矩阵,η 表示文字,如式(7.14)所示。

$$\mu_\eta = \begin{bmatrix} \mu_{1lt} & \mu_{1rt} & \cdots & \mu_{1d} \\ \mu_{2lt} & \mu_{2rt} & \cdots & \mu_{2d} \\ \cdots & \cdots & \mu_{ic} & \cdots \\ \mu_{ilt} & \mu_{irt} & \cdots & \mu_{id} \\ \vdots & \vdots & & \vdots \\ \mu_{Klt} & \mu_{Krt} & \cdots & \mu_{Kd} \end{bmatrix} \tag{7.14}$$

μ_{ic} 采用高斯解析式,即

$$\mu_{ic} = e^{-\frac{(n_{ic}-a)^2}{2\sigma^2}} \tag{7.15}$$

其中,$i=1,2,\cdots,K$,$c\in\{lt,rt,rd,ld,l,r,t,d\}$;参数 a 为理想笔画的特征点个数;n_{ic} 为所求取的模板笔画特征点个数,取自 N_i。K 条笔画对应的模糊模板矩阵 μ_η 由算法 7.7 获得。

算法 7.7 求汉字笔画关键点模糊模板矩阵 μ_η

输入:$N_i(i=1,2,\cdots,K)$

输出:μ_η

结构：

```
Begin
for(j=0;j<k;j++)//此汉字有 k 条笔画
    {
        for(i=0;i<9;i++)//将其模糊隶属度求出
            result[j][i]=Fuzzy(N[j][i]) ;//end for
    }//end for
end.
```

7.4.3　评价实现

1. 评价标准

评价依据为实写文字的笔力与模板文字笔力的贴近度。因为参与评价的不同书写练习者的书写基础不同，所以采用严格度不同的多个评价标准来评价不同的练习者。评价标准分别为学前班、1~6 年级七个标准。每个标准贴近等级设为优秀、良好、中等、合格及差，各等级的书写表象根据人们的感官效果来确定，感官效果范畴对应的模糊参数范围，即为评价标准参数依据，经试验确定的等级与评价参数对应关系如表 7-9 所示。

表 7-9　评价等级与贴近度范围对应表

评价等级		优秀	良好	中等	合格	差
贴近度	六年级	$[0.9,1.0]$	$[0.8,0.9)$	$[0.7,0.8)$	$[0.6,0.7)$	$[0.0,0.6)$
	五年级	$[0.85,1.0]$	$[0.75,0.85)$	$[0.65,0.75)$	$[0.55,0.65)$	$[0.0,0.55)$
	四年级	$[0.80,1.0]$	$[0.70,0.80)$	$[0.60,0.70)$	$[0.50,0.60)$	$[0.0,0.50)$
	三年级	$[0.75,1.0]$	$[0.65,0.75)$	$[0.55,0.65)$	$[0.45,0.55)$	$[0.0,0.45)$
	二年级	$[0.70,1.0]$	$[0.60,0.70)$	$[0.50,0.60)$	$[0.40,0.50)$	$[0.0,0.40)$
	一年级	$[0.65,1.0]$	$[0.55,0.65)$	$[0.45,0.55)$	$[0.35,0.45)$	$[0.0,0.35)$
	学前班	$[0.55,1.0]$	$[0.45,0.55)$	$[0.35,0.45)$	$[0.25,0.35)$	$[0.0,0.25)$

2. 评价模型

设 $\overline{\mu_i}$ 为第 i 条笔画的模糊模板向量，即为 μ_η 的第 i 行参数向量，$\overline{\mu_i}=[\mu_{ilt},\mu_{irt},\mu_{ird},\mu_{ild},\mu_{il},\mu_{ir},\mu_{it},\mu_{id}]$；$\mu_i$ 为当前书写的第 i 条笔画的模糊向量，列数与 $\overline{\mu_i}$ 相同，各元素均由式(7.16)计算所得，$\mu_i=[\mu_{ilt},\mu_{irt},\mu_{ird},\mu_{ild},\mu_{il},\mu_{ir},\mu_{it},\mu_{id}]$。为方便公式表达，记 $\overline{\mu_i}=[\overline{\mu_{i1}},\overline{\mu_{i2}},\overline{\mu_{i3}},\overline{\mu_{i4}},\overline{\mu_{i5}},\overline{\mu_{i6}},\overline{\mu_{i7}},\overline{\mu_{i8}}]$，$\mu_i=[\mu_{i1},\mu_{i2},\mu_{i3},\mu_{i4},\mu_{i5},\mu_{i6},\mu_{i7},\mu_{i8}]$；$\overline{\mu_i}$、$\mu_i$ 的贴近度用 $\text{sim}(\overline{\mu_i},\mu_i)$ 表示，有

$$\mathrm{sim}(\bar{\mu}_i,\mu_i)=\frac{\bar{\mu}_i\mu_i}{|\bar{\mu}_i|\cdot|\mu_i|}$$

$$=\frac{\sum_{j=1}^{8}\bar{\mu}_{ij}\mu_{ij}}{\left(\sum_{j=1}^{8}\bar{\mu}_{ij}^{2}\sum_{j=1}^{8}\mu_{ij}^{2}\right)^{\frac{1}{2}}} \tag{7.16}$$

对于六年级学生,当 $\mathrm{sim}(\bar{\mu}_i,\mu_i)\in[0.9,1.0]$ 时,该笔画笔力为优秀;当 $\mathrm{sim}(\bar{\mu}_i,\mu_i)\in[0.8,0.9]$ 时,该笔画笔力为良好;当 $\mathrm{sim}(\bar{\mu}_i,\mu_i)\in[0.7,0.8]$ 时,该笔画笔力为中等;当 $\mathrm{sim}(\bar{\mu}_i,\mu_i)\in[0.6,0.7]$,该笔画笔力为合格;当 $\mathrm{sim}(\bar{\mu}_i,\mu_i)\in[0.0,0.6]$ 时,该笔画笔力为差。

对于具有 K 条笔画的文字,设 $\overline{\mu_\eta}$ 为其笔力模糊模板参数矩阵, μ_η 为该文字的实写笔画笔力模糊参数矩阵,实写文字的笔力与模板文字笔力的综合贴近度用 $\mathrm{Sim}(\overline{\mu_\eta},\mu_\eta)$ 表示,即

$$\mathrm{Sim}(\overline{\mu_\eta},\mu_\eta)=\sum_{i=0}^{K}(\mathrm{sim}(\bar{\mu}_i,\mu_i)\cdot w_i)$$

$$=\sum_{i=0}^{K}\left[\frac{\sum_{j=1}^{8}\bar{\mu}_{ij}\mu_{ij}}{\left(\sum_{j=1}^{8}\bar{\mu}_{ij}^{2}\sum_{j=1}^{8}\mu_{ij}^{2}\right)^{\frac{1}{2}}}\cdot w_i\right] \tag{7.17}$$

其中, $w_i(i=1,2,\cdots,K)$ 是基于笔画长度的权值,通常情况下长笔画书写比短笔画书写出现的笔力不均现象要多。设 l 为笔画长度, l_i 为第 i 条笔画的长度,则 $w_i=l_i/\sum_{j=1}^{K}l_j$ 。

3. 评价算法

因笔力过轻导致笔画出现多余"跳跃线段"现象作为比较严重的笔力问题,单独赋予较高权值,如 0.5,剩下的再按长短比例计算。模板为 $\overline{\mu_\eta}$,笔画一条一条地写出,系统有序产生 $\mu_i(i=1,2,\cdots,K)$。每产生一条笔画求一次 $\mathrm{sim}(\bar{\mu}_i,\mu_i)$, K 条笔画写完,求 w_i,进而求 $\mathrm{sim}(\overline{\mu_\eta},\mu_\eta)$,将 $\mathrm{sim}(\overline{\mu_\eta},\mu_\eta)$ 与等级划分参数比较给出笔力评价。

算法 7.8　笔力评价

输入: $\overline{\mu_\eta}$

输出:评价词汇

结构:

begin

```
for (j=0;j<k;j++)
    {
        if(IsFlutter())  //说明书写过轻,出现笔"轻飘"的现象
                again(w[j][1-8]);
                    //另外8个权值按其原来的比例分享余下的权值0.5
    }
    R=Sim();//求模板矩阵与实写矩阵的贴近度
    Grade();//不同标准来评价等级
end.
```

7.4.4　评价实例与效果分析

图 7-13 为部分系统实验结果分析图。图 7-13(a)为 12 岁小朋友所写,通过式(7.17)将评判标准设置为一年级,得到的"大"字笔力结果为"优秀"。图 7-13(b)为一名东胜小学一年级的学生所写,将评判标准设置为一年级,"大"字的笔力成绩为"良好",还需继续加油练习。图 7-13(c)采集于学前班 5 岁用户,评判标准设置为

(a) 五年级笔力优秀示例

(b) 一年级笔力良好示例

(c) 学前班笔力优秀示例

(d) 图(c)提高评判标准笔力为差示例

图 7-13　实验效果图

学前班,"阳"字的笔力成绩为"优秀",然后将评判标准设置为六年级,分析结果为"差",如图 7-13(d)所示。表 7-10 为图 7-13(a)中"大"字的原始坐标信息,表 7-11 为"大"字的模糊模板矩阵,左边为模板字的每条笔画中 8 种关键点出现个数,右边为计算出来的模糊模板矩阵。表 7-12 为表 7-10 坐标信息经过算法 7.6 得到的每条笔画中 8 种关键点出现的次数和经过算法 7.7 得到的模糊矩阵。

表 7-10 中每两个数字为一组,分别代表 x 方向和 y 方向的坐标值,即笔迹的一个像素坐标点。P_1、P_2 和 P_3 分别代表"大"字的第一、第二和第三笔原始笔迹点数据。

表 7-10 图 7-13(a)中"大"字的原始笔迹点数据

P_1	22 28 24 28 27 28 29 30 32 28 34 28 36 28 39 28 41 28 44 28 46 28 49 28 51 26 54 28 56 28 58 28 58 28
P_2	38 7 40 11 41 14 41 18 41 21 40 24 40 28 39 31 38 35 37 38 36 42 36 45 34 45 34 49 33 52 31 56 29 58 27 61 24 61 24 61
P_3	41 28 41 31 44 33 45 37 47 38 48 42 50 42 51 45 53 45 54 49 56 49 58 51 60 54 63 56 69 56 69 56

表 7-11 "大"字模板字笔画中出现的关键点个数和模板模糊矩阵

N_i	κ_{ilt}	κ_{irt}	κ_{ird}	κ_{ild}	κ_{il}	κ_{ir}	κ_{it}	κ_{id}	μ_i	μ_{ilt}	μ_{irt}	μ_{ird}	μ_{ild}	μ_{il}	μ_{ir}	μ_{it}	μ_{id}
N_1	0	0	0	1	0	0	0	0	μ_1	1.0	1.0	1.0	0.97	1.0	1.0	1.0	1.0
N_2	3	0	3	0	0	0	0	0	μ_2	0.67	1.0	0.67	1.0	1.0	1.0	1.0	1.0
N_3	0	2	0	2	0	0	0	0	μ_3	1.0	0.84	1.0	0.84	1.0	1.0	1.0	1.0

表 7-12 图 7-13(a)中"大"字笔画中出现的关键点个数和实写模糊矩阵

N_i	κ_{ilt}	κ_{irt}	κ_{ird}	κ_{ild}	κ_{il}	κ_{ir}	κ_{it}	κ_{id}	μ_i	μ_{ilt}	μ_{irt}	μ_{ird}	μ_{ild}	μ_{il}	μ_{ir}	μ_{it}	μ_{id}
N_1	3	3	4	1	0	0	3	1	μ_1	0.67	0.67	0.46	0.97	1.0	1.0	0.67	0.97
N_2	6	4	7	0	5	3	0	0	μ_2	0.18	0.46	0.08	1.0	0.28	0.67	1.0	1.0
N_3	1	8	1	7	4	2	0	0	μ_3	0.98	0.02	0.98	0.08	0.46	0.84	1.0	1.0

$\mathrm{Sim}(\overline{\mu_{大}},\mu_{大})=[(0.67*1.0+0.67*1.0+0.46*1.0+0.97*0.97+1.0*1.0+1.0*1.0+0.67*1.0+0.97*1.0)+(0.18*0.67+0.46*1.0+0.08*0.67+1.0*1.0+0.28*1.0+0.67*1.0+1.0*1.0+1.0*1.0)+(0.98*1.0+0.02*0.84+0.98*1.0+0.08*0.84+0.46*1.0+0.84*1.0+1.0*1.0+1.0*1.0)]\div\{[(0.67^2+0.67^2+0.46^2+0.97^2+1.0^2+1.0^2+0.67^2+0.97^2)+(0.18^2+0.46^2+0.08^2+1.0^2+0.28^2+0.67^2+1.0^2+1.0^2)+(0.98^2+0.02^2+0.98^2+0.08^2+0.46^2+0.84^2+1.0^2+1.0^2)]*[(1.0^2+1.0^2+1.0^2+0.97^2+$

$1.0^2+1.0^2+1.0^2+1.0^2)+(0.67^2+1.0^2+0.67^2+0.97^2+1.0^2+1.0^2+1.0^2+1.0^2)+(1.0^2+0.84^2+1.0^2+0.84^2+1.0^2+1.0^2+1.0^2)]\}^{1/2}=0.909$。

　　从表7-9可知,既使评价标准设置为六年级,0.909也是属于优秀的范畴。"大"字属于一年级用户所练习的内容,12岁用户书写较为简单的一年级内容,成绩得优秀也为意料之中。

　　表7-13为图7-13(a)和图7-13(b)中所写字的主观评价分和本系统评价分比较。

表 7-13　主观与本系统评分比较表

内容	学龄	设置等级	老师评分	本系统评分	机器评价等级
图7-13(a)"学"	12岁	一年级	95	93.2	优秀
图7-13(a)"生"	12岁	一年级	93	94.1	优秀
图7-13(a)"牛"	12岁	一年级	97	95.9	优秀
图7-13(a)"羊"	12岁	一年级	91	85.6	优秀
图7-13(a)"大"	12岁	一年级	89	90.9	优秀
图7-13(b)"学"	7岁	一年级	65	64.3	良好
图7-13(b)"生"	7岁	一年级	67	66.2	优秀
图7-13(b)"牛"	7岁	一年级	52	55.4	良好
图7-13(b)"羊"	7岁	一年级	54	54.9	中等
图7-13(b)"大"	7岁	一年级	63	65.9	优秀

　　表7-13表明,本系统评分和老师评分结果基本吻合。特别是,图7-13(a)中"生"字和图7-13(b)中"羊"字,图7-13(b)中"学"字,老师评分和本系统评分,两个评分结果特别接近。

第8章 汉语拼音书写自动教学

汉语拼音是汉语的重要组成部分,但汉语拼音字母属拉丁语系文种文字,与汉字有着很大的结构区别,各自有独特的书写规律,因此,也具有不同的教学规律和方法,需要采用不同的计算机自动教学策略。

8.1 概　　述

8.1.1 汉语拼音作用及书写特点

汉语拼音作为一种表音文字,对学习汉字、推广普通话,以及传播中国文化起着重要作用,对其书写教学不容忽视,书写教学可以加强学生对汉语拼音音节的学习,达到正词法教学的目的。因此,汉语拼音教学成为整个汉语语文教学的基础环节,基本要求是能正确、规范地书写和拼读汉语拼音。汉语拼音是学习汉字的得力助手,是阅读和学习普通话的有效工具。面对陌生字词,如果学会了汉语拼音,就可进行注音识字,这样可大大提高学生对汉字的认知能力和学习效率。对于国外的汉语学习爱好者来说,拼音对于他们的学习非常重要,这是他们学习汉语发音的基础。

汉语拼音书写教学是文字书写教学中的一个文种书写教学,具有其文种的特殊性。根据教学大纲要求,从单个字母练习出发,进行声母、韵母和音节的书写教学,使学生达到熟练书写的目的。学龄前用户以学写单个字母和声母、韵母为主,从一年级开始更多的是学习音节书写。

汉语拼音没有错综复杂的结构,笔画结构、笔画关系及字母列写关系等总体上比英文简单。每个汉字的拼音由有限个汉语拼音字母按照一定的规律组合而成,结构层次分明。在书写结构上和英文书写主要有如下区别。

① 汉语拼音字母书写少有连笔,不管是在同一个字母内,还是在不同的字母之间。

② 汉语拼音的音节通常包含一个可将声音形式化的声调。对汉语拼音书写结构的理解,直接影响书写教学的质量。

8.1.2 汉语拼音书写自动教学面临的问题

汉语拼音书写不但比汉字书写更为简单,也比英语书写过程简单。尽管如此,要实现书写的自动教学,有其独特的问题需要面临。

① 书写格式范围的监督策略。与汉字的书写范围相比,汉语拼音的书写范围显得较为狭窄,用户只能在规定的格中行笔,而低龄用户一般都驭笔能力差,作为教学系统,应对用户的非正确格式书写行为予以及时提醒与制止。

② 字母的音节属性监督策略。一个汉字就是一个音节,每个音节由声母、韵母和声调三个部分组成。当用户将声母、韵母顺序写反,或将多字母声母、韵母的字母形态、顺序等写错,系统能否及时指出。

③ 声调符号标写的监督策略。声调符号及其标写位置是汉语拼音的特色符号结构,如何在准确位置标写声调符号历来是学生学习汉语拼音的难点之一。声调符号在音节字母串全写完之后进行标写,标写位置为韵母的某个规定的字母之上,该字母不一定是最后字母,因此需有效地监督用户标写行为。

除上述基本的重要问题外,还有大小写字母配写、音节配写等自动教学问题。

8.2　汉语拼音书写结构

8.2.1　音节结构

汉语拼音作为一种表音文字,由笔画、部件和音节构成。音节是一个能表达音义的字符串,包含声母、韵母和声调。部件可在汉语拼音中反复使用,能够从音节中分离出来,具有固定形体的笔画组合,包含字母和声调,如“b”,“i”,“u”等。笔画是在书写汉语拼音时按照一定的走向及形状结构写成的每一笔,如“ · ”,“—”等。音节的笔画、部件层次结构如图 8-1 所示。

图 8-1　音节的笔画、部件层次结构图

在音节中,按照音节中是否包含声调及字母数量情况,可以将音节分为无声调单字母音节(即基本字母)、带声调单字母音节、无声调多字母音节和带声调多字母音节。四种音节类型是拼音书写教学的基本内容。

拼音书写教学常用的书写格式是四线格。四线格的书写具有科学性,能分辨字母形体所占格子位置。图 8-2 给出汉语拼音基本字母的书写笔顺、结构及其在四线格中所占的位置。由图 8-2 可知,在四线格中,当字母需要写到上格或下格时,只需占半格;当字母在中间一格书写时,需要满格书写。每个字母是由基本笔画按照一定的关系组合而成,相同的两条笔画,如果按照不同的空间方式组合,可书写出不同的字母,如 q 和 d 两个字母,它们的组成笔画及笔顺都相同,只是两个笔画的空间关系不一样。由此可见,对汉语拼音书写结构的分析离不开笔画、笔画与笔画之间的关系、部件关系及声调的分析。

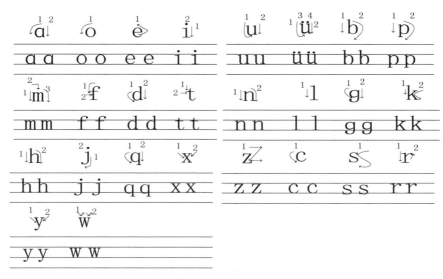

图 8-2　基本字母书写结构及在四线格中的位置

8.2.2　笔画结构

笔画是指一次书写,即在触摸屏上从落笔到抬笔,笔触点所形成的轨迹。按照书写走向及形状特征来划分,汉语拼音有 18 个基本笔画,其中 5 条为教学系统所有文种可共享笔画。为方便描述其余暂作为完全的独特笔画,具体编码及形状如表 8-1 所示。

表 8-1　汉语拼音基本笔画编码及形状

	笔画编码	笔画名称	笔画形状	例字
共享	1	点	·	i
	2	横	—	f
	3	竖	|	b
	4	左斜线	/	x
	5	右斜线	\	x

	笔画编码	笔画名称	笔画形状	例字
	6	竖右折弧	⌣	t
	7	竖左折弧	⌐	j
	8	弧右折竖	⌐	n
	9	弧左折竖	⌐	f
	10	左尖弧	<	k
独特	11	左弧	C	d
	12	右弧	⊃	p
	13	O弧	O	o
	14	e弧	e	e
	15	S弧	S	s
	16	Z弧	Z	z
	17	V弧	∨	v
	18	反写上半弧	⌐	r

汉语拼音中字母书写少有连笔现象,汉语拼音中除了字母"c"、"o"、"e"、"z"和"v"可单笔书写完成,其余字母最少由两个笔画组成。汉语拼音与英文字母的基本字母书写结构有较大区别,以书写"a"字母为例,在汉语拼音中,该字母由两笔书写完成,先书写左弧,之后书写竖。在英文字母中,"a"是一笔书写完成的。因此,在多文种兼容的文字书写学习系统中,汉语拼音和英文字母的书写过程跟踪、分析策略等难以共享。

根据笔画结构中是否存在转折点或弧段可以将表 8-1 中的笔画分为单向型笔画、尖弧型笔画、半弧型笔画和弧型笔画等类别。笔画类型不同,其结构差异大,书写分析需要满足的条件有所不同。

为了便于描述笔画的结构信息,设模板笔画的笔迹信息点集为 $P=\{p_1,p_2,\cdots,p_n\}$,经过前置处理消除白色噪声和黑色噪声后所得的点集为 $P'=\{p''_1,p''_2,\ldots,p''_\beta\}$,$x$ 方向计数器集合为 $CX=\{cx_1,cx_2,\cdots,cx_a\}$,$y$ 方向计数器集合为 $CY=\{cy_1,cy_2,\cdots,cy_b\}$,转折点的个数为 k,起始点为 $P_s(x_s,y_s)$,终点为 $P_e(x_e,y_e)$,最左的点为 $P_l(x_l,y_l)$,最右边的点为 $P_r(x_r,y_r)$,最上的点为 $P_t(x_t,y_t)$,最下的点为 $P_u(x_u,y_u)$。

1. 单向型笔画

单向型笔画是指不存在转折点或弧段的笔画,通常为共享笔画,包括点、横、竖、左斜线、右斜线。汉语拼音中的点呈现圆形,书写没有方向限制,只对书写规模有要求。横是一个从左往右书写,和水平方向平行,具备一定长度的笔画,表现为

x 坐标逐渐增大，y 坐标基本不变。竖是一个从上往下书写，与垂直方向平行，具备一定长度的笔画，表现为 y 坐标逐渐增大，x 坐标基本不变。左斜线是由右上部往左下部书写，具备一定长度和偏转角度的笔画，表现为 x 坐标逐渐减小而 y 坐标逐渐增大。右斜线是由左上部往右下部书写，具备一定长度和偏转角度的笔画，表现为 x 和 y 坐标同时逐渐增大。

设点的书写长度阈值为 δ_1，则点笔画需要满足式(8.1)，即

$$(|x_l - x_r| < \delta_1)\,\text{AND}\,(|y_t - y_u| < \delta_1) \tag{8.1}$$

书写常出现的问题是将笔画书写过长。其他单向型笔画正确书写需要满足的条件如表 8-2 所示。

表 8-2　单向型笔画正确书写的充分和必要条件

笔画	充分条件	必要条件
横	$cx_1 = (1, *), cy_1 = (0, *), k = 0$	$cx_1 = (1, *), k = 0$
竖	$cx_1 = (0, *), cy_1 = (1, *), k = 0$	$cy_1 = (1, *), k = 0$
左斜线	$cx_1 = (-1, *), cy_1 = (1, *), k = 0$	$cx_1 = (-1, *), cy_1 = (1, *), k = 0$
右斜线	$cx_1 = (1, *), cy_1 = (1, *), k = 0$	$cx_1 = (1, *), cy_1 = (1, *), k = 0$

注：表中的 * 代表方向计数器的个数统计值

由表 8-2 可知，横、竖的充分条件和必要条件不一样，左斜线、右斜线的充分条件和必要条件一样。当书写相应的笔画满足充分条件时，说明书写的笔画结构及走向正确。当书写的横或竖只满足必要条件时，需要进行附加条件的分析，即分析起点与终点连线形成的偏转角度 θ 是否在容忍的阈值范围内。假设书写横或竖允许的最小和最大偏转角为 θ_1 和 θ_2，则 θ 需要满足式(8.2)，即

$$\theta_1 \leqslant \theta \leqslant \theta_2 \tag{8.2}$$

2. 尖弧型笔画

尖弧型笔画为独特笔画一部分，指笔画中有转折点但不存在弧段，以转折点作分割点可将笔画划分成有限个单向型笔画段的笔画，包括左尖弧（<）、∨ 弧和 Z 弧等。左尖弧是从右上部往左约 45° 写左斜线，写至笔画的一半高时自左往右约 45° 写右斜线，终点和起点的横坐标基本相等；几何特征表现为笔迹存在唯一的左极点，左极点到起点或终点的理论连线与实际笔迹基本吻合；坐标的变换情况是 x 坐标先减后增，y 坐标逐渐增大。∨ 弧是从左上部斜写至最低点再往右上斜写到右上部的端点而构成的笔画，起点和终点的纵坐标基本相同；几何特征表现为存在唯一的下极点，下极点到起点或终点的理论连线与实际笔迹基本吻合；坐标的变换情况是 y 坐标先增后减，x 坐标逐渐增大。Z 弧从左上往右平写形成横笔段后再往左斜下形成一个左斜线笔段后再往右平写形成横笔段，起点靠左上，终点在右下；几何特征表现为存在一个右极点和一个左极点，右极点先于左极点出现，起点

和左极点的横坐标几乎相等,终点和右极点的横坐标也几乎相等;坐标的变化情况是 x 坐标先增后减再增,y 先保持不变后增再保持不变。

对尖弧型笔画书写走向及笔形分析,往往是根据转折点将笔画分段,即分解为有限个单向型笔画段,再对每个笔段的走向及结构进行分析。

3. 半弧型笔画

半弧型笔画作为独特笔画,指笔画中既有单向型笔画段又有弧型笔画段,包括竖右折弧(乚)、竖左折弧(丿)、弧右折竖(乛)、弧左折竖(⌒)、反写上半弧(ꞁ)、e 弧等,有的可以和英文等文种共享。

竖右折弧是自上沿垂直方向往下书写到达一定长度后往右写下弧线。几何特征表现为存在一个左下拐点,起点与拐点之间形成一个竖笔画段,拐点和终点之间形成一个下弧线。坐标变化情况是 x 坐标先保持不变后增大,y 坐标先增大后减小或不变。竖左折弧是自上沿垂直方向往下书写到达一定长度后往左写下弧线。几何特征表现为存在一个右下拐点,起点与拐点之间形成一个竖笔画段,拐点和终点之间形成一个下弧线。坐标变化情况是 x 坐标先保持不变后减小,y 坐标先增大后减小或不变。弧右折竖是往右写上弧线再自上沿垂直方向往下写竖线。几何特征表现为存在一个右上拐点,起点和拐点之间形成一个上弧线,拐点和终点之间形成一个竖笔段。坐标变换情况是 x 先增后保持不变,y 先减或保持不变后增。弧左折竖是往左写上弧线再自上沿垂直方向往下写竖线。几何特征表现为存在一个左上拐点,起点和拐点之间形成一个上弧线,拐点和终点之间形成一个竖笔段;坐标变换情况是 x 先减后保持不变,y 先减或保持不变后增。反写上半弧是字母 r 中的第二个笔画,是唯一一条从下往上书写且弧度很小的笔画,存在的稳定特征是起点在终点的下方,坐标的变化情况是 x 只增不减,y 逐渐减小或减小后稍有增加的趋势。e 弧是从左中往右写横线,再往右上写左弧线。几何特征表现为横向上存在一个右极点和一个左极点,纵向上存在一个上极点。

根据笔画特征分析,正确书写半弧型笔画必须满足表 8-3 所示的条件。

表 8-3　半弧型笔画正确书写必须满足的条件

笔画	正确书写必要条件
竖右折弧	$cy_1=(1,*)$,$cx_a!=(-1,*)$,$y_s<y_e$,$x_s<x_e$,$k\leqslant2$
竖左折弧	$cy_1=(1,*)$,$cx_a!=(1,*)$,$y_s<y_e$,$x_s>x_e$,$k\leqslant2$
弧右折竖	$cx_1!=(-1,*)$,$cy_1!=(1,*)$,$cy_b=(1,*)$,$y_s<y_e$,$x_s<x_e$,$k\leqslant2$
弧左折竖	$cy_1!=(1,*)$,$cx_1!=(1,*)$,$cy_b=(1,*)$,$y_s<y_e$,$x_s>x_e$,$k\leqslant2$
反写上半弧	$cx_1!=(-1,*)$,$cy_1!=(1,*)$,$x_s<x_e$,$y_s>y_e$,$k\leqslant2$
e 弧	$cx_1=(1,*)$,$cy_1!=(1,*)$,$x_l<x_s$,$cx_a!=(-1,*)$,$cy_b!=(1,*)$

注:*代表方向计数器的个数统计值

除了要满足表 8-3 所对应的条件,书写竖右折弧和竖左折弧时,起点和第一个转折点所夹笔段符合书写竖的条件,第一个转折点与终点所夹笔段具有一定的弧度。书写弧右折竖和弧左折竖时,起点和最后一个转折点所夹笔段具有一定的弧度,最后一个转折点与终点所夹笔段符合书写竖的条件。书写 e 弧时,四个方向的极点个数及拐点个数都不能超过一个,且终点和右起点之间所夹的笔段需要满足书写左弧的条件。

4. 弧型笔画

弧型笔画结构特点是笔画中只有弧段,包括左弧、右弧、O 弧、S 弧等,有的可以和英文共享,有的为汉语拼音独有。弧型笔画书写常出现的问题可以归纳为笔画反写、弧不平滑致使笔画没有弧度。

针对笔画反写问题,如果是非封闭弧,可以根据起点和终点的相对位置判断,否则结合 cx_1 和 cy_1 的方向属性进行判断。弧出现不平滑现象如图 8-3 所示,有上端不平滑、下端不平滑、左端不平滑和右端不平滑,表现为不恰当的拐点和极点相连。

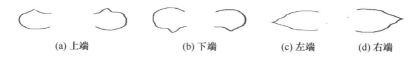

(a) 上端   (b) 下端   (c) 左端   (d) 右端

图 8-3 弧出现的不平滑现象

将 8 种类型的转折点进行标序,1-左极点,2-右极点,3-上极点,4-下极点,5-左上拐点,6-左下拐点,7-右上拐点,8-右下拐点,用数对 $<t_1,t_2>$ 表示先后出现的两个转折点类型,则不恰当转折点相邻出现的不平滑现象如表 8-4 所示。

表 8-4 不恰当的拐点和极点相邻导致的不平滑现象

		上端不平滑	下端不平滑	右端不平滑	左端不平滑
书写方向	顺时针	$<1,7>$	$<4,5>$	$<2,6>$	$<3,8>$
		$<8,1>$	$<7,4>$	$<5,2>$	$<6,3>$
	逆时针	$<1,6>$	$<4,7>$	$<2,5>$	$<1,8>$
		$<5,1>$	$<5,4>$	$<6,2>$	$<7,1>$

书写笔画没有弧度出现的极端形状是相邻两个关键点之间的笔迹点形成一个直线段,如书写左弧没有弧度时,可形成如图 8-4 所示的两种极端。图 8-4(a)所示存在左极点,笔画变成左尖弧。图 8-4(b)所示存在左上拐点和左下拐点,笔画形成左半框。判断笔画是否有弧度的方法是,求出相邻两个关键点所夹点的形成的轨迹距离 dis,与这两个关键点的连线距离 dis′,如果 $\dfrac{dis}{dis'}<\rho,\rho$ 为弧线比率,说明两

个关键点之间的点形成的轨迹没有弧度。

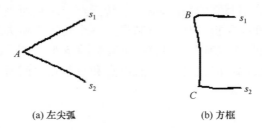

(a) 左尖弧　　　　　　　　(b) 方框

图 8-4　弧笔画没有弧度出现的两种极端

左弧是从右上往左再往右写成的弧线,终点止于与起点 x 几乎相同处;右弧是从左上往右再往左写成的弧线,终点止于与起点 x 坐标几乎相同处;o 弧是按逆时针方向画弧线,起点和终点趋于重叠;S 弧是从右上往左再往右下再往左写成的弧线,起点靠右上,终点在左下。正确书写这四个笔画要求没有不平滑现象,且笔画有弧度。此外,还需要满足如表 8-5 所示的条件。

表 8-5　弧型笔画正确书写必须满足的条件

笔画	必要条件
左弧	$cx_1! = (1,*), y_2 > y_1, \|x_s - x_e\| < \delta_2$
右弧	$cx_1! = (-1,*), y_2 > y_1, \|x_s - x_e\| < \delta_2$
o 弧	$cx_1! = (1,*), \|x_s - x_e\| < \delta_2, \|y_s - y_e\| < \delta_2$
s 弧	$cx_1! = (1,*), cx_a! = (1,*), cy_1! = (1,*), cy_b! = (1,*),$ CX 中只有一个元素的方向属性为 $1, x_e < x_s, y_e > y_s$

注:δ_2 为两点之间的距离偏差阈值

8.2.3　笔画关系结构

笔画及部件关系主要表现在笔迹点信息集的坐标值存在某种关系。根据图 8-2 中 26 个字母书写笔顺及结构,汉语拼音笔画关系分为一般关系和独特关系两大类。基本的笔画关系描述沿用第 2 章内容。

（1）一般关系

一般关系设置左右关系、下上关系、十字交关系、T 字交关系,均为多文种公共关系。

（2）独特关系

独特关系主要用于描述汉语拼音中左弧或右弧与非弧型笔画相交的空间关系,由于左、右弧的起点和终点横坐标基本相同,因此它们和非弧型笔画相交时有

1 个或 2 个交点,其关系不能用简单的左右、下上、十字交或 T 字交进行描述。独特关系根据包含弧的类型分为左弧线关系和右弧线关系。根据弧的起点和终点相对非弧型笔画的纵向长度的位置,可以再细分为上中左(右)弧线关系、中下左(右)弧线关系和上下左(右)弧线关系。

对于弧型笔画 w_i 和非弧型笔画 w_{i+1},如果 $s^{(w_i)}$ 到 w_{i+1} 的最短距离 d_{min} 和 $e^{(w_i)}$ 到 w_{i+1} 的最短距离 d'_{min} 满足 $(d_{min}<\delta)$ AND $(d'_{min}<\delta)$,其中 δ 为给定阈值,且 w_i 是左(右)弧,则称 w_i 和 w_{i+1} 的空间关系为左(右)弧线关系。

设 ε 为距离阈值,对于存在左(右)弧线空间关系的笔画 w_i 和 w_{i+1},如果同时满足式(8.3)和式(8.4),称 w_i 和 w_{i+1} 的空间关系为上中左(右)弧线;如果同时满足式(8.5)和式(8.6),w_i 和 w_{i+1} 的空间关系为中下左(右)弧线关系;如果同时满足式(8.3)和式(8.6),w_i 和 w_{i+1} 的空间关系为上下左(右)弧线关系。

$$|s^{(w_i)} \cdot y - y_{min}^{w_{i+1}}| < \varepsilon \tag{8.3}$$

$$y_{min}^{w_{i+1}} + (y_{max}^{w_{i+1}} - y_{min}^{w_{i+1}})/3 \leqslant |e^{(w_i)} \cdot y - y_{min}^{w_{i+1}}| \leqslant y_{min}^{w_{i+1}} + 2 \cdot (y_{max}^{w_{i+1}} - y_{min}^{w_{i+1}})/3 \tag{8.4}$$

$$y_{min}^{w_{i+1}} + (y_{max}^{w_{i+1}} - y_{min}^{w_{i+1}})/3 \leqslant |s^{(w_i)} \cdot y - y_{min}^{w_{i+1}}| \leqslant y_{min}^{w_{i+1}} + 2 \cdot (y_{max}^{w_{i+1}} - y_{min}^{w_{i+1}})/3 \tag{8.5}$$

$$|e^{(w_i)} \cdot y - y_{max}^{w_{i+1}}| < \varepsilon \tag{8.6}$$

8.2.4　声调及标调原则

声调教学是汉语拼音教学的重要内容,起到将声音可视化的作用。声调包括阴平(ˉ)、阳平(ˊ)、上声(ˇ)、去(下)声(ˋ)、轻声(不标声调)。阴平是从左往右水平书写,笔形和走向与横一样。阳平是从左下往右上书写,笔形和左斜线一样,只是书写方向相反。上声是左上往右下写斜笔段之后再往右上书写,笔形和走向与 v 笔画一样。去声是从左上往右下书写,笔形和走向与右斜线相同。

在汉语拼音印刷体或计算机键盘输入中,声调与元音形成一个整体,表现为一个带声调的元音。如图 8-5(a)所示结构为印刷体中声调与相应元音的关系,T 部件为音调符、V 为元音符号,两者形成一个整体。然而汉语拼音书写遵循着从左往右、先下后上、先声母后韵母再标声调的原则,因此在书写过程中,声调可以看成一个独立的小部件。如图 8-5(b)所示,V_1 到 V_m 是韵母中先后书写的 m 个字母,只有在完成韵母书写后,才根据标调规则在元音上书写音调符。在音节中,标调原则为谁的优先级高标谁头上,元音字母的优先级从高到低排列是 a、o、e、i、u、ü,当韵母中只有 i 和 u(ü)时,谁在后标谁上,声调如果标在 i 上,需要将点去掉。声调和标调的元音属于下上的部件关系。

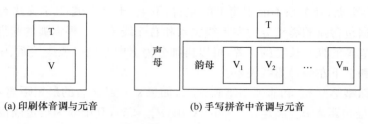

(a) 印刷体音调与元音　　　　　(b) 手写拼音中音调与元音

图 8-5　印刷体与手写汉语拼音中音调与元音的关系

8.3　汉语拼音书写过程跟踪与分析

汉语拼音书写过程跟踪指导是以音节的标准属性作为依据,以用户完成一个笔迹书写为触发事件,对用户书写的笔画进行验证识别,并对笔画、部件的相对空间位置关系和声调标调情况等进行分析,并适时给出指导意见。汉语拼音书写教学辅导重在纠正不规范书写行为,不可采用联想方式(Charles,et al.,1990)认可用户非正确书写行为。笔画验证识别是汉语拼音书写教学的重要环节,以往有很多的笔画验证方法,如基于边缘法、基于距离法(Kala,et al.,2010)、基于面积法(Bahlmann,et al.,2002)、基于模式匹配(Khodke,et al.,2012)的方法等,这些方法都只是对书写的笔画给出一个 yes 或 no 的判断,而没有分析笔画错的位置或者原因。另外,在书写教学中,如果对笔画或部件关系相对位置不作严格要求,写出的文字可能会出现结构错误或书写不规范。此外,声调作为拼音的重要组成部分,能否正确标调将直接影响着整个音节的音义。因此,汉语拼音书写过程的跟踪与分析对书写自动教学有着极其重要的意义。

8.3.1　书写过程 $Q^{(B)}(H)$

以音节书写过程为指导内容,涉及教学内容有字母笔画、字母类笔画关系、音节字母关系及音调符号与声母关系等,依据图 8-1 结构,建立两层书写计算码,上层为字母书写过程计算码,用 $Q^{(B)}(H)$ 表示,H 表示音节,由 n 个字母按序写成,根据书写顺序,$H=\{W_1,W_2,\cdots,W_n\}$,W 表示字母;下层为字母的书写计算码,用 $Q^{(B)}(W)$ 表示。

1. $Q^{(B)}(H)$ 结构

由于 W 视为部件,$Q(H)$ 结构服从式(2.3),即 $Q(H)=\sum_{j=1}^{n}W_jr_j^{\rho}$。直接用 $Q(H)$ 构建为 $Q^{(B)}(H)$ 监督音节书写过程,$Q^{(B)}(H)$ 是由字母及字母关系形成的

笔顺码。也可以将 $Q^{(B)}(W)$ 带入，此时 $Q^{(B)}(H)$ 为式（2.6）结构，监督内容直接为字母笔画及笔画关系。由于前后 W 之间只存在左右关系，r_j^c 的编码设定只要有别于笔画关系编码即可。音节包含声调信息，而声调与元音之间只存在下上关系，且是在完成字母书写的情况下才进行标调的，因此可以直接在笔顺码（由字母编码构成）的尾部添加声调标志符，其由两个标志位 f_1 和 f_2 组成，$f_1 \in \{0,k\}$ 表示声调有无标志，$f_2 \in \{0,1,2,3,4\}$ 表示声调类型。当 $f_1 = 0$ 时，表示音节没有声调；否则，表示声调要标在该音节从左数起第 $k(1 \leqslant k \leqslant n)$ 个字母上。f_2 为 1、2、3、4 分别表示要标的声调类型为阴平、阳平、上声和去声，当 $f_2 = 0$ 时，必存在 $f_1 = 0$。

表 8-6 为设定的 26 个汉语拼音字母的编码及书写过程描述字。W 的编码接续于表 8-1 的汉语拼音字母笔画编码，表中 r_j^* 为笔画关系。表 8-7 所示为汉语拼音笔画关系编码，将一个 W 看成是一个部件，接续于表 8-6 的 W 编码，而 r_j^c 作为单一的部件关系在笔画关系编码之后给予一个特殊码字，并作为独特关系码。需要说明的是，表 8-1、表 8-6 和表 8-7 均是与第 7 章所述汉字教学知识库融合的公共资源，为便于本章描述，进行单独列写。

表 8-6　26 个字母的编码及其 $Q^{(B)}(W)$

W 编码	W	w 字段	r_j^* 字段	W_{EL} 字段
21	a	11,19	6402	
22	o	13		
23	e	14		
24	i	3,1	61	
25	u	6,3	6302	
26	ü	6,3,1,1	6302,61,60	(3,1,610,3),(4,2,61,3)
27	b	3,12	6411	
28	p	3,12	6410	
29	m	3,8,8	6310,6310	
30	f	9,2	62	
31	d	11,3	6401	
32	t	6,2	62	
33	n	3,8	6310	
34	l	3		
35	g	11,7	6400	
36	k	3,10	62	
37	h	3,8	6311	
38	j	7,1	612	

续表

W 编码	W	w 字段	r_j^* 字段	W_{EL}字段
39	q	11,3	6400	
40	x	5,4	62	
41	z	16		
42	c	11		
43	s	15		
44	r	13,18	6311	
45	y	5,4	6301	
46	w	17,17	6300	

表 8-7　汉语拼音笔画关系编码

	关系名称及编码		例字
共享	左右关系(60)		ü
	下上关系(61)	左下上关系(610)	ü
		中下上关系(611)	i
		右下上关系(612)	j
	十字交关系(62)		f,t,x,k
	T字交关系(63)	竖的左 T 交关系(630) 竖的左上 T 字交关系(6300)	w
		竖的左中 T 字交关系(6301)	y
		竖的左下 T 字交关系(6302)	u, ü
		竖的右 T 交关系(631) 竖的右上 T 字交关系(6310)	n,m
		竖的右中 T 字交关系(6311)	h,r
		竖的右下 T 字交关系(6312)	
独特	左弧线关系(640)	上中左弧线关系(6400)	q
		中下左弧线关系(6401)	d
		上下左弧线关系(6402)	a
	右弧线关系(641)	上中右弧线关系(6410)	p
		中下右弧线关系(6411)	b
		上下右弧线关系(6412)	
	字母关系		700

2. 描述字解码

　　汉语拼音的 $Q^{(B)}(H)$ 在知识库中是基于字母编码的形式保存的,其类型为字符串,并且笔顺码是由字母编码后加声调标志符组成。在关系码中只给出相邻两个字母的位置关系,省略了声调与元音的关系,而书写过程跟踪分析中是以完成一条笔画书写为触发事件,因此在书写跟踪使用之前需要对描述字进行解码处理,使得笔顺码变成基本笔画编码序列。解码处理需要经历三个环节,首先是从笔顺码中分离出声调信息;然后将笔顺码中的字母编码分解成基本笔画编码,其相对应的关系码和错离集也会随之发生变化;最后将字符串类型的笔顺码、关系码和错离集进行分割,生成具有编码意义的整型数据集合。

设未经过解码处理的某音节是按上层编码的 $Q^{(B)}(H)$,其笔顺码为 c,用 t_1 和 t_2 分别保存声调有无标志符和声调类型标志符,则对其进行声调分离的操作过程如下。

① $t \leftarrow c.\text{Right}(2); t_1 \leftarrow \_\text{ttoi}(t.\text{Left}(1)); t_2 \leftarrow \_\text{ttoi}(t.\text{Right}(1))$。

② $c \leftarrow c.\text{Left}(str.\text{GetLength}() - 3)$。

经过声调分离操作,笔顺码 c 变成只有字母编码的序列。用字符串 n_c、n_r、n_s 分别保存字母编码分解成基本笔画编码后的对应的笔画、关系、错离集信息码,根据表 8-6 给出的 26 个字母的基于笔画编码的 $Q^{(B)}(W)$,对 c 进行分解操作的过程如图 8-6 所示。

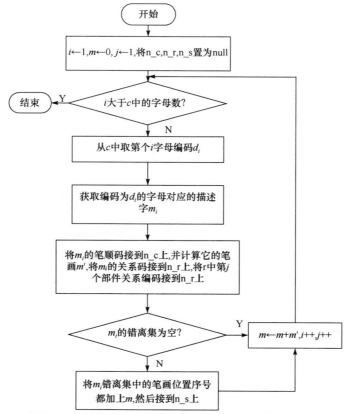

图 8-6　将笔顺码中的部件码分解成笔画编码的基本过程

设书写过程描述字和错离集的数据结构如表 8-8 所示。

表 8-8　书写过程描述字和错离集数据结构

数据类型	数据结构

书写过程描述字	typedef struct
	{　　　LPWSTR c;//笔顺码
	　　　LPWSTR r;//关系码
	　　　LPWSTR s;//错离集
	　　　}CHARACTER;

错离集	typedef struct
	{　　　int cur;//当前笔画位置序号
	　　　int pre;//前一个笔画位置序号
	　　　int r;//两个笔画之间的关系
	　　　}SEPARATION;

在表 8-8 的基础上,算法 8.1 实现将文字书写过程描述字的分解。

算法 8.1　将笔顺码中的字母编码分解成基本笔画编码

输入:c,r,s

输出:n_c,n_r,n_s

注释:两个不同笔画或部件编码之间以','分隔。

步骤:

Step 1,$m\leftarrow 0$。

Step 2,如果 c 为空,goto Step 10;否则顺序执行。

Step 3,$i\leftarrow c.\text{Find}(',',0)$。

Step 4,如果 i=-1,$j\leftarrow\_\text{ttoi}(c)$;将 c 置空;goto Step 6;否则顺序执行。

Step 5,$q\leftarrow c.\text{Left}(i)$;$j\leftarrow\_\text{ttoi}(q)$。

Step 6,获取编码为 j 的字母的描述字 d;$n\_c\leftarrow n\_c+d.c$;$n\_r\leftarrow n\_r+d.r$;如果 $d.s$ 为空转 Step 7 执行;否则将 $d.s$ 中的笔画编码值都加上 m 生成新的错离集 s';$n\_r\leftarrow n\_r+s'$;计算 d 的笔画数目 m';$m\leftarrow m+m'$。

Step 7,如果 r 为空,goto Step 2;否则顺序执行。

Step 8,$i\leftarrow r.\text{Find}(',',o)$;i=$-1$? yes $n\_r\leftarrow n\_r+r$;将 r 置空;no 顺序执行。

Step 9,$n\_r\leftarrow n\_r+r.\text{Left}(i)$;$r.\text{Delete}(o,i+1)$;goto Step 2。

Step 10,End。

经过分解处理,笔顺码中的编码都是基本笔画编码,但它们仍然是字符串类型,需要进行分割处理,把字符串进行分割并转换成具有编码意义的整型数据。设用类型为 vector<int> 的 v_c 和 v_r 分别保存 n_c,n_r 分割转换所得的整型数据,用类型为 vector< SEPARATION >的 v_s 保存 n_s 分割转换所得的数据。由于字符串 n_c 和 n_r 中是以",,"作为分割符,对其分割比较简单,算法 8.2 是以 n_c 为例进行分割处理的过程。

算法 8.2　笔顺码分割处理算法

输入:n_c

输出:v_c

步骤:

Step 1,如果 n_c 为空,goto Step 4;否则顺序执行。

Step 2,$i \leftarrow n\_c.$ Find(',',0);如果 $i=-1$,$v\_c.$ push_back(_ttoi(n_c));goto Step 4;否则顺序执行。

Step 3,temp $\leftarrow n\_c.$ Left(i);$v\_c.$ push_back(_ttoi(temp));$n\_c.$ Delete($i+1$);goto Step 2。

Step 4,End。

字符串 n_s 中的数据以三元组来表达两个非相邻笔画的约束关系,对其分割转换成整型数据的具体实现按算法 8.3。

算法 8.3　错离集分割处理

输入:n_s

输出:v_s

注释:p 为 SEPARATION 结构类型数据。

步骤:

Step 1,若 n_s 为空,goto Step 7;否则顺序执行。

Step 2,$i \leftarrow n\_s.$ FindOneOf("(");若 $i=-1$,goto Step 7;否则顺序执行。

Step 3,$n\_s.$ Delete($i+1$);$i \leftarrow n\_s.$ FindOneOf(",");temp $\leftarrow n\_s.$ Left(i);$p.$ cur $\leftarrow$ _ttoi(temp)。

Step 4,$n\_s.$ Delete($i+1$);$i \leftarrow n\_s.$ FindOneOf(",");temp $\leftarrow n\_s.$ Left(i);$p.$ pre $\leftarrow$ _ttoi(temp)。

Step 5,$n\_s.$ Delete($i+1$);$i \leftarrow n\_s.$ FindOneOf(")");temp $\leftarrow n\_s.$ Left(i);$p. r \leftarrow$ _ttoi(temp)。

Step 6,$v\_s.$ push_back(p);goto Step 2。

Step 7,End。

8.3.2　书写跟踪实现

书写跟踪教学以所练习音节的 $Q^{(B)}(H)$ 为教师数据,当有书写触发事件发生时,对用户书写情况进行分析,涉及书写笔画分析、笔画与笔画之间的关系分析、字母与字母之间的关系分析、声调分析等环节。相邻的先后书写的两个字母 L_i 和

L_{i+1} 之间只存在左右关系,而在音节书写遵循从左往右的原则,这样 L_i 和 L_{i+1} 的左右关系可以简化成 L_i 的最后一条笔画与 L_{i+1} 的第一条笔画的左右关系,即字母与字母的关系简化成笔画与笔画之间的关系。书写跟踪的具体实现流程如图 8-7 所示。

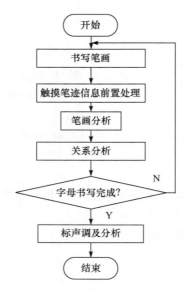

图 8-7　汉语拼音书写跟踪实现流程图

为了便于分析,设书写格子区域 cell 的左边界、右边界、上边界、下边界的坐标值依次为 Xleft,Xright,Ytop,Ydown,用链表 L 保存已正确书写的笔画坐标点集信息,用容器 P' 和 P 分别保存前一条笔画与当前书写笔迹经过前置处理后的坐标点集信息,L 的类型定义为 list<vector<CPoint>>,P' 和 P 的类型定义为 vector<CPoint>,设 k 表示 P 中存在的转折点个数,容器 CX 和 CY 分别保存 P 对应的 x 和 y 方向计算器,CX 和 CY 类型定义为 vector<NODE>。NODE 的数据结构为

```
typedef struct
{
    int flag;//计算器方向属性
    int num;//计算器统计值
} NODE。
```

1. 笔画书写跟踪

笔画书写跟踪分析采用书写错误排除法,根据书写拼音对应笔画的结构特征

与正确书写要求对用户书写的笔画进行分析,提出指导意见,分析的一般过程如图 8-8 所示。

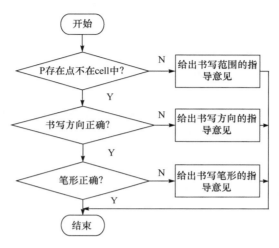

图 8-8　笔画分析过程

书写方向分析包括起始笔段、末尾笔段,以及中间笔段的分析。笔形分析涉及笔画的稳定结构特征分析,比如端点相对位置、笔画抖动幅度、弧度等,通常是根据关键点将笔画分段进行分析。以“z”为例,其笔画书写跟踪分析由算法 8.4 实现。

算法 8.4　笔画“Z”书写跟踪分析

输入:P,Xleft,Xright,Ytop,Ydown,CX,CY,k

输出:书写指导意见

注释:$x_{\min}$、$x_{\max}$、$y_{\min}$、$y_{\max}$ 分别表示 P 中 x、y 坐标的最小值和最大值,p_{k_i} 表示 P 中第 i 个转折点,k_x 和 k_y 分别表示 CX 和 CY 的元素个数,s 和 e 为 P 的第一个点(起点)和最后一个点(终点),ε 为距离偏差阈值,α 为允许书写的横笔段与水平方向的最大偏转角度。

步骤:

Step 1,如果 $x_{\min}<$Xleft or $x_{\max}>$XRight or $y_{\min}<$YTop or $y_{\max}>$YDown,return“请在格子范围内书写”;goto Step 11;否则,顺序执行。

Step 2,如果 CX[0].fl! $=1$,return“起始笔段书写方向错,请从左往右书写”;goto Step 11;否则,顺序执行。

Step 3,如果 CX[k_x-1].fl! $=1$,return“末尾笔段书写方向错,请从左往右书写”;goto Step 11;否则,顺序执行。

Step 4,如果 $k=2$ 执行 Step 5;否则,return“笔画形状错”;goto Step 11。

Step 5,如果 $s.y\leqslant e.y$,return“起点和终点的相对位置不对,或笔画反写”;goto Step 11；否则，顺序执行。

Step 6，如果 CY[0]. fl＝0，执行 Step 7，否则求 s 和 p_{k_1} 连线与水平方向的夹角 θ；若 $\theta>\alpha \| \theta<-\alpha$，return"起始笔段书写过斜，请写平一点"；goto Step 11；否则，顺序执行。

Step 7，如果 CY[k_y−1]. fl＝0 执行 Step 8，否则求 e 和 p_{k_2} 连线与水平方向的夹角 θ；若 $\theta>\alpha \| \theta<-\alpha$，return"末尾笔段书写过斜，请写平一点"；goto Step 11；否则，顺序执行。

Step 8，如果 CX[1]. fl！＝−1 执行 Step 9，否则 return"请从左往右水平方向书写到一定长度后往左下折"；goto Step11。

Step 9，如果 $|s. x−p_{k_2}. x|>\varepsilon$，return"起点与左边拐点不对称"；goto Step 11；否则，顺序执行。

Step 10，如果 $|e. x−p_{k_2}. x|>\varepsilon$，return"终点与右边拐点不对称"；否则，顺序执行。

Step 11，End。

2. 关系书写跟踪

按表 2-1 原理对汉语拼音书写过程进行跟踪分析，除了进行相邻笔画和约束笔画关系分析外，每当完成非第一个字母的最后一条笔画时进行前后字母关系分析。汉语拼音字母书写遵循着"从左往右"的原则，相邻两个字母只存在左右关系，对相邻两个字母关系分析可演变为对前一个字母的最后一条笔画与后一个字母的第一条笔画的关系分析，它们需要满足左右关系，即两个字母的关系分析简化成了相邻两条笔画的左右关系分析。这样可以简化关系分析的复杂性，汉语拼音书写关系跟踪分析的实现如图 8-9 所示。

图中的 R^{rcode} 表示两个关系类型，rcode 表示关系类型编码，rcode 的具体编码如表 8-7 所示。对不同的关系类型，其分析方法有所差异，但分析宗旨均为当笔画书写相对位置（关系）出现问题时，给出指导意见，因此关系分析也离不开问题排除法。竖的右中 T 字交关系 R^{6311} 的分析实现如算法 8.5 所示。

算法 8.5　竖的右中 T 字交关系分析

输入：前置处理后的两个笔画坐标信息集 P' 和 P

输出：指导意见

注释：P' 的 y 坐标最小值和最大值分别为 $y'_{\min}$ 和 $y'_{\max}$，x 坐标的最小值为 $x'_{\min}$；P 的起点和终点坐标分别为 (x_s, y_s) 和 (x_e, y_e)，x 坐标的最小值为 $x_{\min}$；δ 为距离阈值。

步骤：

Step 1，如果 P' 和 P 有交点，执行 Step 2；否则，goto Step 3。

Step 2，求交点坐标 (x_Θ, y_Θ)，如果 $\sqrt{(x_s−x_\Theta)^2+(y_s−y_\Theta)^2} < \delta$ or

$\sqrt{(x_e-x_\Theta)^2+(y_e-y_\Theta)^2}<\delta$,执行 Step 5;否则,return"两个笔画出现交叉错误";goto Step 9。

Step 3,计算(x_s,y_s)和(x_e,y_e)到 P' 的最短距离 d 和 d';若$(d<d')$ and $(d<\delta)$,$y_\Theta \leftarrow y_s$;goto Step 5;否则,顺序执行。

Step 4,若 $d'<\delta$,$y_\Theta \leftarrow y_e$;执行 Step 5;否则,goto Step 8。

Step 5,若 $y_\Theta < y'_{\min} + (y'_{\max} - y'_{\min})/3$,return"交点偏上错";goto Step 9;否则, 顺序执行。

Step 6,若 $y_\Theta > y'_{\min} + 2\cdot(y'_{\max} - y'_{\min})/3$,return"交点偏下错";goto Step 9;否则,顺序执行。

Step 7,若 $x'_{\min} > x_{\min}$,return"当前笔画应该写在前一个笔画的左方";goto Step 9;否则,顺序执行。

Step 8,return"不存在交点,两个笔画距离过远错"。

Step 9,End。

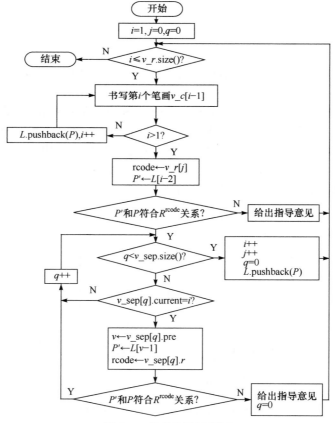

图 8-9 关系分析过程图

上中左弧线关系 R^{6400} 的分析实现如算法 8.6 所示。

算法 8.6　上中左弧线关系分析

输入：P'，P

输出：指导意见

注释：P' 的起点和终点坐标分别为 (x_1^s, y_1^s) 和 (x_1^e, y_1^e)，P 的 y 坐标的最小值和最大值分别为 $y_2^{\min}$ 和 $y_2^{\max}$，δ_1 和 δ_2 为距离阈值。

步骤：

Step 1，求 (x_1^s, y_1^s) 和 (x_1^e, y_1^e) 到 P 的最短距离 d_1 和 d_2；若 $d_1 \leqslant \delta_1 \&\& d_2 \leqslant \delta_1$，执行 Step 2；否则 return"两个笔画出现十字交或左右距离过远"；goto Step 4。

Step 2，若 $y_2^{\min} - y_1^s > \delta_2$，return"当前的笔画起点位置偏下"；goto Step 4；否则若 $y_2^{\min} - y_1^s < -\delta_2$，return"当前的笔画起点位置偏上"；goto Step 4；否则顺序执行。

Step 3，若 dif $\leftarrow y_2^{\max} - (y_2^{\max} - y_2^{\min})/3$；$y_1^e - \text{dif} > \delta_2$，return"左弧笔画终点偏下或当前的笔画不够长"；goto Step 4；否则若 $y_1^e - \text{dif} < -\delta_2$，return"左弧笔画终点位置偏上或当前笔画太长"；goto Step 4；否则顺序执行。

Step 4，End。

3. 声调书写跟踪

声调书写跟踪分析是音节书写分析的最后环节。根据教师数据提供的声调信息，首先找到标调的元音字母，分析所标的声调和它的相对位置，然后按照声调类型对声调书写走向及形状分析。分析元音字母和声调的相对位置，需要在已书写的笔画集信息中求取元音的笔画坐标信息。为了便于提取元音字母笔画坐标信息，需要根据文字书写过程描述字统计每个字母的笔画数。由于每个字母的笔画数比笔画关系数多 1，用容器 B 保存每个字母的笔画数，则可以采用如图 8-10 所示的处理方法求音节中每个字母的笔画数。

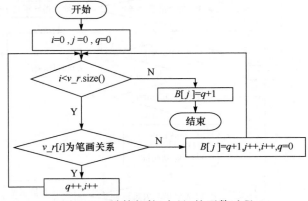

图 8-10　计算部件(字母)笔画数过程

在 B 的基础上，结合 t_1 和 L，即可获取标调元音的所有笔画坐标点信息，进而分析声调书写的相对位置。用容器 D 和 S 分别保存标调元音笔画和声调坐标点信息,容器数据类型为 vector<CPoint>,算法 8.7 可以实现对声调进行书写跟踪。

算法 8.7　声调书写跟踪实现。

输入:L, B, S, t_1, t_2, D

输出:指导意见

步骤:

Step 1,$i \leftarrow 0; j \leftarrow 0$。

Step 2,若 $i < t_1 - 1$,执行 Step 3,否则 goto Step 4。

Step 3,$j \leftarrow j + B[i]; i++$;goto Step 2。

Step 4,获取 L 中第 j 到第 $j + B[t_1 - 1]$ 个笔画坐标信息并保存于 D;对 D 和 S 进行下上关系分析;给出指导意见。

Step 5,根据 t_2 对 S 的形状及走向进行分析;给出指导意见。

Step 6,End。

8.4　实验及效果分析

笔画关系书写跟踪与声调书写跟踪是实现汉语拼音书写自动教学的两个重点环节,也是汉语拼音字母笔画跟踪后的必经后处理过程。

8.4.1　笔画关系教学

在笔画的书写走向及形状结构正确的前提条件下,对相邻笔画及非相邻笔画之间的约束关系进行分析。图 8-11 以"lǜ"和"f"为例,给出了非相邻笔画之间约束关系及相邻笔画约束关系的系统书写跟踪指导效果。

(a) 书写练习"lǜ"

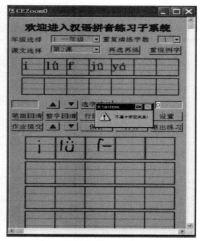
(b) 书写练习"f"

图 8-11　书写关系跟踪分析效果图

采集图 8-12(a)中"lü"的笔迹信息经过前置处理后获得的笔迹信息点集数据如表 8-9 所示,其中 $P_1^{(lv)}$、$P_2^{(lv)}$、$P_3^{(lv)}$、$P_4^{(lv)}$ 表示在练习"lü"时先后书写的 4 个笔迹信息点集数据。

表 8-9　已书写"lü"的笔迹信息经前置处理后产生的点集数据

笔画	前置处理后的点集数据
$P_1^{(lv)}$	(20, 9),(19,11),(19,12),(19,14),(19,16),(18,18),(18,19),(18,21),(19,23),(19,25),(29,27),(18,28),(17,30),(17,31),(17,33),(17,35),(17,37),(17,38),(17,40),(17,42),(17,44),(17,45),(17,47),(16,49)
$P_2^{(lv)}$	(31,28),(32,30),(32,31),(32,33),(32,35),(31,37),(31,38),(31,40),(31,42),(31,44),(31,45),(31,47),(31,49),(33,49),(35,50),(37,52),(39,50),(40,50),(42,50),(44,50),(45,50),(47,49),(47,47),(48,45),(50,47)
$P_3^{(lv)}$	(49,28),(48,30),(48,31),(48,33),(49,35),(48,37),(48,38),(48,40),(49,42),(49,44),(49,45),(51,47)
$P_4^{(lv)}$	(43,16),(42,18),(42,19),(41,17),(41,16)

采集图 8-12(b)中"f"的笔迹信息经过前置处理后获得的笔迹信息点集数据如表 8-10 所示,其中 $P_1^{(f)}$ 和 $P_2^{(f)}$ 表示在练习"f"时先后书写的笔迹信息点集数据。

表 8-10　已书写"f"的笔迹信息经前置处理后产生的点集数据

笔画	前置处理后的点集数据
$P_1^{(f)}$	(46,9),(44,7),(42,7),(40,5),(39,5),(37,7),(37,9),(36,11),(36,13),(36,15),(36,16),(35,18),(35,19),(35,21),(34,23),(34,25),(34,26),(34,28),(35,30),(34,32),(34,33),(34,35),(34,37),(34,39),(34,40),(34,42),(34,44),(34,46),(34,47)
$P_2^{(f)}$	(46,30),(48,30),(50,31),(51,31),(53,30),(55,31),(57,31),(59,30),(61,30),(63,31),(64,31),(66,30),(68,30),(69,30)

表 8-9 和表 8-10 中的点集数据对应的点阵如图 8-12 所示。

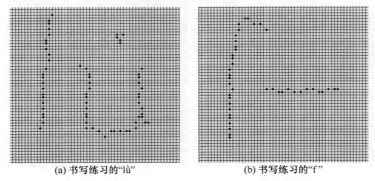

(a) 书写练习的"lü"　　　　　　　(b) 书写练习的"f"

图 8-12　书写关系跟踪笔迹信息点阵图

由书写过程描述字可知,在"lǜ"中第 4 条笔画和第 2 条笔画存在约束关系,即第 4 条笔画和第 2 条笔画要满足左下上关系(610),因此当完成第 4 条笔画书写时,触发习字系统对当前笔画和已书写的第 2 条笔画进行非相邻笔画空间约束关系分析。根据表 8-9 可求 $P_4^{(lv)}$ 的 x 最小值为 41,$P_2^{(lv)}$ 的 x 最小值和最大值分别为 31 和 50。因为 $41 > 31 + (50 - 31)/3$,即第 4 条笔画和第 2 条笔画不符合左下上关系,习字系统给出如图 8-11(a)提示框所示的指导意见"偏右"(系统同步播放意见的语音)。根据"f"的书写过程描述字可知,"f"中的两个笔画要满足十字交关系,而由表 8-10 中的数据可知,笔迹 $P_1^{(f)}$ 和 $P_2^{(f)}$ 不存在交点,即不满足十字交(62)关系,习字系统给出图 8-12(b)中提示框所示的指导意见"不是十字交关系!"(系统同步播放意见的语音可参阅第 6 章)。

8.4.2 声调书写教学

标调是汉语拼音音节书写的最后环节,声调的书写教学主要从标调位置及声调类型两方面进行指导。声调书写出现典型问题的实验如图 8-13 所示。

(a) 书写练习"jū"　　　　　　　　(b) 书写练习"yá"

图 8-13　声调书写跟踪实验效果图

"jū"对应的声调位置标志位是 2,声调类型为 1。采集用户书写的如图 8-13(a)所示音节"jū"的所有笔迹信息经过前置处理后得到的点集数据如表 8-11 所示,其中 $P_1^{(ju)}$、$P_2^{(ju)}$、$P_3^{(ju)}$、$P_4^{(ju)}$ 和 $P_5^{(ju)}$ 表示练习"jū"时依次书写的笔迹信息。

表 8-11　采集用户书写练习"jū"的笔迹信息经前置处理后的数据结果

笔迹	经过前置处理后的笔迹信息坐标点集
$P_1^{(ju)}$	(19,33),(19,35),(18,37),(19,39),(19,40),(19,42),(19,44),(18,45),(18,47),(18,49),(17,51),(17,52),(17,54),(17,56),(15,56),(15,58),(15,59),(15,61),(14,63),(12,61),(10,61),(8,61),(6,59),(4,57)
$P_2^{(ju)}$	(17,16),(19,16)
$P_3^{(ju)}$	(32,30),(31,32),(31,33),(31,35),(31,37),(31,39),(31,40),(31,42),(31,44),(31,46),(31,47),(33,49),(34,49),(36,50),(38,50),(39,50),(41,50),(43,49),(44,49),(46,49),(47,47),(48,45)
$P_4^{(ju)}$	(46,28),(46,30),(46,31),(46,33),(46,35),(46,37),(46,38),(46,40),(46,42),(46,44),(46,45),(46,47),(47,49),(46,51),(46,52)
$P_5^{(ju)}$	(35,18),(36,16),(37,14),(39,12),(41,11),(43,12),(45,11),(47,9),(49,7)

结合"jū"的声调标志位和每个字母的笔画数可知,声调标在字母 u 的正上方。用户书写的声调的笔迹信息点集是 $P_5^{(ju)}$,元音字母 u 的两个笔迹信息点集是 $P_3^{(ju)}$ 和 $P_4^{(ju)}$,根据表 8-11 的数据可知,$P_5^{(ju)}$ 与 $P_3^{(ju)}$、$P_4^{(ju)}$ 满足下上关系。$P_5^{(ju)}$ 对应的 x 和 y 方向计算器是 $\{(1,8)\}$ 和 $\{(-1,8)\}$,由此可判断书写声调时是从左下往右上书写,不符合书写声调类型为 1 应该满足的条件,系统给出如图 8-14(a)提示框所示的指导意见"请将声调写平"(系统同步播放意见的语音)。

"yá"的声调位置标志是 2,声调类型为 2。采集用户书写的如图 8-14(b)所示音节"yá"的所有笔迹信息经过前置处理后所得的笔迹信息如表 8-12 所示。

表 8-12　采集用户书写练习"yá"的笔迹信息经前置处理后的数据结果

笔迹	经过前置处理后的笔迹信息坐标点集
$P_1^{(ya)}$	(15,30),(17,32),(17,33),(18,35),(19,37),(21,39),(21,40),(22,42),(23,44),(24,44),(26,45),(24,44),(23,44)
$P_2^{(ya)}$	(36,30),(34,28),(33,30),(33,31),(32,33),(31,35),(30,37),(30,38),(30,40),(29,42),(27,44),(26,44),(26,46),(26,47),(24,49),(24,50),(22,52),(22,54),(22,56),(20,56),(21,58),(21,59),(19,61),(17,63),(15,65),(15,66),(14,68),(14,69)
$P_3^{(ya)}$	(55,28),(53,28),(51,26),(50,26),(48,28),(47,28),(46,30),(46,31),(44,33),(44,35),(44,37),(42,39),(42,40),(42,42),(41,44),(43,45),(44,45),(46,47),(44,47),(46,48),(48,49),(50,49),(50,47),(51,45),(53,45),(54,45),(56,44),(54,44)
$P_4^{(ya)}$	(54,30),(56,31),(56,33),(57,35),(56,37),(56,38),(56,40),(56,42),(58,44),(59,46),(59,47),(61,47),(63,48),(64,49)
$P_5^{(ya)}$	(19,18),(21,16),(23,14),(24,14),(26,14),(28,12),(30,11),(31,11),(33,9)

表 8-11 和表 8-12 中的数据对应的点阵图如图 8-14 所示。

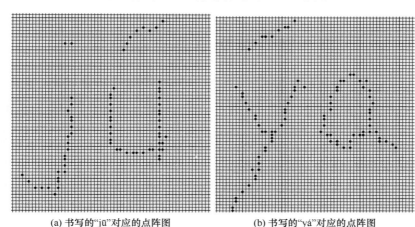

(a) 书写的"jū"对应的点阵图　　　　　(b) 书写的"yá"对应的点阵图

图 8-14　声调书写跟踪笔迹信息点阵图

　　结合"yá"的声调标志位和每个字母的笔画数可知,声调是标在字母 a 的正上方。用户书写的声调的笔迹信息点集是 $P_5^{(ya)}$,对应的 x 坐标最小值和最大值分别为 19 和 33;y 坐标的最小值和最大值分别为 9 和 18。元音字母的 a 笔迹信息点集为 $P_3^{(ya)}$ 和 $P_4^{(ya)}$,它们对应的 x 坐标的最小值和最大值分别为 41 和 64;y 坐标的最小值和最大值分别为 26 和 49。声调笔迹和字母 a 笔迹虽然满足下上关系,但声调笔迹没有标在 a 笔迹的正上方,系统给出如图 8-13(b)提示框所示的指导意见"偏左"(系统同步播放意见的语音)。

第9章　英文书写自动教学

英文书写学习分初学与熟练两个阶段。初学阶段主要针对单体英文字母的书写而学习,熟练阶段主要针对字母连写来学习。这两个阶段的自动教学原理,既有联系又有区别,总体上后者的复杂程度大于前者。作为字母串词汇文种,汉语拼音只有小写字母书写教学内容,英文有大小写单体字母书写及小写字母连写教学内容,虽然英语和汉语拼音的单体小写字母书写结构和书写过程有较大差别,但英文单体小写字母的书写结构及书写过程在直线型、尖弧型、简单弧线型等笔画结构方面和汉语拼音基本相似,因此文种的这些类笔画可共享笔画跟踪与分析方法。再者,两文种同为字母连串成词,致使过程笔画关系与过程字母关系的跟踪与分析方法也可共享。有鉴于此,本章以研究弧线笔画为主,重点探讨单体英文字母的复杂弧线型笔画和连写笔画书写过程的跟踪与分析方法。

9.1　概　　述

9.1.1　研究意义与背景

很多母语非英语的国家和地区将英文作为排在最前面的外来语种在国民中进行普及教育。我国规定的国民义务教育,从小学生三年级起开设英文课,而民间学习则超前到学龄前教育,书写是基本的学习内容之一。在当前,书写学习方法主要有两类,一类是实体的纸笔书写(白丹,2013;曹雪凌,2002),另一类是基于触摸技术的隐喻纸笔书写。随着环保力度的不断加强和信息技术的普及,采用隐喻纸笔学习书写的方法代替实体纸笔学习书写的方法已是大势所趋。

英文句子由单词组成,单词由字母组合,字母是单词的元构件。在初学阶段,用户学习单体字母书写。单体字母的构字笔画除点、横、竖等通用笔画外,更多的是一笔成形字母型笔画,与汉语拼音字母的笔画结构相比,英文字母笔画结构有着更高的复杂度。度过初学阶段后,为提高书写效率,人们通常在同一单词内尽可能进行字母连写,即将当前字母中某个笔画的正常尾端通过延长书写而连至紧邻的下一个字母某笔画的正常起笔端书写该笔画,延长书写笔段不能影响被连接字母的可识别效果。连写笔画是贯穿多字母的笔画,毋容置疑,其笔画结构的复杂度远超单体字母的笔画复杂度。如果不仔细观察,人们会误认为字母连写是随心所欲,而各类含英文书写的教材及英文书写字帖表明,英文单词中字母连写是有规律和有章可循的。

9.1.2　实现英语书写自动教学所面临的问题

　　英文书写学习分为单体字母与字母连写两大内容。与汉字和汉语拼音字母的笔画比较,单体英文字母不仅其手写笔画形态的数量要多得多,而且笔画的迹径结构也要复杂得多。字母连写的笔画迹径形态种类又比单体英文字母多得多,迹径的复杂度更高。英语与汉语拼音字母形态除极个别有区别外,绝大部分相同,在书写格式及书写位置要求方面也是大同小异,因此在实现书写自动教学方面,汉语拼音的一些技术方法可以借鉴于英语,如用户行笔范围监督策略、单向与尖弧笔画的跟踪与分析方法等。尽管如此,英语书写自动教学仍然需要面对许多独特的的基本问题。

　　① 众多单笔画单体字母的书写跟踪与分析。一个字母一笔成形,在笔画的迹径中有可能存在一处或多处同向或逆向重叠笔迹段;多种类型的关键点及自身交点;多种不同曲率、不同凹向的弧线笔段。

　　② 字母可连写结构分类。不是任意相邻的两个字母都可以连写,可以连写的相邻字母,前字母与后字母应何形态笔段相连,需对 $2 \cdot C_{26}^2$ 种两字母连写结构进行甄别分类,由此获得规范的二连样本。

　　③ 连写笔画整体结构的表达。当连写笔画中出现重叠笔段时,仅靠图域笔迹信息很难完整表达连写笔画的区段特征,进而影响跟踪效果。

　　④ 连写笔画的笔段结构分类与笔段分割。连写笔画结构的复杂程度与被连接的字母相关笔画的迹径复杂程度有关,笔画迹径越复杂,产生的笔段形态越多,笔段信息获取的难度就越大。

　　⑤ 连写笔画书写过程的跟踪与分析。以何角度获取的信息作为跟踪和分析的依据是实现该环节重要保障,在具有较高区分度信息的基础上,应选择恰当的判决策略,以实现高效率、高可靠性的跟踪效果。

　　除上述问题,还有连写笔画与惯连字母中其他笔画的关系、单一字母中多连写共存关系等的跟踪与分析。

9.2　英文单体字母书写自动教学方法

　　英文字母不同于我们经常使用的汉字,汉字讲究横平竖直,笔画以直线居多,英文字母笔画中弧线居多,且多为一笔写成,单条笔画平均复杂程度要大于汉字的单条笔画平均复杂程度。大部分英文字母由一笔构成,笔画最多的英文字母也只有三条笔画,相对汉字可能出现的三十多条笔画,英文字母的笔画数目很少,没有复杂的部首关系。

9.2.1 单体英文字母书写分析

1. 英语字母笔画书写特点分析

对于复杂单笔画字母,用户书写学习难度大,是书写指导系统对书写过程跟踪指导所面临的重要挑战。以下为三种典型的复杂单笔画书写结构特征。

(1)英文字母弧线笔画复杂

英文字母,尤其是小写字母,大多由一条复杂的曲线构成,笔段的划分不如普通的直线笔画那么清晰,且每一条笔段的特征也不像直线笔画那样直观,畸变的种类多。如图9-1中小写字母"a",虽然都是正确书写,但是却存在明显差异。

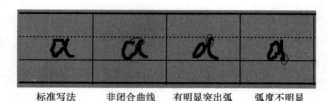

标准写法　　　非闭合曲线　　有明显突出弧　　弧度不明显

图9-1 小写字母 a 书写畸变图

写法1为标准写法,曲线左部类似O弧,右部分为一个小弯钩;在写法2中,O弧并未完全封口,是平时书写中经常会出现的情况;在写法3中,小弯钩较其他几种写法,更为明显;在写法4中,小弯钩虽然不明显,但是这种写法更为快捷,且不影响基本形状。

(2)英文字母单笔相交情况复杂

在英文字母笔画中,经常出现笔画与自己相交的情况,交点位置变化多样,且有时虽然没有完全相交,但是字母本身并没有写错,如图9-2所示。标注的地方为可能存在交点的位置,第一行5个字母出现交点,第二行5个字母未出现交点。

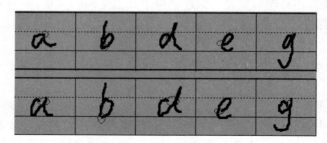

图9-2 英文字母交点情况示例

（3）英文字母笔画易出现重合

如图 9-3 所示，标注的地方为笔画重合的位置，而各个文字的笔画重合的情况也不尽相同，文字 b 笔画重合的位置与笔画自交的位置相同，同时出现了交点和笔画重合，而笔画重合又可以看成是笔画自交多次形成的。

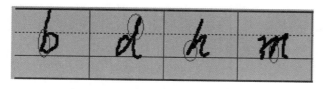

图 9-3 英文字母笔画重合情况示例

2. 英文字母书写中的错误形态分析

将学生书写的英文字母（样本英文字母）和老师的书写的（模板英文字母）进行比较后发现，学生最容易犯下面两种类错误。

（1）笔画形状错误

由于英语的字母笔画形状复杂，笔画形状出现的错误也是多种多样的，如图 9-4～图 9-6 所示。

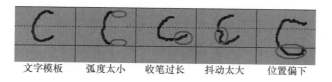

文字模板　　弧度太小　　收笔过长　　抖动太大　　位置偏下

图 9-4 英文字母 C 笔画形状错误示例

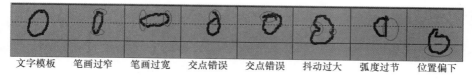

文字模板　笔画过窄　笔画过宽　交点错误　交点错误　抖动过大　弧度过节　位置偏下

图 9-5 英文字母 O 笔画形状错误示例

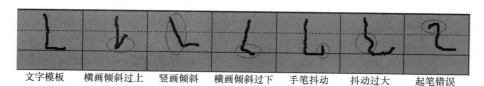

文字模板　横画倾斜过上　竖画倾斜　横画倾斜过下　手笔抖动　抖动过大　起笔错误

图 9-6 英文字母 L 笔画形状错误示例

① 笔画弧度错误。英文字母笔画弧线复杂，有时会出现笔画弧线弧度过小，写成直线或者类似直线的笔画，如图 9-4 中错误 1（从第 2 格开始排列错误例字序号，其余类同），弧度太小，字母 C 整体写成了类似竖的笔画。图 9-5 中错误 6，字母 O 部分笔画过直，后半部分弧线写成了直线。

② 笔画抖动错误。书写英文字母时，由于握笔不牢，书写姿势不正确等原因，将原本应该光滑的笔画，写得歪歪扭扭，使得笔画基本形状出现较大的畸变，如图 9-4 中错误 3、图 9-5 中错误 5、图 9-6 中错误 5。

③ 笔画位置错误。每一个英文字母都应该有一个标准的位置，对于这个字母中的笔画，也应该做出相应的约束，如大写字母 C 在四线格中，应该满足的书写格式是笔画上端处于四线格顶格，整个笔画完全处于四线格上部分和中部分。而图 9-4 中错误 4，笔画整体书写偏下，为笔画位置错误。

④ 笔画大小比例失调。在一定的书写区域中，英文字母的书写应该有一个合理的大小以及宽高比例，在图 9-5 的错误 1 中，字母书写明显过于窄小，宽高比例失调。而错误 2 中，字母书写又过于宽扁。

⑤ 交点错误。在一个复杂的弧线笔画中，可能出现一个或若干个交点，在应该相交的部分，出现交点缺失，或者在不应该相交的时候出现了交点，即发生了交点错误。如图 9-4 中的错误 3，字母 O 笔画起点终点本应该相交，但是却并没有交上；而在错误 4，笔画的起点终点虽然都与笔画有交点，但是却相交在了错误的位置。

⑥ 笔画倾斜错误。在书写文字的时候，尽可能希望将字体写得端正，尤其是直线型的笔画，一旦字体（或者笔画中的某个部分）倾斜，就会失去文字本身的美感，甚至发生错误和歧义。在图 9-6 中错误 1，由于字母 L 的短横书写斜率发生错误，导致整个字形发生畸变。图 9-6 中错误 4，则整个字体都有发生逆时针方向的倾斜。

⑦ 多笔段少笔段错误。在书写文字的时候，有可能出现多写了一小段，或者少了一小段笔画。这种错误在收笔、起笔时候出现较多，如图 9-6 中错误 4，在收笔的时候多写了一小段竖线，错误 6 中，起笔的时候出现了一小段弧线。

（2）笔画关系错误

英文字母是由若干笔画按照特定的结构组成的。这些结构信息可以用各笔画间的相互关系来表示。每个字母的笔画都应该有自己特定的笔画关系，常见的笔画关系错误如图 9-7 和图 9-8 所示。

① 交点位置出错。如图 9-7 所示，错误 1 是由于在大写字母 A 中，本来应该相交的笔画左斜线和右斜线并未交上，产生了交点缺失。错误 2 和错误 3，均是由于交点出头引起的错误。

② 基本位置关系出错。如图 9-8 所示，由于书写笔画顺序错误，引起了两个

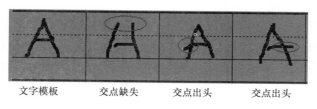

图 9-7 英文字母笔关系错误示例

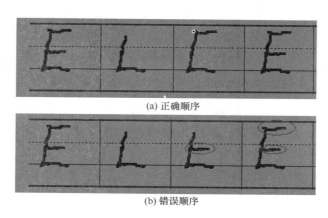

图 9-8 英文字母笔笔顺关系错误示例

横线的位置颠倒,从几何位置分析的角度来看,原本应该在上的横线写在了下面,应该在下的横线写在了上面。

9.2.2 单体字母笔画书写跟踪与分析

1. 单体字母笔画分类

英文大小写字母各 26 个,字母笔画分为直线模式笔画和弧线模式笔画两大类。

直线模式笔画包含两类,一类为单直线线段直线模式笔画,如横、竖、左斜线、右斜线等 4 种笔画模式;一类为含快速变化方向折点的多直线线段链接而成的直线模式笔画,又称为尖弧型笔画,这类直线共设置 10 种,如左尖折线、V 字折线、L字折线、Z 字折线等。

弧线模式笔画包含两类,一类为简单的弧线,可直接由一段空间上的 2 次曲线表示,这类弧线共设置 7 种;另一类为复杂弧线笔画,由多条简单弧和直线组成,如一笔写成的G字弧,一笔写成的a字弧等,这类弧线共设置 26 种。

（1）简单弧线笔画

简单弧线笔画是指某笔画仅仅是由一条简单弧线构成，如大写字母 O 和 C，此类笔画的笔画轨迹可以通过平面空间上二次曲线函数表示出来（王淑侠，等，2007；2011），笔画书写形状简单，出现的错误类型包括笔画基本位置错误和笔画基本形状错误。

此类型的笔画，主要分析的侧重点在于笔画起点终点位置、笔画曲率中心、二次曲线函数拟合参数、笔画旋转方向等，分析模式主要有 O 弧和 C 弧等 7 种笔画模式，如表 9-1 所示。

表 9-1　简单弧线笔画分类表

笔画	名称	编码	例字
O	大 O 弧	15	O
C	C 弧	12	C
U	大 U 弧	18	U
J	J 弧	20	J
⊃	右半弧	19	D
O	o 弧	35	o
l	t 弧	39	t

（2）复杂弧线笔画

复杂弧线笔画是指某笔画是由一条复杂的弧线构成，如大写字母 G 和小写字母 a，此类笔画的笔画轨迹，不能直接通过平面空间上范式二次曲线函数表示出来，需要将笔画拆分成若干简单弧线笔画，每一条笔画段都有自己的二次曲线函数。此类笔画出现的错误类型，除了包括简单弧线的错误类型以外，还可能在笔画拆分阶段，出现与关键点相关的问题。另外，由于复杂弧线的形状多变，还可能出现交点位置的畸变。错误类型可归纳如下。

① 笔画基本位置错误。

② 笔画关键点位置错误。

③ 笔段形状错误。

④ 交点位置错误。

此类型的笔画,分析的侧重点在笔画关键点位置及其求取、每条笔画段的笔画曲率中心、每条笔画段二次曲线函数拟合参数、每条笔画段笔画旋转方向等,分析模式主要有G弧,B 弧等 26 种笔画模式,表 9-2 所示为其中 18 种。

表 9-2　复杂弧线笔画分类表

笔画	名称	编码	例字	笔画	名称	编码	例字
G	G 弧	13	G	$]$	j 弧	30	j
3	B 弧	14	B	k	k 弧	31	k
S	S 弧	16	S	l	l 弧	32	l
R	R 弧	17	R	m	m 弧	33	m
J	J 弧	20	J	n	n 弧	34	n
a	a 弧	21	a	O	o 弧	35	o
b	b 弧	22	b	q	q 弧	36	q
d	d 弧	24	d	r	r 弧	37	r
e	e 弧	25	e	s	s 弧	38	s

2. 单体字母复杂弧线笔画跟踪与分析

将弧线笔画分成简单弧线笔画模式和复杂弧线笔画模式。简单弧线模式可以由二次平面上的二次函数拟合出来,而复杂弧线则是依据关键点,将复杂的弧线分解为多段简单弧线。

（1）弧线笔画模板

将曲线笔画模式细分为可以直接计算其二次曲线方程的简单弧线和需要将笔画拆分之后才能计算笔画二次曲线方程的复杂弧线两类。

对于弧线模式 C,已知笔画的起点 $P_s(x_s, y_s)$,终点 $P_e(x_e, y_e)$,$PM = \{pm_1, pm_2, \cdots, pm_n\}$ 为关键点容器,$P_s = pm_1$,$P_e = pm_n$,关键点坐标记为 (x_i, y_i),$i \in \{1, 2, 3, \cdots, n\}$;按照特定关键点将笔画分解成 t 段简单弧线笔画,$c_1, c_2 \cdots c_t, t < n$,每段含笔迹点数目用 u_j 表示,$j \in \{1, 2, \cdots, t\}$。

c_j 的模板参数为 $w_j = (g_j, A_j, B_j, C_j)$,$g_j$ 为笔画曲率中心,对应的坐标为 (g_{jx}, g_{jy}),

$$\begin{cases} g_{jx} = \dfrac{1}{u_j} \displaystyle\sum_{i=0}^{u_j} g_{jxi} \\[2ex] g_{jy} = \dfrac{1}{u_j} \displaystyle\sum_{i=0}^{u_j} g_{jyi} \end{cases} \tag{9.1}$$

$$\begin{cases} g_{jxi} = \dfrac{b_{ji} - b_{j(i+1)}}{a_{ji} - a_{j(i+1)}} \\[2ex] g_{jyi} = \dfrac{a_{j(i+1)} b_{ji} - a_{ji} b_{j(i+1)}}{a_{ji} - a_{j(i+1)}} \end{cases} \tag{9.2}$$

a 和 b 为中间变量,有

$$a_{ji} = \frac{k_{ji}\left(x_{ji} + (x_{j(i+2)} - x_{j(i+1)})\sqrt{\dfrac{1+k_{j(i+1)}^2}{1+k_{ji}^2}}\right) + y_{ji} - k_{ji}x_{ji} - y_{j(i+1)}}{x_{j(i+1)} + (x_{j(i+2)} - x_{j(i+1)})\sqrt{\dfrac{1+k_{j(i+1)}^2}{1+k_{ji}^2}} - x_{j(i+1)}} \tag{9.3}$$

$$b_{ji} = y_{ji} - a_{ji}x_{ji} \tag{9.4}$$

$$k_{ji} = \frac{y_{j(i+1)} - y_{ji}}{x_{j(i+1)} - x_{ji}}$$

A_j, B_j, C_j 曲线在平面上的 2 次曲线模板参数为

$$A_j = \max\left(\sqrt{(x_m - x_n)^2 + (y_m - y_n)^2}\right), \quad m \in \{1, 2, \cdots, w\}, k \in \{1, 2, \cdots, w\} \tag{9.5}$$

$$B_j = \max\left(\frac{kx_a + y_o - y_a - kx_o}{\sqrt{1+k^2}}\right), \quad a \in \{1, 2, \cdots, w\} \tag{9.6}$$

$$C_j = k \tag{9.7}$$

k 为中间变量,即

$$k = \frac{y_o - y_p}{x_o - x_p} \tag{9.8}$$

其中,x_o 和 y_o 为 A_j 中 x_m 和 y_m;x_p 和 y_p 为 A_j 中 x_n 和 y_n。

弧线笔段分析函数用 $\text{Cseg}(P_s, P_e, P_{an}, w)$ 表示,P_{an} 为弧段的笔迹点向量,w 为弧段的模板参数向量。

设 $T = [T_1, T_2, T_3, \cdots]$ 为分析向量,各元素为相关参数分析阈值,基本内容包括笔段长度区域阈值子向量 T_1,$T_1 = [\eta_1, \eta_2, \cdots, \eta_{n-1}]$,其中每一个元素为一个闭区间区域,边界值通过实验确定,后述区域阈值子向量意义类同;笔段角度区域阈值子向量 T_2,$T_2 = [\alpha_1, \alpha_2, \cdots, \alpha_{n-1}]$;弧线笔段曲率中心及弧线笔段端点坐标区域阈值子向量 T_3,$T_3 = [\rho_1, \rho_2, \cdots]$,$\rho$ 为单条弧线笔段的区域阈值子向量,含 5 个元素,分别为 g_{jx}、g_{jy}、A_j、B_j、C_j 的阈值区间。T_3 是否有元素,由字母的标准书写结构的相关笔画的笔段分割而确定,如"B"有两个元素。T_1 和 T_2 用于直线笔段分

析，T_3 用于弧线笔段分析。当字母书写模板不具备弧线笔段时 T_3 空。此外，还有关键点数目阈值 σ，畸变度阈值 ξ 等。

算法 9.1　弧线笔画跟踪与分析，即 $\mathrm{Cseg}(P_s,P_e,P_{on},w)$ 实现

输入：笔迹点向量 $p^{(l_i)}$，T_j

输出：指导意见

注释：弧线笔画的 T_j 中 T_1 和 T_2 为空，分析结果由字符串变量 CsegGuidance 带出。

步骤：

Step 1，由 $p^{(l_i)}$ 求取 $\mathrm{PM}^{(l_i)}$；拆分为 $\mathrm{PM}^{(c_1)},\mathrm{PM}^{(c_2)},\cdots,\mathrm{PM}^{(c_k)}$。

Step 2，$j\leftarrow 1$。

Step 3，计算 w_j。

Step 4，若 $w_j\notin T_j$，转 Step 6；否则 CsegGuidance←"笔段基本形状不符合书写要求"。

Step 5，若 $k\neq j$ 是则 LsegGuidance←"书写正确"；执行 Step 6；否则 $j++$；转 Step 3。

Step 6，End。

（2）弧线型笔画分析实例

以小写字母 a 作为笔画算例，书写结果如图 9-9 所示。

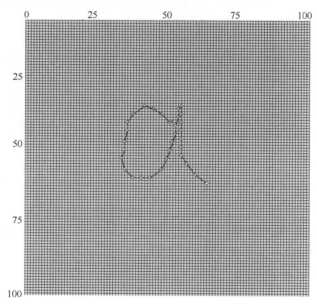

图 9-9　小写字母 a 采样图

书写采样坐标 $p^{(a)}$ 如表 9-3 所示。

表 9-3　小写字母 a 书写采样坐标

X 轴轨迹	51,48,45,42,38,36,36,35,35,34,35,38,41,44,48,50,51,52,53,53,54,54,55, 55,55,55,55,55,55,57,60,64
Y 轴轨迹	37,34,32,31,34,37,40,44,47,50,54,57,57,57,54,50,47,44,41,38,35,32,31, 34,37,40,43,46,49,52,56,59

首先对笔画进行拆分,此过程分两步进行,首先找到笔画关键点,关键点获得结果为 $\mathrm{PM}^{(a)}=\{p_1^{(a)},p_5^{(a)},p_{11}^{(a)},p_{15}^{(a)},p_{23}^{(a)},p_{29}^{(a)},p_{32}^{(a)}\}$,各元素下标为笔迹点序号,所处笔迹中位置如图 9-10 所示。

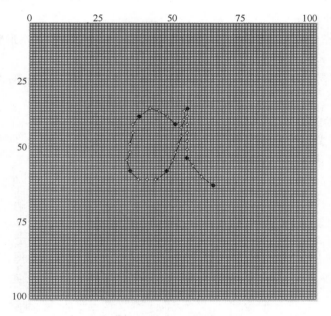

图 9-10　小写字母 a 关键点组

找到关键点之后,需要将笔画小写字母 a 的后半弧中小竖勾进行分离。通过关键点 $p_{23}^{(a)}$,将小写字母 a 分解为 arc1 和 arc2,如图 9-11 和图 9-12 所示。

分析关键点属性,在 $\mathrm{PM}^{(a)}=\{p_1^{(a)},p_5^{(a)},p_{11}^{(a)},p_{15}^{(a)},p_{23}^{(a)},p_{29}^{(a)},p_{32}^{(a)}\}$ 中,$p_1^{(a)}$ 和 $p_{32}^{(a)}$ 为笔画的起点终点,不在分析范围内,分析 $p_5^{(a)},p_{11}^{(a)},p_{15}^{(a)},p_{23}^{(a)},p_{28}^{(a)}$ 临近 2 点,如图 9-13 所示,求取各笔段夹角。

$\mathrm{ang}_1=\arctan((32-34)/(45-38))+\arctan((40-34)/(36-38))=124.37$

$\mathrm{ang}_2=\arctan((35-35)/(47-54))+\arctan((35-41)/(54-57))=116.56$

$\mathrm{ang}_3=\arctan((41-48)/(57-54))+\arctan((51-48)/(44-54))=123.89$

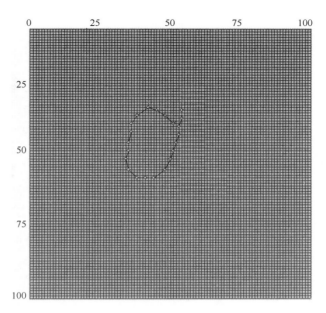

图 9-11　arc1 部分

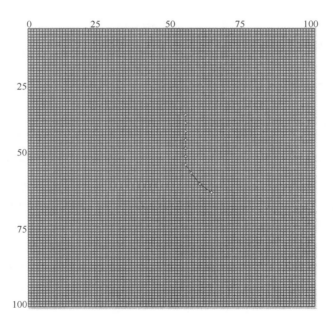

图 9-12　arc2 部分

$$\text{ang}_4 = \arctan((54-55)/(35-31)) + \arctan((55-55)/(31-37)) = 14.36$$

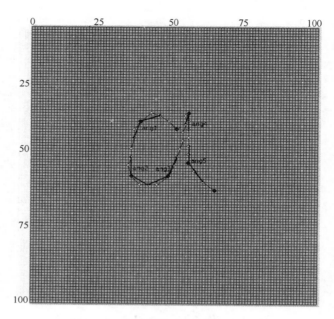

图 9-13　小写字母 a 各关键点夹角图

$$ang_5 = \arctan((55-55)/(43-49)) + \arctan((55-60)/(49-56)) = 125.53$$

笔段夹角与关键点属性的对应情况如表 9-4 所示。

表 9-4　关键点属性表

关键点位置	5	11	15	23	28
关键点类型	左上拐点	左下拐点	右下拐点	右上拐点	左下拐点
角度	124.37	116.56	123.89	14.36	125.53

$p_{23}^{(a)}$ 为角度最小的右上拐点,则 $p_{23}^{(a)}$ 为笔段拆分点。笔画被拆分 arc1 和 arc2,arc1 为 P_s 到点 $p_{23}^{(l_i)}$,arc2 为 $p_{23}^{(l_i)}$ 到终点 P_e,如图 9-11 和图 9-12 所示。此时,arc1 的笔画形状不能满足笔画指导的要求,需要进一步拆分。

已知关键点组 $\{p_1^{(a)}, p_5^{(a)}, p_{11}^{(a)}, p_{15}^{(a)}, p_{23}^{(a)}\}$,找到两个关键点 $p_{15}^{(a)}$ 和 $p_{23}^{(a)}$,在 $\{p_{15}^{(a)}, p_{16}^{(a)}, \cdots, p_{23}^{(a)}\}$ 中,找到一点 pt,pt 在 $p_{23}^{(a)}$ 和 $p_{29}^{(a)}$ 弧线上,期待是与 P_s 距离最小的点,求取得到 pt $= p_{20}^{(l_i)}$。得到 arc1 的笔段划分结果,如图 9-14 和图 9-15 所示。arc1-1部分图为一个封闭圆笔画,起点为 $p_1^{(a)}$,终点为 $p_{20}^{(l_i)}$;arc1-2 部分图为一条由下往上写的短竖线,起点为 $p_{21}^{(a)}$,终点为 $p_{23}^{(a)}$。

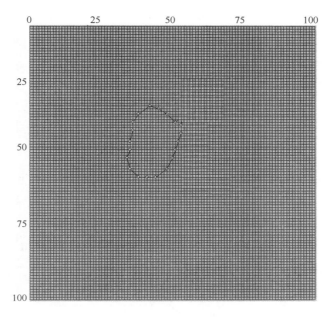

图 9-14　arc1-1 部分图

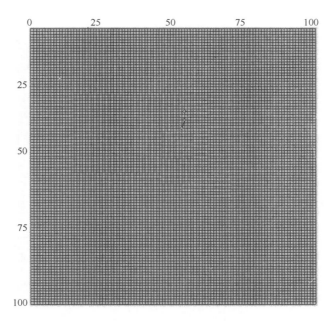

图 9-15　arc1-2 部分图

图 9-16 为小写字母"a"划分处理原理的综合示意图。将 $p^{(t_i)}$ 带入式（9.2）～

式(9.5)中,计算得到 $w=(48,49,15.52,11.21,3.75,)$,拟合形状如图 9-17 所示。

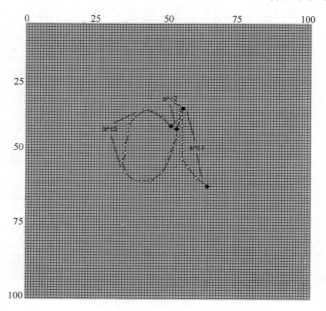

图 9-16　小写字母 a 划分结果

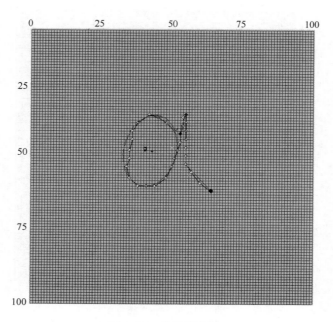

图 9-17　曲线拟合图

关于"a"的阈值结构，$\xi^{(l_1)}=0.2\ \xi^{(l_2)}=0.4\ \sigma^{(l_1)}=\sigma^{(l_2)}=2,\eta^{(l_1)}=\eta^{(l_2)}\in[20,80],\alpha^{(l_1)}=\alpha^{(l_2)}\in[-1,0]\bigcup[4,\infty],\rho_{11}^{(a)}=\rho_{g_{1x}}^{(a)}\in[30,60],\rho_{12}^{(a)}=\rho_{g_{1y}}^{(a)}\in[30,60],$
$\rho_{13}^{(a)}=\rho_{A_1}^{(a)}\in[10,35]\ \rho_{14}^{(a)}=\rho_{B_1}^{(a)}\in[5,30],\rho_{15}^{(a)}=\rho_{C_1}^{(a)}$ 不作约束。$\rho_{21}^{(a)}=\rho_{g_{2x}}^{(a)}\in[40,80],$
$\rho_{22}^{(a)}=\rho_{g_{2y}}^{(a)}\in[40,80],\ \rho_{23}^{(a)}=\rho_{A_2}^{(a)}\in[10,40]\ ,\rho_{24}^{(a)}=\rho_{B_2}^{(a)}\in[10,40],\rho_{25}^{(a)}=\rho_{C_2}^{(a)}$ 不作约束。

根据以上数据，符合阈值结构，小写字母"a"的 arc1 部分书写正确，其他部分与 arc1 的分析类似。

9.3　英文字母连写自动教学方法

与汉字讲究横平竖直和大方端正相比，英文书写的独到特征表现为笔画婉转、字体飘逸等（曹雪凌，2002；白丹，2013；许建明，2013）。英文连写的书写特点是笔画少，但笔画形态复杂多变，以二连字母为例，笔画最多的二连字母串也只有三条笔画，因此跟踪分析连写笔画的结构成为实现英文字母连写自动教学的主要难题。

9.3.1　连写笔画特点分析及分类

英文手写体的斜体是介于草写体和印刷体之间的一种独特字体，也是目前国内外英文书写中使用最广泛的一种书写形式。在手写英文中，字母间大多可以进行连写，图 9-18 为部分连写实例。图 9-18 表明，由于连写致使弧形笔画明显增多，且笔画曲率增大，两相邻字母之间的连笔表现得尤为突出，如此写出来的英文流畅、圆润而潇洒。

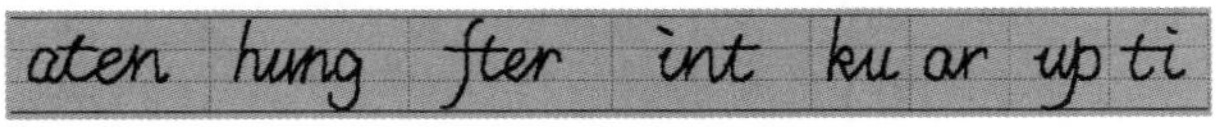

图 9-18　字母连写举例

连写笔画具有其独特的书写特点，如弧线直线交替出现，各种笔画自身相交的交点出现；在某些情况下，也存在笔画与自己重合的现象等。对于笔迹复杂的笔画，需要通过有效的切分方式提取其直线或弧线笔段进行分析。存在两个及其以上字母数的连写结构，两字母连写是基础，任意的多字母连写都表现为两字母连写链接结构。根据标准英语手写体的斜体字帖（龙恒充，2009），以两字母连写为例，按连写方式的不同将连写字母分成三类。

1. 英文字母直接斜连写

英文字母的直接斜连写是连写中的一个大类，同时也是最难书写的类别，书写过程中笔迹不断改变着曲率和走向而延伸，不像直线、简单弧线笔画书写目标清晰。直接斜连写笔画中形成笔段的特征点较为隐蔽,笔画形变的方式繁多,任意一个部分的形变都将导致字形的不正确。这类笔画又分为以下两小类。

① a/c/d/e/h/i/k/l/m/n/u 等收笔上挑的字母,与 e 的起笔相连,可以进行直接斜连写,同时该种类型的连写,连写笔段具有唯一性。图 9-19 给出了该书写方式书写实例。

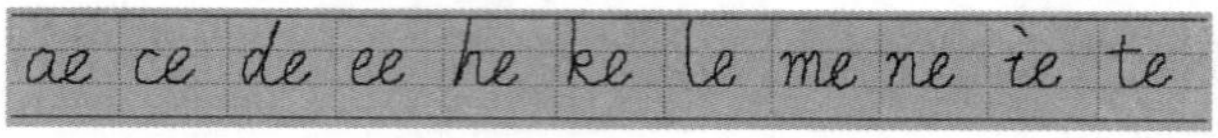

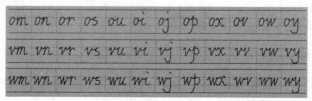

图 9-19　以字母 e 结尾的直接斜连写

② a/c/d/e/h/i/k/l/m/n/u 等收笔上挑的字母,正好与 i/j/m/n/p/r/s/t/u/v/w/x/y 的起笔相连,同样可以进行直接斜连写。绝大部分英文直接斜连写都属这类方式,图 9-20 为相应的书写方式书写实例。

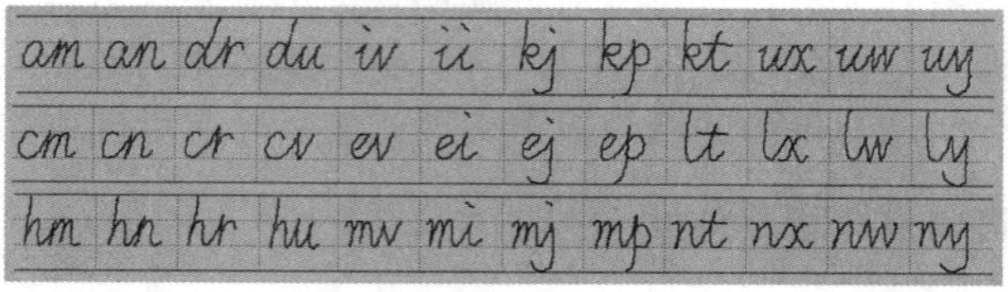

图 9-20　以 i/j/m/n/p/r/s/t/u/v/w/x/y 结尾的直接斜连写

2. 英文字母直接横连写

英文字母的直接横连写也是连写中重要的一类,它们同样由一条复杂的弧线笔画构成,但只是前一字母元同后一字母元以一小短线相连。对于这类英文连写,一般只要将单一字母元书写好,且把握好连写字母元之间的间距,就能把握好这类连写方式。这类连写方式的字母也可能本身就曲率复杂,因此也存在一定书写难度。此类笔画分为以下两小类。

① 在英文连写的书写中,有一种字母相邻方式为前一字母元的落笔和后一字母元的起笔在同一水平位置,且处于四线格中第二条直线的位置,即 o/v/w 与后面字母连写时,如与 i/j/m/n/p/r/s/t/u/v/w/x/y 相连,以一短线联系前后字母。如图 9-21 所示的该书写方式的书写实例。

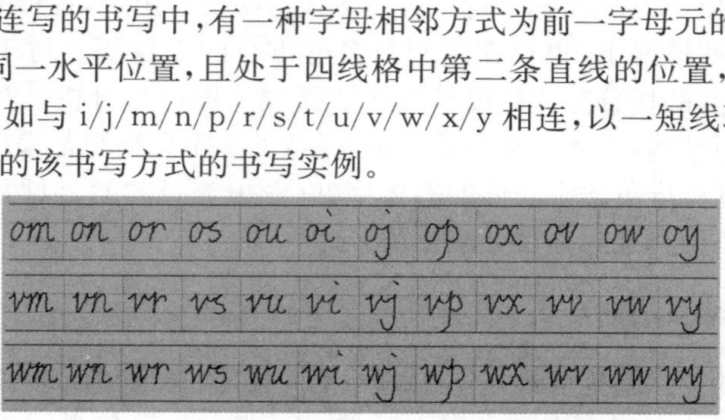

图 9-21　以 o/v/w 为首字母元的直接横连写

② 另一种英文字母的直接横连写为含有"f/t"字母元的连写字母。由于字母"f/t"含有短横笔画,与该种字母进行连写时,若"f/t"为首字母元,则使用短横连接后一字母元;若"f/t"非首字母元,则只有落笔于四线格中第二条直线位置的字母才能与之以横线相连。该书写方式的书写实例如图 9-22 所示。

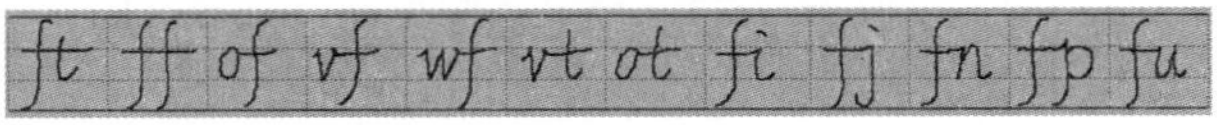

图 9-22　与 f/t 字母元连接的直接横连写

3. 英文字母相靠连写与不连写

英文单词中总有一些相邻的字母既不符合直接斜连写的条件也不符合直接横连写的条件,如 pe、py、ju、ok、ta 这类相邻字母元收笔与起笔不衔接、笔顺也不一致,若勉强进行连写,不但书写效果不美观,书写的流畅度和速度也会大打折扣。

① 有一类英文相邻字母虽然不能进行连写,但是在书写时可以紧挨着书写,就如同进行了连写。这种相靠连写本质上还是单独书写每个字母元,并没有进行连笔,如 fa、kd、oc、ia、vg、xo 等,书写方式如图 9-23 所示。

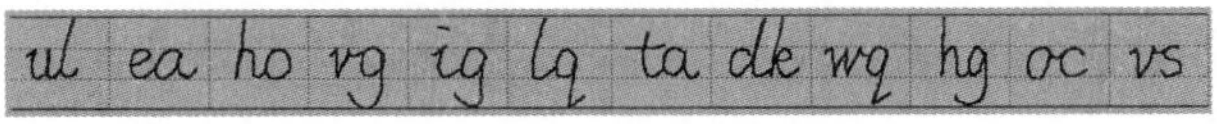

图 9-23　英文字母相靠连写

② 相邻字母既不能进行连写,也无法靠着写,这样的英文相邻字母结构称为拒连结构,这类相邻字母有 bi、cb、oh、ja、yh 等,书写实例如图 9-24 所示。

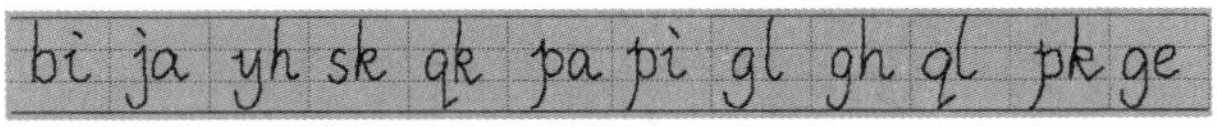

图 9-24　英文字母不连写

9.3.2　字母连写中的错误笔画分析

学习英文连写的人群可分为两类:一类为初学字母连写的小学高年级学生,另一类为刚刚形成错误写字习惯的青少年。这两类人群均处于发育期,身心状况不够成熟,习字时由于驭笔能力差,行笔时用力不均衡、行笔速度不合理等原因,可能导致书写笔迹抖动厉害或笔画僵硬不连贯,或握笔不稳导致应一笔完成的连写笔画从中断裂等现象。另外,由于其心理发育不够成熟,也可能会导致笔画认识错误,即在书写时当连不连,当断不断,或者是笔画顺序及笔画关系认知含糊影响书写效果。

通过分析学生的纸质练习簿作业情况发现,学生在进行书写训练的过程易发生的书写错误都具有相似性与普遍性,将他们的书写笔迹(实写样本)与标准手写体书写字模(标准模板)进行比较后可以将错误分为三种类型,即书写位置错误、连写笔画形状错误、连写笔画认知错误。

图 9-25(b)是对图 9-25(a)中的书写进行的局部放大,其中"this is"不仅"hi"、"si"进行了勉强的连写,同时所有字母 i 的笔顺均书写错误,且末尾的字母 s 书写中出现了笔迹反复与抖动的"绳结"现象;单词"Is"中大写字母 I 不应参与连写却与字母 s 进行了勉强连写,导致字形畸变;单词"mozart"中"moza"四个应该相靠斜连写的字母元却进行了直接斜连写,字母 t 应当两笔完成却写成了一笔,书写效果极不理想。从整体上看,该笔迹潦草,单词之间该断未断,多处连写与断笔位置不合理,也未按照正确的四线格位置书写,多处地方书写产生了斜向上或斜向下的偏移。这些错误表明该生书写过程中行笔速度较快,握笔不稳,同时在认知上对英文连写的笔顺、连写方式、当连字母与不当连字母的认识不清,勉强的字母连写严重影响了书写流畅度与美观度。

(a) 听写大图　　　　　　　　　　(b) 局部放大

图 9-25　小学 6 年级学生实写文字

1. 书写位置错误

青少年儿童由于认知简单、随意性心理强,练习时可能不会按照四线格的标准位置进行正确书写。图 9-26 列举了部分可能出现书写位置错误的书写实例。

① "vj"的正确书写方式。字母元"v"占满四线格第二格,字母元"j"的主体部分占满四线格第二、三格,点落于第一格之中,"j"主体的上方。

② "of"的正确书写方式。字母元"o"占满四线格第二格,并且与字母元"f"的横线笔画连写,字母元"f"的主体部分占满全部四线格。

由图 9-26(b)和图 9-26(d)所示错误书写方式可归纳出以下几类位置型错误。

① 位于四线格第二格的字母元,学生实际书写位置可能偏上或偏下,甚至直接偏离到第一、三格,如图 9-26(b)中第 1、3、4、5 格中与图 8-26(d)中第 2、5 格

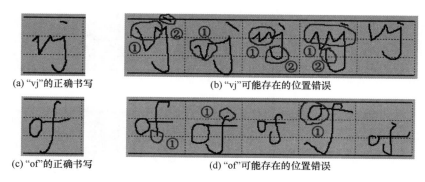

(a) "vj"的正确书写　　　　　　　(b) "vj"可能存在的位置错误

(c) "of"的正确书写　　　　　　　(d) "of"可能存在的位置错误

图 9-26　几种书写位置错误方式

所示。

② 书写占满四线格第二、三格的字母元,学生书写时可能占满全部四线格,或书写位置偏移到一、二格,如图 9-26(b)中第 1、5 格所示。

③ 对于书写占满全部四线格的字母元"f",学生书写时可能由于驭笔能力差导致"f"字体过小无法占满全部四线格,亦或者笔画完全形变,如图 9-26(b)中第 1、3、4、5 格所示。

④ 整体看来,学生的书写可能出现连写字母整体偏上/偏下、整体偏大/偏小,整体斜向上/斜向下,笔迹超出四线格等情况,这些都会在一定程度的影响书写效果。

2. 连写笔画形态错误

连写笔画允许出现需要弧线直线交替、笔画自相交且交点数目和位置变化、笔画自重合等书写情况时的书写形态,但初学者较难准确把握。图 9-27 例举了可能出现的部分形态畸变的书写实例。

在"em"的正确书写过程中,该字串应一笔连写完成,由于该连写笔画迂回冗长,且字母元"e"含有自交点,字母元"m"多次笔段自重合,想要正确、平稳、光滑的完成该连写,应特别注意笔画起点位置,把握好字母元间距。

在学生实际书写过程中,"em"可能出现的以下形态错误。

① 由于"em"一笔完成且结构紧凑,学生在连笔位置由于收不住笔速引起字母元"m"变形(图 9-27(b)第 1 格中问题①处),或者出现"滑笔"(图 9-27(b)第 3 格中问题②处)。

② 由于学生无法自如的掌控行笔方向,导致书写中途停止或迂回,造成"绳结"现象(图 9-27(b)第 3 格中问题③处)。

③ 字母元"e"起笔位置不正确导致笔形错误,若起笔过高则丢失交点,字形畸变为字母"c",若起笔过低则书写字形像"o",甚至出现"笔头"(图 9-27(b)第 2、3、5

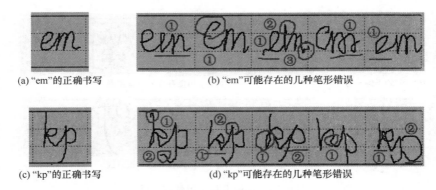

(a) "em"的正确书写　　　　　　　　(b) "em"可能存在的几种笔形错误

(c) "kp"的正确书写　　　　　　　　(d) "kp"可能存在的几种笔形错误

图 9-27　几类由连写笔画形态畸变造成的书写错误

格中问题①处）。

④ 字母元"m"的重合笔段畸变为圆环（图 9-27(b)第 4 格中问题①处）。

在"kp"的正确书写过程中，该字串两笔完成，第一笔为涉及两字母的连写笔画，从字母元"k"的起笔开始，直到字母元"p"的"丿"画结束；第二笔为"p"的右半弧。字母元"k"的书写难点在于重合笔段之后紧跟自相交交点，交点位置的把握是连写笔画的书写重点。

在学生实际书写中，可能出现的形态错误如图 9-27(d)所示。

① 行笔速度过快，触摸笔由于书写笔力不当引起飘笔，即笔迹转折或终止处出现跳跃线段（图 9-27(d)第 1 格中问题②处）。

② 在笔画转折点把握不准方向，引起笔向左偏或右偏，如书写"k"的回折笔段时，本应与上一笔段重合，却出现回转相交或明显偏离（图 9-27(d)第 2、3 格中问题①处）。

③ 由"滑笔"现象引起字母元"k"中交点位置不正确，没有交点或交点处笔迹混乱等情况（图 9-27(d)第 1、4、5 格中问题①处）。

④ 由于连写笔画过长而出现断笔又续接的情况（图 9-27(d)第 2 格中问题②处）。

3. 连写笔画认知错误

一些低龄用户由于其心理发育不够成熟，认知简单，可能对连写英文产生认识性错误，或者随感觉进行书写，导致众多错误连写方式的出现，如该连的则未连、应当停止连写的不停止，或只求"形"似而不管书写笔顺，或完全不在意连写的正确性，只求能连接就行。图 9-28 所示为部分书写错误示例。

(1) "bo"的正确书写过程

字母元"b"和"o"由于前者落笔位置与后者起笔位置不衔接，所以不连写，每

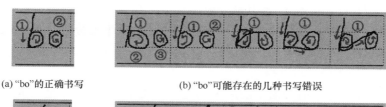

| (a) "bo"的正确书写 | (b) "bo"可能存在的几种书写错误 |

(c) "ch"的正确书写　　　　　　　　　　(d) "ch"可能存在的几种书写错误

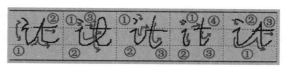

(e) "it"的正确书写　　　　　　　　　　(f) "it"可能存在的几种书写错误

图 9-28　几类由连写方式不对造成的书写错误

个字母元均一笔书写完成。

在学生实际书写中,由于无人指导,可能出现由认知偏差造成的书写错误,如图 9-28(b)所示。

① 由于对字母"b"行笔走向认识不清,用一竖和一个圈两笔完成书写。

② 将"b"当做"6"来书写。

③ 认为"bo"相邻可以进行连写,连写后字母元"o"的书写方向改变为顺时针。

④ 认为"bo"相邻可以进行连写,并且连写时连写笔画从字母元"o"的下方绕行。

⑤ 认为"bo"相邻可以进行连写,同时连写笔画僵硬的横穿字母元"b"和"o"。

(2) "ch"的正确书写过程

字母元"c"和"h"由于前者落笔位置与后者起笔位置间隔太远,只进行相靠连写,即"c"和"h"仍然单独进行书写。

在学生实际书写中,由认知错误有可能造成的错误书写种类如图 9-28(d)所示。

① 将"ch"进行直接斜连写,由于字母间间距遥远,连笔僵硬不自然。

② 仍将"ch"进行直接斜连写,由于书写者想缩小字母元的间距,书写"h"时产生了形变,草书中有这类连写方式,而初学者学习的手写斜体字中没有。

③ 对字母元"c"认识错误,"c"的书写形似字母"e"。

④ 将"ch"进行直接斜连写,由于书写"c"起笔过低,又为书写紧凑,使得连写

笔段接续字母元"c"的起笔,使其畸变成"o"。

⑤ 对"ch"的笔画认识错误,将字母"c"与"h"的后半部分进行连写,之后补上"h"的竖画。

(3)"it"的正确书写过程

字母元"i"和"t",前者落笔与后者起笔可完美衔接,因此一笔完成书写,并且首先书写连写笔画,再依次书写点画和横画。

在学生实际书写中,由认知错误可能造成的书写错误如图 9-28(b)所示。

① 对笔顺认识不清,先写点画,并由于书写连续性,点画与连写笔画连成了一笔。

② 不但笔顺错误,字母元"i"与"t"的连笔也因书写过宽导致"t"产生形变。

③ 国人书写"t"这类字母时喜欢先书写横画,所以连写时将"i"与"t"的横画相连,这是笔顺认识不清的结果。

④ 认为"it"不能连写,同时"i"的笔顺书写错误。

⑤ 连笔间距过远导致字形畸变。

9.3.3　连写笔画跟踪模板构建

这里以龙恒充(2009)提供的英语斜体连写体字帖为参照标本,主要参照两字母连写结构。针对英文连写中最复杂的直接斜连写和直接横连写书写方式,对连写字母的笔画进行模板构建。虽然连写笔画的总体结构无法比拟于任何范类曲线,但可分解为堪比范类曲线的笔段,从这一认识出发,进行基于图域、时域笔迹关键点分割笔段、拟合范类曲线实现跟踪字母连写笔画的方法研究。从图域提取起止点,闭环式交点链;从时域提取 x、y 方向极点、正弦 π 点向量;综合两域关键点向量,通过该向量分割连写笔画形成有序的范类曲线的笔段。范类曲线设定为二次曲线、正弦曲线、直线三大类。模板笔段经最小二乘法获取最佳拟合曲线,而实写笔段关键点直接与拟合曲线进行贴近度分析。

图 9-29(a)为"de"连写的笔迹采样图。书写过程如图 9-29(b)所示,笔迹以 A 为起点,沿箭头方向行笔,以 E 为终点结束书写。图 9-29 (c)和图 9-29(d)分别表示该笔画 x、y 方向的时域走向图。笔画完整结构为非标准曲线,无法直接进行完整的笔迹跟踪。比照范类曲线,该连写笔画可有序分割成五段范类曲线笔段,分别近似为椭圆笔段($A{\rightarrow}B$ 段)、直线笔段($B{\rightarrow}Bx$ 段)、抛物线笔段($Bx{\rightarrow}C$ 段)、椭圆笔段($C{\rightarrow}D$ 段)及抛物线笔段($D{\rightarrow}E$ 段)。

1. 笔段分类

综合分析二连字母笔画的结构特性,按笔段的拟似形状及其数学模型结构将

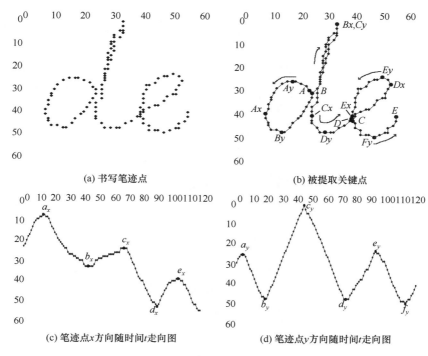

(a) 书写笔迹点　　　　　　　　　　(b) 被提取关键点

(c) 笔迹点 x 方向随时间 t 走向图　　　(d) 笔迹点 y 方向随时间 t 走向图

图 9-29　各类关键点的几何构图

笔段归纳为二次曲线(包括椭圆类、椭圆弧类、抛物线等)、正弦曲线类和直线类等三大类。相关连写字母示例如表 9-5 所示,类别不清晰的笔段提供多种拟合模板以便于跟踪。

表 9-5　特征笔段分类表

拟合类别		笔段示例	含类似笔段的字母连线或字母元
椭圆类		*ax oy dj kt er*	a、o、d、k、e 等闭口字母元
椭圆弧类	①	*ci*	c、p 等字母元
	②	*di dt lj du ar*	i、t 字母元,l 等带直接斜连写的笔段

续表

拟合类别	笔段示例	含类似笔段的字母连线或字母元
抛物线类	*cn cn cu* *hv or ej*	m、u、v、r 等字母元,e 等带直接斜连写的笔段,直接横连写笔段
正弦曲线类	*vc ej*	x、h、i
直线类	*ei hw dr du ej*	点,横线、k、h、r、d、p 等字母元,部分直接斜连写笔段,剩余简单笔段

2. 连写笔画综合关键点向量生成

跟踪模板为范类曲线系数向量表达的标准笔画笔段拟合曲线。不论是标准书写笔画还是练习者实写笔画,第一步均为通过图域、时域双域提取关键点,以保障关键点数目足够且有特征性,同时加入时间元素检测笔画方向和笔画顺序的正误。关键点提取过程的工作结构如图 9-30 所示。

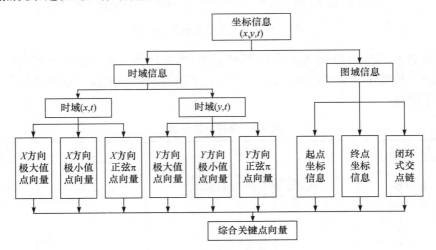

图 9-30 关键点提取过程图

（1）关键点向量生成

文字书写图域坐标以书写格左上角为原点,向右为 x 轴正方向,向下为 y 轴正方向。实时采集图域的笔迹点信息得到笔画的图域二维坐标序列向量,将图域二维坐标序列向量进行时域分解得到分别以 x、y 为横纵坐标的时域坐标序列向量。通过图域、时域分析建立综合笔迹关键点描述向量来跟踪分析模板笔画与实写笔画。

对于任意一条书写笔画(模板笔画与练习者实书笔画在关键点提取过程中步骤一致),系统收集其笔迹坐标与时间信息,根据信息搜索关键点。其中,图域二维笔迹产生的关键点向量记为 PG,时域单维笔迹产生的关键点向量记为 PT。由 PG 和 PT 综合生成的关键点向量记为 PK。

(2) PG 及其生成

嵌入式系统 μOS 按固定的时间间隔 P 对触控屏上笔尖的触感区域进行点迹信息采集,用 P 表示由此获得的包含时序信息的图域二维坐标向量,$P = [p_0, p_1, \cdots, p_n] = [(x_0, y_0), (x_1, y_1), \cdots, (x_n, y_n)]$。由向量 P 获得的关键点向量记为 $PG = [p_s, p_e, p_d]$,每个关键点由四元结构表示,前两元为图域坐标,第三元为关键点在向量 P 中的时序码,用 C 表示,第四元为关键点属性码,用 S 表示。

p_s 为连笔笔画起点,$p_s = (x_{st}, y_{st}, C_{st}, S_{st})$,几何构图为图 9-29(b)中 A 点。

p_e 为连笔笔画终点,$p_e = (x_{ed}, y_{ed}, C_{ed}, S_{ed})$,几何构图为图 9-29(b)中 E 点。

p_d 为连笔笔画闭环式交点链,$p_d = [p_{d1}, p_{d2}, \cdots, p_{dn_0}]$,其中 $p_{di} = [(x_{di_1}, y_{di_1}, C_{di_1}, S_{di}), (x_{di_2}, y_{di_2}, C_{di_2}, S_{di})]$($i \in \{1, 2, \cdots, n_0\}$),满足条件 $|x_{di_1} - x_{di_2}| < \delta$,$|y_{di_1} - y_{di_2}| < \delta$,$C_{di_1} \neq C_{di_2}$,$\delta$ 为阈值,在图 9-29(b)中 A 和 B 构成闭环式交点链 p_d 的第一节点,C 和 D 构成 p_d 的第二节点。

(3) PT 及其生成

为实现字母连写,不可避免会出现笔迹重叠或方向多变现象,如图 9-29(b)中笔段"$Bx \rightarrow B$"与笔段"$A \rightarrow Bx$"出现了大量重叠笔迹点。若只限于提取图域关键点,关键点的属性分析难度将急剧增加,同时因可提取的关键点数量偏少将会导致笔段分割不精准,同时导致形态识别的正确率下降,对此引入笔迹时域分解图及相应的时域向量。

分解向量 P 得时域向量 $P_x = [p_x^{(0)}, p_x^{(1)}, \cdots, p_x^{(n)}] = [(x_0, C_0), (x_1, C_1), \cdots, (x_n, C_n)]$,$P_y = [p_y^{(0)}, p_y^{(1)}, \cdots, p_y^{(n)}] = [(y_0, C_0), (y_1, C_1), \cdots, (y_n, C_n)]$。通过对 P_x 和 P_y 的分析获得笔画单向单调性变化状态、单向极值点信息。由 P_x 和 P_y 获得的关键点向量记为 $Pt = [p_{xbt}, p_{xpp}, p_{xsz}, p_{ybt}, p_{ypp}, p_{ysz}]$。每个关键点元素为三元描述结构,第一元为 x 或 y 的坐标信息,第二元为时序码 C,第三元为属性码 S。

p_{xbt} 为笔画在 x 方向的极大值点序列子向量,$p_{xbt} = [P_{xbt}^{(0)}, P_{xbt}^{(1)}, \cdots, P_{xbt}^{(i)}, \cdots, P_{xbt}^{(n_1)}]$,其中 $P_{xbt}^{(i)} = (x_{xbi}, C_{xbi}, S_{xb})$,几何构图为图 9-29(c)中 a_x、c_x 和 e_x 组成的序列。

p_{xpp} 为笔画在 x 方向的极小值点序列子向量,$p_{xpp} = [P_{xpp}^{(0)}, P_{xpp}^{(1)}, \cdots, P_{xpp}^{(i)}, \cdots,$

$P_{xpp}^{(n_2)}$]，其中 $P_{xpp}^{(i)}=(x_{xpi}, C_{xpi}, S_{xp})$ ，几何构图为图 9-29(c)中点 b_x 和 d_x 组成的序列。

p_{xsz} 为笔画在 x 方向的正弦 π 点子向量，$p_{xsz}=[P_{xsz}^{(0)}, P_{xsz}^{(1)}, \cdots, P_{xsz}^{(i)}, \cdots, P_{xsz}^{(n_3)}]$，其中 $P_{xsz}^{(i)}=(x_{xsi}, C_{xsi}, S_{xs})$ 。

p_{ybt} 为笔画在 y 方向的极大值点序列子向量，$p_{ybt}=[P_{ybt}^{(0)}, P_{ybt}^{(1)}, \cdots, P_{ybt}^{(i)}, \cdots, P_{ybt}^{(n_4)}]$，其中 $P_{ybt}^{(i)}=(x_{ybi}, C_{ybi}, S_{yb})$ ，几何构图为图 9-29(d)中点 a_y、c_y 和 e_y 组成的序列。

p_{ypp} 为笔画在 y 方向的极小值点序列子向量，$p_{ypp}=[P_{ypp}^{(0)}, P_{ypp}^{(1)}, \cdots, P_{ypp}^{(i)}, \cdots, P_{ypp}^{(n_5)}]$，其中 $P_{ypp}^{(i)}=(x_{ypp}, C_{ypp}, S_{yp})$ ，几何构图为图 9-29(d)中点 b_y、d_y 和 f_y 组成的序列。

p_{ysz} 为笔画在 y 方向的正弦 π 点子向量，$p_{ysz}=[P_{ysz}^{(0)}, P_{ysz}^{(1)}, \cdots, P_{ysz}^{(i)}, \cdots, P_{ysz}^{(n_6)}]$，其中 $P_{ysz}^{(i)}=(x_{ysi}, C_{ysi}, S_{ys})$ 。

极点运用单调法生成，记 1，0，−1 为单调递增，单调性不变和单调递减三种状态。令 u 为笔迹点某方向横坐标值，ϕ 为该方向的单调标注值，则单调标注向量的算法为

$$\phi=\begin{cases} 1, & f(u)>0 \\ 0, & f(u)=0 \\ -1, & f(u)<0 \end{cases} \tag{9.9}$$

其中，$f(u)=u_i-u_{i-1}$。

设某段笔画 x 方向的单调标注向量为{−1,0,−1,0,0,0,1,1}，则该笔画存在连续三个 x 方向极小值点，p_{xpp} 记录其中心点信息。

对于正弦 π 点生成方法，采用单调法获得笔画单调标注向量，若存在某笔段的单调标注向量满足 x、y 方向单调性均保持不变，则过该笔段的两端点求一条直线；若该直线与该笔段有且只有一个交点，则视该交点为笔画 x 方向的正弦 π 点，存入 p_{xsz}。

为方便后续处理，使 Pt 与 PG 同维，将 Pt 中每个关键点子向量各自增加在时域中缺省的坐标元，相应的向量记为 PT，$PT=[p_{xb}, p_{xp}, p_{xz}, p_{yb}, p_{yp}, p_{yz}]$。$p_{xb}$，$p_{xp}$，$p_{xz}$，$p_{yb}$，$p_{yp}$，$p_{yz}$ 依次对应 p_{xbt}，p_{xpp}，p_{xsz}，p_{ybt}，p_{ypp}，p_{ysz}。

(4) PK 及其生成

将图域时域关键点向量 PG 和 PT 按时序码 C 由小到大的顺序进行排列，得到综合关键点向量 PK，$PK=[p_i(x_i, y_i, C_i, S_i), (i=0,1,\cdots,m)]$，以便进行之后的笔迹跟踪分析，$PK$ 的生成如算法 9.2 所示。在进行关键点提取时，首先对笔画书写骨架进行初步分析，如笔画的整体位置是否正确（由于英文四线格书写方式的特点，对笔迹 y 方向位置要求非常精确而对 x 方向位置限制得并不严格，所以在分析位置时只针对 y 坐标位置进行分析），笔画 x、y 方向的单调性变化，各类关键

点提取数目是否与标准笔画出入等,不但可以减小分析运算量,也为之后是否能正确提取笔段做好铺垫。

算法 9.2　*PK* 生成

输入:*P*

输出:*PK*,关键点跟踪意见由 Guidance 析出

注释:$Dx[\ ]$,$Dy[\ ]$ 分别为 x、y 方向的单调标注向量;$Pt[\ ]$ 将时域关键点按类型及出现顺序进行存储;$N[\ ]$ 统计除起止点外各类关键点的数目。$\gamma_\tau (\tau=\mathrm{sy},\mathrm{ey},\mathrm{ymax},\mathrm{ymin})$ 分别表示笔画中起点、终点的 y 方向坐标位置阈值范围,笔画 y 方向最大最小值阈值范围;$\sigma^{(i)}$ 表示交点、极点及正弦 π 点的关键点数目阈值;η_x 和 η_y 表示 x 和 y 方向单调性变化的阈值向量集,以上阈值域为经验求取。

步骤:

Step 1,在 P 中求取 P_x、P_y、p_s、p_e 和 p_d。

Step 2,若 $(P_s. y\in\gamma_{sy})$ and $(p_e. y\in\gamma_{ey})$,执行 Step 3;否则 Guidance←"起笔或落笔位置不正确,请正确书写";转 Step 14。

Step 3,若 $(P_{ymax}. y\in\gamma_{ymax})$ and $(p_{ymin}. y\in\gamma_{ymin})$,执行 Step 4;否则 Guidance←"笔画整体位置书写不正确,请正确书写";转 Step 14。

Step 4,j←0。

Step 5,$Dx[j]$←Mono$(Px[j]-Px[j-1])$;$Dy[j]$←Mono$(Py[j]-Py[j-1])$;$j++$;若 $j\leqslant n$,执行 Step 6;否则转 Step 7。

Step 6,若 $(Dx[\ ]\in\eta_x)$ and $(Dy[\ ]\in\eta_y)$,转 Step 5;否则,Guidance←"笔画基本走向错误,请注意笔画书写方向";转 Step 14。

Step 7,j←0;i←0;t←0。

Step 8,TTyp$[i]$←Extr$(Px[j],Px[j+1],Py[j],Py[j+1])$;$Pt[i][t++]$←TType$[i]$;$j++$;若 $j<n$,执行 Step 8;否则顺序执行。

Step 9,j←0;i←1。

Step 10,$N[0][j]$←count$(p_d. \mathrm{size})$;$N[i][j]$←count$(Pt[i])$。

Step 11,若 $N[i]\in\sigma^{(i)}$,执行 Step 12;否则 Guidance←"关键点提取数目不正确,笔画基本笔形错误";转 Step 14。

Step 12,$Pt[i][j]\rightarrow PT[\xi][\ ]=[p_\xi(x_{ij},y_{ij},C_{ij},S_i),(\xi=xb,xp,xz,yb,yp,yz)]$。

Step 13,将 p_s,p_e,p_d,PT 按时序码 C 由小到大送 PK。

Step 14,End.

3. 笔段提取

笔段提取是指在综合关键点向量 *PK* 中确定可提取笔段的起点与终点,一条

被提取的笔段包含 $\sigma(\sigma \geqslant 2)$ 个关键点。为了将无规则的连写笔画切分成能直接进行拟合的范类曲线笔段,PK 以表 9-5 所示曲线为类别,按"椭圆→正弦→椭圆弧→抛物线→直线"顺序对 PK 所包含的曲线笔段进行提取。

这里需要指出的是,对于简单笔画,如点、横线、字母元"p"的右半弧之类,也需要经过笔段提取的算法模块,但由于它的关键点特征非常明晰,通过笔段提取模块时整条笔画将直接视为一条笔段,进行拟合贴近度分析。例如,字母元"t"的横线笔画,该笔画只含有两个关键点(起点、终点),通过笔段提取算法模块后,将被直接视为直线笔段进入下一分析步骤。

算法 9.3　笔段提取

输入:PK

输出:笔段关键点子向量 V_{cut}

注释:Vcutcode[ ]储存被提取笔段拟合类型码,code(m) 表示笔段拟合类型码;Vcut[ ]存储提取笔段子向量。函数 PkRedistribution( )、ConicPutIn( ),SinusoidalPutIn( )、LinePutIn( )分别实现关键点重组、二次曲线、正弦曲线、直线拟合笔段提取功能函数。

步骤:

Step 1,$i \leftarrow 0$;$t[\ ] \leftarrow 0$;$k \leftarrow 0$。

Step 2,若 p_d. size( ) $- t[k] \neq 0$,执行 Step 3;否则 Step 7。

Step 3,$j \leftarrow 0$;Vcutcode$[i] \leftarrow$code(1)。

Step 4,Vcut$[i][j] \leftarrow$ConicPutIn($p_d[t[k]]$,$p_k[\ ]$);$t[k]{+}{+}$。

Step 5,$Pk[\ ] \leftarrow$PkRedistribution($Pk[\ ]$)。

Step 6,$i{+}{+}$;转 Step 2。

Step 7,$k{+}{+}$;若 p_{xz}. size( ) $- t[k] \neq 0$,执行 Step 8;否则 Step 10。

Step 8,$j \leftarrow 0$;Vcutcode$[i] \leftarrow$code(2)。

Step 9,Vcut$[i][j] \leftarrow$SinusoidalPutIn($p_{xz}[t]$,$p_k[\ ]$);$t[k]{+}{+}$;转 Step 5。

Step 10,若 Pk. size$\geqslant 4$,执行 Step 11;否则 Step 13。

Step 11,求取 Pk 中 x、y 方向单调标注向量;若存在连续 4 个关键点且满足 $(Dx[\ ] \in \eta_x)$ and $(Dy[\ ] \in \eta_y)$,执行 Step 12;否则 Step 13。

Step 12,$j \leftarrow 0$;Vcutcode$[i] \leftarrow$code(3);Vcut$[i][j] \leftarrow$ConicPutIn($p_k[\ ]$);转 Step 5。

Step 13,若 Pk. size$\geqslant 3$,执行 Step 14;否则 Step 16。

Step 14,求取 Pk 中 x、y 方向单调标注向量;若存在连续 3 个关键点且满足 $(Dx[\ ] \in \eta_x)$ and $(Dy[\ ] \in \eta_y)$,执行 Step 15;否则 Step 16。

Step 15,$j \leftarrow 0$;Vcutcode$[i] \leftarrow$code(4);Vcut$[i][j] \leftarrow$ConicPutIn($p_k[\ ]$);转 Step 5。

Step 16,$j\leftarrow0$；Vcutcode$[i]\leftarrow$code(5)；Vcut$[i][j]\leftarrow$LinePutIn($p_k[\ ]$)。
Step 17,End。

4. 曲线拟合

将从模板笔画中提取的笔段(或者简单笔画)进行范类曲线拟合,选取最佳拟合系数向量,该系数向量还原而成的拟合曲线即为相应笔段(或笔画)的跟踪模板。当待拟合笔段所含关键点数大于或等于拟合所需最少方程数时,可直接代入关键点进行曲线拟合,否则分析相邻关键点间时序码 C 的差值,采用二分法在时距最远的两关键点间插入一辅析点(辅析点从向量 P 中提取,是该笔段笔迹信息点中的一员),直到关键点数目足够,且适度多余能进行笔段拟合的最小数目,便停止辅析点的插入。此时,记待拟合笔段(或笔画)中新的关键点向量为 PK_l,包含的关键点数为 σ_l 个。

(1) 二次曲线拟合

在给定直角坐标系中,平面上二次曲线的一般方程为
$$q=ax^2+bxy+cy^2+dx+ey+f=0$$
其中,a,b,c 不全为零。

相应的不变量 I_1,I_2 和 I_3 分别为

$$I_1=a+c,\quad I_2=\begin{vmatrix} a & b/2 \\ b/2 & c \end{vmatrix},\quad I_3=\begin{vmatrix} a & b/2 & d/2 \\ b/2 & c & e/2 \\ d/2 & e/2 & f \end{vmatrix} \tag{9.10}$$

通过二次曲线不变量对二次曲线进行分类,这里将识别标志以外的二次曲线统称为其他二次曲线(表 9-6),其中 Θx 为类型阈值,Θx 越小曲线越接近抛物线。

表 9-6　由不变量判断二次曲线类别

类型	类别	识别标志
椭圆型($I_2>\Theta x$)	椭圆、椭圆弧、其他二次曲线	$I_1<0,I_3<0$,其他
抛物型($0<I_2<\Theta x$)	抛物线,其他二次曲线	$I_3\neq0$,其他

依据最小二乘原理,对椭圆、椭圆弧、抛物线类曲线笔段进行二次曲线拟合,$\hat{q}_i=\hat{a}_ix_i^2+\hat{b}_ix_iy_i+\hat{c}_iy_i^2+\hat{d}_ix_i+\hat{e}_iy_i+\hat{f}$,通过残差平方中值公式 $\varepsilon_1=\mathrm{med}\sum_i(q_i-\hat{q}_i)^2$ 可以获得 a_i,b_i,c_i,d_i,e_i,f_i 的估计值 $\hat{a}_i,\hat{b}_i,\hat{c}_i,\hat{d}_i,\hat{e}_i,\hat{f}_i$。计算 ε_1 的最小二乘线性方程组为

$$
\begin{bmatrix}
\sum\limits_{j=1}^{m} x_{ij}^4 & \sum\limits_{j=1}^{m} x_{ij}^3 y_{ij} & \sum\limits_{j=1}^{m} x_{ij}^2 y_{ij}^2 & \sum\limits_{j=1}^{m} x_{ij}^3 & \sum\limits_{j=1}^{m} x_{ij}^3 y_{ij} \\[6pt]
\sum\limits_{j=1}^{m} x_{ij}^3 & \sum\limits_{j=1}^{m} x_{ij}^2 y_{ij} & \sum\limits_{j=1}^{m} x_{ij} y_{ij}^3 & \sum\limits_{j=1}^{m} x_{ij}^2 y_{ij} & \sum\limits_{j=1}^{m} x_{ij} y_{ij}^2 \\[6pt]
\sum\limits_{j=1}^{m} x_{ij}^2 y_{ij}^2 & \sum\limits_{j=1}^{m} x_{ij} y_{ij}^3 & \sum\limits_{j=1}^{m} x_{ij} y_{ij}^3 & \sum\limits_{j=1}^{m} x_{ij} y_{ij}^2 & \sum\limits_{j=1}^{m} y_{ij}^3 \\[6pt]
\sum\limits_{j=1}^{m} x_{ij}^3 & \sum\limits_{j=1}^{m} x_{ij}^2 y_{ij} & \sum\limits_{j=1}^{m} x_{ij} y_{ij}^2 & \sum\limits_{j=1}^{m} x_{ij}^2 & \sum\limits_{j=1}^{m} x_{ij} y_{ij} \\[6pt]
\sum\limits_{j=1}^{m} x_{ij}^2 y_{ij} & \sum\limits_{j=1}^{m} x_{ij} y_{ij}^2 & \sum\limits_{j=1}^{m} y_{ij}^3 & \sum\limits_{j=1}^{m} x_{ij} y_{ij} & \sum\limits_{j=1}^{m} y_{ij}^2
\end{bmatrix}
\begin{bmatrix}
\hat{a}_i \\ \hat{b}_i \\ \hat{c}_i \\ \hat{d}_i \\ \hat{e}_i
\end{bmatrix}
= -f_i
\begin{bmatrix}
\sum\limits_{j=1}^{m} x_{ij}^2 \\[6pt]
\sum\limits_{j=1}^{m} x_{ij} y_{ij} \\[6pt]
\sum\limits_{j=1}^{m} y_{ij}^2 \\[6pt]
\sum\limits_{j=1}^{m} x_{ij} \\[6pt]
\sum\limits_{j=1}^{m} y_{ij}
\end{bmatrix}
\tag{9.11}
$$

另有

$$
a_i x^2 + b_i xy + c_i y^2 + d_i x + e_i y + f_i = 0 \tag{9.12}
$$

其中, $m = \sigma_i^{\mathrm{con}} - 1$, 由最小二乘法迭代规则知拟合关键点数 $\sigma_i^{\mathrm{con}} \geqslant 6$。在 $\varepsilon_{\mathrm{con}} = \min\limits_{X_1} \mathrm{med} \sum\limits_{i=1}^{k_1} (q_i - \hat{q}_i)^2$ 下获得理想笔段二次曲线的最佳拟合系数向量 $D = [\hat{a}\ \hat{b}\ \hat{c}\ \hat{d}\ \hat{e}\ \hat{f}]$ 及相应的决定系数 $\overline{R}$, $\hat{X}_1$ 为判断二次曲线拟合成功的阈值, $k_1 = C_{\sigma_i^{\mathrm{con}}}^6$。

（2）正弦曲线拟合

在给定的直角坐标系中,设平面上正弦曲线的一般方程为 $y = A\cos(\omega x) + B\sin(\omega x) + C$, 其中 $\omega = 2\pi/T$, 周期 $T = |\ Pa. x - Pb. x\ |$ 由待拟合理想笔段中与拐点相邻的极大极小值点 x 坐标确定。依据最小二乘原理对正弦曲线进行拟合, $\hat{y}_i = \hat{A}_i \cos(\omega x_i) + \hat{B}_i \sin(\omega x_i) + \hat{C}_i$, 通过残差平方和公式 $\varepsilon_2 = \sum\limits_{i} (y_i - \hat{y}_i)^2$ 可以获得 A_i, B_i, C_i 的估计值 $\hat{A}_i$, $\hat{B}_i$, $\hat{C}_i$。

为求 ε_2 构造如下矩阵,即

$$
\boldsymbol{\Psi} = \begin{bmatrix}
\cos(\omega x_1) & \sin(\omega x_1) & 1 \\
\cos(\omega x_2) & \sin(\omega x_2) & 1 \\
\vdots & \vdots & \vdots \\
\cos(\omega x_k) & \sin(\omega x_k) & 1
\end{bmatrix}, \quad
x = \begin{bmatrix} \hat{A}_i \\ \hat{B}_i \\ \hat{C}_i \end{bmatrix}, \quad
y = \begin{bmatrix} y_1 \\ y_2 \\ \vdots \\ y_k \end{bmatrix}
\tag{9.13}
$$

ε_2 的矩阵计算结构为

$$
\varepsilon_2 = (y - \boldsymbol{\Psi} x)^{\mathrm{T}} (y - \boldsymbol{\Psi} x) \tag{9.14}
$$

由最小二乘法迭代规则有拟合关键点数 $\sigma_i^{\mathrm{sin}} \geqslant 3$。在最小残差平方和 $\varepsilon_{\mathrm{sin}} = \min\limits_{X_2} \sum\limits_{i=1}^{k_2} (y_i - \hat{y}_i)^2$ 下获得理想笔段正弦曲线的最佳拟合系数向量 $E =$

$[\hat{A}\quad\hat{B}\quad\hat{C}\quad\hat{\omega}]$ 及相应的决定系数 $\bar{R}$，其中 $\hat{X}_2$ 为判断正弦曲线拟合成功的阈值，$k_2 = C_{\sigma_l^{\sin}}^3$。

（3）直线拟合

在给定直角坐标系中，设平面上直线的一般方程为 $y = kx + l$。同样依据最小二乘原理对直线进行拟合，即 $\hat{y}_i = \hat{k}_i x_i + \hat{l}_i$，通过残差平方和公式 $\varepsilon_3 = \sum_i (y_i - \hat{y}_i)^2$ 可以获得 K_i 和 L_i 的估计值 $\hat{k}_i$ 和 $\hat{L}_i$。

为求 ε_3 构造如下矩阵，即

$$\Gamma = \begin{bmatrix} x_1 & 1 \\ x_2 & 1 \\ \vdots & \vdots \\ x_k & 1 \end{bmatrix}, \quad x = \begin{bmatrix} \hat{k}_i \\ \hat{L}_i \end{bmatrix}, \quad y = \begin{bmatrix} y_1 \\ y_2 \\ \vdots \\ y_k \end{bmatrix} \tag{9.15}$$

ε_3 的矩阵计算结构为

$$\varepsilon_3 = (y - \Gamma x)^{\mathrm{T}} (y - \Gamma x) \tag{9.16}$$

由最小二乘法迭代规则有拟合关键点数 $\sigma_l^{\text{line}} \geqslant 2$。在最小残差平方和 $\varepsilon_3 = \min_{X_3} \sum_{i=1}^{k_3} (y_i - \hat{y}_i)^2$ 下获得理想笔段直线的最佳拟合系数向量 $F = [\hat{k}\hat{L}]$，求出相应的决定系数 $\bar{R}$，其中 $\hat{X}_3$ 为判断直线拟合成功的阈值，$k_3 = C_{\sigma_l^{\text{line}}}^2$。

9.3.4 连写笔画跟踪及评价实现

模板笔画笔段拟合后，将范类曲线的最佳拟合系数保存为该笔画笔段的书写跟踪模板。在实际训练时，对练习者实际书写笔画进行关键点提取，笔段提取，若在这两个步骤中系统未跟踪到书写错误，则将被提取笔段与相应模板拟合系数还原而成的曲线进行贴近度分析，并根据贴近度的优劣评价书写的好坏。

练习者实写笔画的跟踪过程：求取实写笔画关键点，之后提取笔段关键点子向量，在提取笔段类型与模板笔段类型一致的条件下，将笔段关键点与对应最佳拟合系数向量还原而成的范类曲线进行贴近度分析。

由于书写者实写笔迹位置不会与模板笔迹位置完全一致，在计算决定系数之前需先找到实写笔迹中待分析笔段坐标中心，并平移至模板笔段坐标中心位置。

实写笔段笔迹点为 $p(x_i, y_i)$，则 $x_i^{\text{new}} = x_i + \mu_x$，$y_i^{\text{new}} = y_i + \mu_y$，其中

$$\mu_x = \frac{1}{i} \sum_i x_i - \tau_x^{\text{mode}} \tag{9.17}$$

$$\mu_y = \frac{1}{i} \sum_i y_i - \tau_y^{\text{mode}} \tag{9.18}$$

式中，τ_x^{mode} 和 τ_y^{mode} 为模板笔迹点对应笔段 x 方向和 y 方向的坐标中心。

采用决定系数 R 对实写笔段关键点与模板笔段的拟合曲线进行贴近度分

析,有

$$R^2 = 1 - \frac{\sum\limits_{i}(Q_i - \hat{Q}_i)^2}{\sum\limits_{i}(Q_i - \overline{Q})^2} \tag{9.19}$$

其中,Q_i 表示实写笔段坐标值;$\hat{Q}_i$ 表示由对应系数向量还原的笔段拟合曲线的估计值;$\overline{Q}$ 表示实写笔段坐标平均值。

根据实验经验对实写笔迹与模板笔迹决定系数的差值 $|R-\overline{R}|$ 进行阈值设定,并由决定系数 R 的阈值划分获得拟合贴近度 $r_f^{(i)}$ 的评价标准,如表 9-7 所示。

表 9-7　$r_f^{(i)}$ 的评价标准

$|R-\overline{R}|$	≤0.01	0.01~0.03	0.03~0.05	0.05~0.1	0.1~0.2	≥0.2
r_f	1	0.9	0.8	0.7	0.6	0

对于具有 n 条拟合笔段的笔画,设 $r_f^{(i)}$ 为其第 i 条拟合笔段的书写质量,$\lambda_i(i=1,2,\cdots,n)$ 为标记笔段笔迹点数目的权值。普遍来说,较长的笔段比短促的笔段更难把握笔形,出现字形质量不佳的情况更加常见,因此设 l 为参与曲线拟合的总笔迹点数,l_i 为第 i 条笔段的笔迹点数,有

$$\lambda_i = l_i \Big/ \sum_{j=1}^{n} l_j \tag{9.20}$$

实写笔画最终的综合拟合贴近度为

$$r_f = \sum_{i=1}^{n}(r_f^{(i)}\lambda_i) \tag{9.21}$$

实际书写笔画的跟踪及评价实现算法如下。

算法 9.4　笔画拟合评价

输入:$P,V_{\text{cutcode}},V_{\text{cut}}$

输出:曲线拟合贴近度由 Guidance 析出

注释:V_{cc} 为模板笔画笔段拟合类型码向量;RResult[]存储拟合决定系 $R,r[]$ 存储笔画拟合贴近度评分。辅析点插入功能由函数 MDPutIn()实现;求取实写笔段关键点与最佳拟合系数还原曲线的决定系数 R 由函数 CoefficientDeter()实现,求取实写笔画最终拟合贴近度由函数 Quality()实现。

步骤:

Step 1,若 Vcutcode[]≠Vcc,Guidance←"书写笔画与标准笔画相似度过低,笔形不正确,请认真书写";转 Step 9;否则顺序执行。

Step 2,i←0。

Step 3,若 Vcut[i].size()≤$\sigma_l^{(i)}$,执行 Step 4;否则 Step 5。

Step 4,Vcut[i][]←MDPutIn(Vcut[i][j].C,Vcut[i][$j+1$].C);转 Step 3。

Step 5,RResult[i]←CoefficientDeter(Pcut[i]);

Step 6,i++;若 i<Vcut. size()−1,执行 Step 7;否则 Step 3。

Step 7,r[]←Quality(RResult[],w[])。

Step 8,Guidance←r[]。

Step 9,End。

9.4　实验及其效果分析

"点、横、竖、左斜(捺)、右斜(撇)"5 条笔画可以汉字、英文、汉语拼音三文种共享,英文与汉语拼音有少数一笔成字的字母笔画,如 c、e、o、s、z、v 等可以两文种共享,汉语拼音无大写字母书写学习,因此单体英文手写字母的笔画与连写字母串的连写笔画基本都具有独特性,独特笔画的在多文种融合系统中的编码原理与实现方法参阅第 3、7、8 章,本节不予赘述。字母关系即为部件关系,处理策略雷同汉语拼音。

9.4.1　单体英文字母书写教学实验

图 9-31 为取自一位 6 岁用户在实验系统进行实际书写试验过程的系统书写载体界面变化截图,图 9-31(a)为选字界面,两行供练习选择的字母中,"B"和"L"为蓝色即为用户选择的练习字母,练习数目为 2。细分格线为虚拟练习簿原格线,粗分格线(或红分格线)为根据用户所选练习次数临时加画的分格线。在图 9-31(b)中,第一个字母书写正确,第二个字母由于笔画 B 字弧下半部分笔画形态出现较大畸变,系统给出了"基本形状错误"的指导意见。"B"重写正确后,接着写"L",在图 9-31(c)中,第一个字母书写正确,第二个字母由于笔画 L 第二个笔段的斜率过大,系统给出了"折线 L 中收笔横过斜,请写平一些"的指导意见。

系统对大写字母 B 的分析结构如下。

标准模板按两笔写完"B",第二笔为双弧线笔画纵方向叠写,相应给定的阈值结构:$\xi^{(l_1)}=0.2,\xi^{(l_2)}=0.4,\sigma^{(l_1)}=2,\sigma^{(l_3)}=3,\eta^{(l_1)}\in[20,80],\alpha^{(l_1)}\in[-1,0]\cup[4,\infty],\rho_1^{(l_{21})}\in[20,60],\rho_2^{(l_{21})}\in[10,30],\rho_3^{(l_{21})}\in[10,40],\rho_4^{(l_{21})}\in[10,40],\rho_5^{(l_{21})}$ 不作约束。$\rho_1^{(l_{22})}\in[20,60],\rho_2^{(l_{21})}\in[40,80],\rho_3^{(l_{21})}\in[10,40],\rho_4^{(l_{21})}\in[10,40],\rho_5^{(l_{21})}$ 不作约束。

未给 l_1 设置 T_3,也没有给 l_2 设置 T_1、T_2。

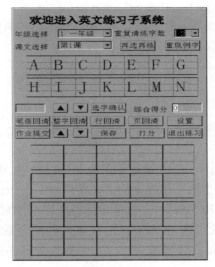

(a) 选"B，L"练习

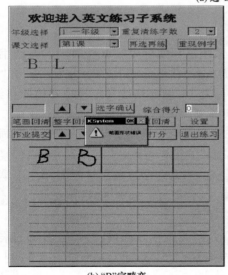

(b) "B"字畸变

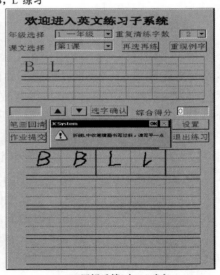

(c) "B"写好后第2个"L"畸变

图 9-31 "B"、"L"的书写指导试验

图 9-31(b)中第一个"B"的笔迹采样数据经预处理后如表 9-8 所示，第二个"B"的笔迹点坐标采集数据经预处理后如表 9-9 所示。

表 9-8　图 9-31(b)中第一个"B"的笔迹点坐标

文字	笔画		笔迹坐标
B_1	l_1	X	44,44,44,44,44,44,44,43,42,41
		Y	15,20,25,30,36,43,48,53,58,63
	l_2	X	48,54,60,65,65,65,60,55,49,48,54,59, 65,67,67,61,55,50,45
		Y	12,12,13,16,21,27,32,35,36,37,37,39, 44,51,56,60,61,61,61

表 9-9　图 9-31(b)中第二个"B"的笔迹点坐标

文字	笔画		笔迹坐标
B_1	l_1	X	43,42,41,40,40,37,35,33,32,31,30
		Y	13,19,24,29,34,41,48,53,59,64,63
	l_2	X	45,50,55,60,66,69,69,65,58,52,46,46, 58,66,72,79,86,91,93,92,91,87,84,80, 75,69,62,57,52,47,42,36
		Y	09,09,09,11,14,19,24,29,32,34,34,35, 35,35,36,38,41,45,51,56,62,69,74,79, 81,81,77,72,64,59,59,58

表 9-10 为字母各笔画的形状模型参数表,其中 Lo 为直线笔画的笔段向量,An 为直线笔画笔段的斜率向量。由算法 9.1 分别求得 B_1 和 B_2 的 l_2 的各形态参数如表 9-10;B_1 和 B_2 的 l_1 的 P_m 仅为起点和终点,因此 2 个"B"的 l_1 的 Lo 和 An 均只有一个元素。

表 9-10　笔画形状模型参数表

文字	笔画	P_s	P_e	P_m	Lo	An	g	w
B_1	l_1	(44,15)	(41,63)	1,10	{48.09}	{16.00}	无	无
	l_2	(48,12)	(45,61)	1,4,10, 15,17,19	无	无	(41,20) (39,59)	(25.00,17.00,99) (24.33,22.36,2.6)
B_2	l_1	(43,13)	(30,63)	1,10	{51.66}	{ 3.84 }	无	无
	l_2	(45,09)	(36,58)	1,5,10,17, 20,25,31	无	无	(33,19) (64,45)	(25.02,14.32,36) (55.31,26.37,11.75)

对于 l_2，第二个 $g_{x1}=33$ ，$33\in\rho_1^{(l_{21})}$，满足约束；$g_{y1}=19,19\in\rho_2^{(l_{21})}$，满足约束。
$g_{x2}=64,64\notin\rho_1^{(l_{22})}$，出现错误。错误位置在笔画 l_2 的下半弧上，错误提示为"基本
形状错误"（语音同步播放）。

9.4.2　字母连写教学实验

1. 连笔数据获取

二次曲线分类阈值 $\Theta x=0.01$。实验字范围为所有可直接斜连写和直接横连
写的二连字母串，共 273 个，邀请了 6 名小学五年级学生和 4 名初中一年级学生进
行实验，实验书写共 20 种连写字母 1000 字。图 9-32（a）为取自一名初一学生在
本指导系统实际书写"he"的截图。图 9-32（b）为其点迹图，笔迹数据见表 9-10 笔
画栏，PG 从点迹图中提取，共 4 个点。图 9-32（c）和图 9-32（d）分别为笔迹 x 和 y
方向的时域图，Pt 由时域图笔迹点生成，PT 对应 pt 中的关键点，共 8 个点。
图 9-32（e）为笔迹实际分割结果，图中被标注的点为笔段分割点。各类关键点数
据见表 9-11 相应栏目，PK_l 栏中下划线标注点为插入的辅析点。

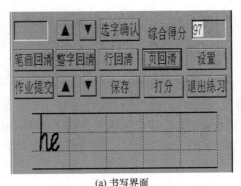

(a) 书写界面

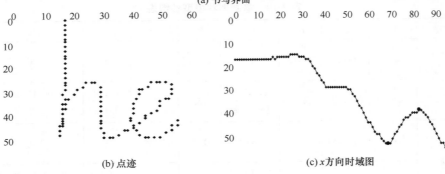

(b) 点迹　　　　　　　　　　　　　　(c) x方向时域图

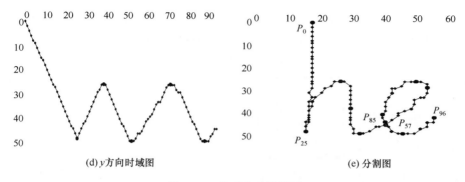

(d) y 方向时域图　　　　　　　　　　　(e) 分割图

图 9-32　"he"实验结果图

表 9-10　实写"he"连写字母的原始笔迹点数据

笔画		笔迹坐标
P	x	18 18 18 18 18 18 18 18 18 18 18 18 18 18 18 18 17 18 17 17 17 17 17 16 16 16 16 17 17 17 18 18 19 21 22 22 24 25 27 28 29 30 30 30 30 30 31 31 31 31 32 33 34 36 38 39 41 43 45 45 47 49 50 50 52 53 54 54 54 52 50 49 47 46 44 43 43 42 41 41 41 40 40 41 42 43 45 46 48 50 52 54 54 56 56
	y	1 3 5 7 9 10 12 14 16 17 19 21 23 25 27 28 30 32 34 36 38 40 42 44 45 47 49 47 45 43 42 40 38 36 34 32 30 29 27 27 27 29 31 33 35 37 39 41 43 44 46 48 50 50 50 49 47 47 46 44 42 41 40 39 37 35 34 34 32 30 28 27 27 27 27 29 30 30 32 34 36 38 40 42 43 45 47 49 50 50 50 50 48 47 45 45 43

表 9-11　实写"he"连写字母的关键点数据

PG	$p_s = [p_0] = [(18,1)]$, $p_e = [p_{96}] = [(56,43)]$, $p_c = \{p_{c1}\} = \{[p_{57}, p_{85}]\}$ $= \{[(41,46),(41,45)]\}$	PT	$p_{xb} = [p_{68}] = [(54,30)]$, $p_{xp} = [p_{83}] = [(40,42)]$, $p_{xz} = [p_{45}] = [(30,37)]$, $p_{yp} = [p_{39}, p_{72}] = [(27,27),(50,27)]$, $p_{yb} = [p_{25}, p_{52}, p_{89}] = [(16,49),(33,50),(46,50)]$

PK	$p_0(18,1)$, $p_{25}(16,49)$, $p_{39}(27,27)$, $p_{52}(33,50)$, $p_{57}(41,46)$, $p_{68}(54,30)$, $p_{72}(50,27)$, $p_{83}(40,42)$, $p_{85}(41,45)$, $p_{89}(46,50)$, $p_{96}(56,43)$

	l_1	l_2	l_3	l_4
PK_l	$p_{57}(41,46)$, $p_{62}(49,39)$, $p_{68}(54,30)$, $p_{72}(50,27)$, $p_{78}(43,32)$, $p_{83}(40,42)$, $p_{85}(41,45)$	$p_{25}(16,49)$, $p_{32}(18,36)$, $p_{39}(27,27)$, $p_{45}(30,37)$, $p_{52}(33,50)$, $p_{57}(41,46)$,	$p_{85}(41,45)$, $p_{87}(43,49)$, $p_{89}(46,50)$, $p_{92}(52,48)$, $p_{94}(54,45)$, $p_{96}(56,43)$	$p_0(18,1)$, $p_{12}(18,23)$, $p_{25}(16,49)$

　　图 9-33(a)为一名小学五年级学生在本指导系统实际书写"at"的截图。图 9-33(b)为其点迹图,笔迹数据见表 9-12 笔画栏;图 9-33(c)和图 9-33(d)分别为连写笔画 x 方向和 y 方向的时域图。图 9-33(e)为横线笔画 x 方向和 y 方向的时域图。图 9-33(f)为笔迹实际分割结果。图中被标注的点为笔段分割点。各类

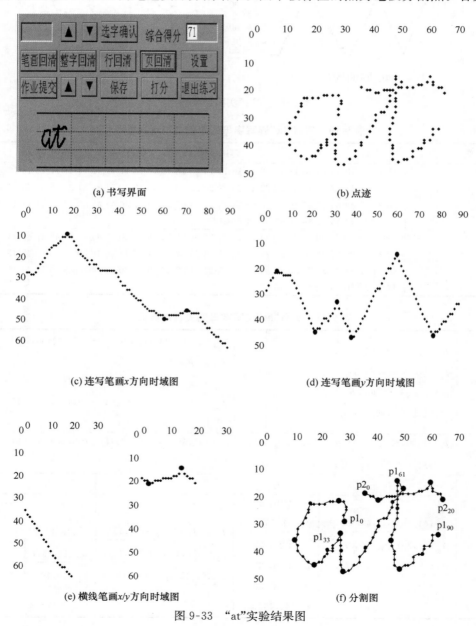

(a) 书写界面　　　　　　　　　　　　　　　(b) 点迹

(c) 连写笔画 x 方向时域图　　　　　　　　　(d) 连写笔画 y 方向时域图

(e) 横线笔画 x/y 方向时域图　　　　　　　　(f) 分割图

图 9-33　"at"实验结果图

关键点数据如表 9-13 所示，PK_{l1}栏中下划线标注点为插入的辅析点。

表 9-12　实写“at”连写字母的原始笔迹点数据

<table>
<tr><th>笔画</th><th colspan="2">笔迹坐标</th></tr>
<tr><td rowspan="2">P_1</td><td>x</td><td>29 29 30 30 29 27 25 24 22 20 18 17 16 16 15 14 12 12 11 12 12 14 16 18 20 21 22 23 25 23 25 25 27 28 28 28 28 28 28 28 29 31 33 35 35 37 37 39 40 41 42 42 44 45 46 47 47 47 48 49 49 49 51 51 49 49 49 49 49 48 48 47 47 47 48 48 48 48 50 52 53 55 55 57 58 59 59 61 62 62 64</td></tr>
<tr><td>y</td><td>30 28 26 25 23 23 23 23 24 24 24 24 26 27 29 31 33 35 37 39 41 43 45 46 45 45 43 41 41 42 40 39 37 35 37 39 41 43 44 46 48 48 46 45 43 41 40 38 36 34 32 30 29 29 27 25 23 21 21 19 17 16 18 20 22 24 25 27 29 31 33 35 37 39 41 42 44 46 47 46 46 45 43 42 42 40 39 39 37 35 35</td></tr>
<tr><td rowspan="2">P_2</td><td>x</td><td>37 39 40 42 43 45 46 48 50 51 53 55 57 58 60 61 62 62 64 65 66</td></tr>
<tr><td>y</td><td>20 21 21 22 22 21 21 21 20 20 20 20 19 19 18 16 18 19 20 20 22</td></tr>
</table>

表 9-13　实写“at”连写字母的关键点数据

<table>
<tr><td>PG_1</td><td>$p_s=[p_0]=[(29,30)]$,
$p_e=[p_{90}]=[(64,35)]$,
$p_c=\{p_{c1}\}=\{[p_0,p_{33}]\}$
$=\{[(29,30),(28,35)]\}$</td><td>PT_1</td><td colspan="2">$p_{xb}=[p_{62}]=[(51,18)]$,
$p_{xp}=[p_{18},p_{72}]=[(17,31),(47,37)]$,
$p_{yb}=[p_5,p_{33},p_{61}]=[(27,23),(28,35),(49,16)]$,
$p_{yp}=[p_{23},p_{40},p_{78}]=[(18,46),(29,48),(50,47)]$</td></tr>
<tr><td>PK_1</td><td colspan="4">$p_0(29,30)$, $p_5(27,23)$, $p_{18}(17,31)$, $p_{23}(18,46)$, $p_{33}(28,35)$, $p_{40}(29,48)$, $p_{61}(49,16)$, $p_{62}(51,18)$, $p_{72}(47,37)$, $p_{78}(50,47)$, $p_{90}(64,35)$</td></tr>
<tr><td rowspan="2">PK_{l1}</td><td>l_1</td><td colspan="2">l_2</td><td>l_3</td></tr>
<tr><td>$p_0(29,30)$, $p_5(27,23)$,
$\underline{p_{11}(17,24)}$, $p_{18}(17,31)$,
$p_{23}(18,46)$, $\underline{p_{28}(25,41)}$,
$p_{33}(28,35)$</td><td colspan="2">$p_{33}(28,35)$, $\underline{p_{36}(28,41)}$,
$p_{40}(29,48)$, $\underline{p_{46}(37,40)}$,
$\underline{p_{50}(42,30)}$, $\underline{p_{56}(47,23)}$,
$p_{61}(49,16)$</td><td>$p_{61}(49,16)$, $p_{62}(51,18)$,
$\underline{p_{67}(49,27)}$, $p_{72}(47,37)$,
$p_{78}(50,47)$, $\underline{p_{84}(58,42)}$,
$p_{90}(64,35)$</td></tr>
<tr><td>PG_2</td><td>$p_s=[p_0]=[(37,20)]$,
$p_e=[p_{20}]=[(66,22)]$</td><td>PT_2</td><td colspan="2">$p_{yb}=[p_3]=[(42,22)]$,
$p_{yp}=[p_{15}]=[(61,16)]$</td></tr>
<tr><td>PK_2</td><td colspan="4">$p_0(37,20)$, $p_3(42,22)$, $p_{15}(61,16)$, $p_{20}(66,22)$</td></tr>
</table>

2. 跟踪过程

① 单笔画连写字母以"he"为例，其模板的各笔段拟合系数向量分别如下。

第一，椭圆拟合参数 $D=[0.6378\quad 0.6732\quad 0.3741\quad -83.11\quad -57.85\quad 2939]$，标准笔段拟合贴近度 $\bar{R}^2=0.9910$。

第二，正弦曲线拟合参数 $E=[-14.61\quad 3.6\quad 39.83\quad 0.2515]$，标准笔段拟合贴近度 $\bar{R}^2=0.9462$。

第三，抛物线拟合参数 $D=[-0.5648\quad 0\quad 0\quad -53.69\quad -5.182\quad 1015]$，标准笔段拟合贴近度 $\bar{R}^2=0.9725$。

第四，直线拟合参数 $F=[-25.09\quad 450.86]$，标准笔段拟合贴近度 $\bar{R}^2=0.9915$。

采用 MATLAB 求取书写例字中模板笔画笔段的曲线拟合系数向量，并采用计算决定系数 R 的方式判断拟合贴近度的优劣。图 9-32 是学生实写"he"的连写笔画被顺序分割为椭圆、正弦曲线、抛物线和直线笔段。

实写笔画的笔段 l_i 笔迹点数为 29，关键点数 $\sigma_{l1}^{con}=7$，与拟合曲线的贴近度为

$$R_{l1}^2=1-\sum(Q-\hat{Q})^2/\sum(Q-\bar{Q})^2=1-\{[(46-44.93)^2+(39-39.51)^2+$$
$$(30-30.02)^2+(27-26.56)^2+(32-32.73)^2+(42-41.97)^2+(45-44.93)^2]/$$
$$[(46-37.29)^2+(39-37.29)^2+(30-37.29)^2+(27-37.29)^2+$$
$$(32-37.29)^2+(42-37.29)^2+(45-37.29)^2]\}=1-2.133/347.4=0.9939。$$同理，笔段 l_2 笔迹点数 33，关键点数 $\sigma_{l2}^{sin}=6$，与拟合曲线的贴近度为 $R^2=0.9323$；笔段 l_3 笔迹点数 12，关键点数 $\sigma_{l3}^{con}=6$，与拟合曲线的贴近度为 $R^2=0.9462$；笔段 l_4 笔迹点数 27，关键点数 $\sigma_{l4}^{line}=3$，与拟合曲线的贴近度为 $R^2=0.9960$。

由此可得该笔画与标准笔画的拟合贴近度为 $r_f=1\times29/100+0.9\times33/100+0.9\times12/100+1\times27/100=0.965$，即该单笔画连写字母书写的拟合贴近度为 0.965。

② 多笔画连写字母以"at"为例，其模板的各笔段拟合系数向量分别如下。

第一，笔画一椭圆拟合参数 $D=[0.7556\quad 0.5142\quad 0.4057\quad -45.65\quad -39.58\quad 1100]$，标准笔段拟合贴近度 $\bar{R}^2=0.9893$。

第二，笔画一椭圆弧拟合参数 $D=[0.8477\quad 0.4757\quad 0.2345\quad -71.47\quad -32.04\quad 1685]$，标准笔段拟合贴近度 $\bar{R}^2=0.9911$。

第三，笔画一椭圆弧拟合参数 $D=[0.9830\quad 0.0730\quad 0.1683\quad -108.6\quad -8.932\quad 3232]$，标准笔段拟合贴近度 $\bar{R}^2=0.9653$。

第四，笔画二直线拟合参数 $F=[0.0875\quad 23.00]$，标准笔段拟合贴近度 $\bar{R}^2=0.9945$。

在图 9-33 中学生实写"at"连写笔画被顺序分割为椭圆和两段椭圆弧,横线笔画为一条直线。

连写笔画的笔段 l_1 笔迹点数 35,关键点数 $\sigma_{l1}^{con}=7$,与拟合曲线的贴近度为 $R_{l1}^2=0.9034$。同理,笔段 l_2 笔迹点数 28,关键点数 $\sigma_{l2}^{con}=7$,与拟合曲线的贴近度为 $R^2=0.8319$;笔段 l_3 笔迹点数 30,关键点数 $\sigma_{l3}^{con}=7$。与拟合曲线的贴近度为 $R^2=0.9462$。横线笔画笔迹点数 21,关键点数 $\sigma_{p2}^{line}=4$,与拟合曲线的贴近度为 $R^2=0.8627$。

由此可得连写笔画与标准笔画的拟合贴近度为 $r_f^1=0.7\times35/93+0.6\times28/93+0.9\times30/93=0.7344$;横线笔画与标准笔画的拟合贴近度为 $r_f^2=0.6000$。

"at"书写的综合拟合贴近度为 $r_f=0.7344\times90/111+0.6\times21/111=0.709$。

3. 效果分析

图 9-34(a)为实验教学系统字母连写练习结构显示示例,表明这些连写字母结构为一年级第 1 课的连写练习内容。其他子图是多位同学在教学系统实际书写结果的典型截图,其中图 9-34(c)、图 9-34(d)、图 9-34(f)为第一类连写例,图 9-34(b)和图 9-34(e)为第二类连写例。图 9-34(b)和图 9-34(c)为小学五年级学生所书写,图 9-34(d)、图 9-34(e)、图 9-34(f)为两位初中一年级学生书写。图 9-34(b)和图 9-34(d)、图 9-34(e)的书写有误,经系统分析给出了指导意见,图 9-34(d)和图 9-34(f)笔形与笔画关系正确且良好,系统给出了笔画综合得分。

(a) 练习内容显示

(b) 第4次连写出错

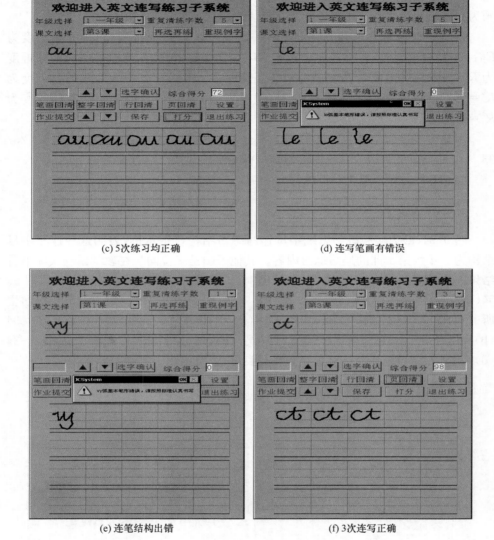

(c) 5次练习均正确   (d) 连写笔画有错误

(e) 连笔结构出错   (f) 3次连写正确

图 9-34 系统演示示例

实验效果分析如表 9-14 所示,每类实验字母串结构采集实验样本 50 次。实验数据表明,本章方法实时跟踪时间、关键点误提率等重要指标满足实用要求。

表 9-14　实验效果分析

实验字母结构	笔画数目	模板笔段数目	模板笔画拟合迭代总次数	贴近效果/R²	实时跟踪时间/s	关键点误提率/%	笔段误提率/%	笔画关系误辨率/%
de	1	5	<40	0.97	1.5	10	4.4	0
vy	1	5	<40	0.89	1.1	2	0	0
au	1	4	<30	0.93	1.3	4	6.1	0
et	2	3	<30	0.97	<1.0	2	4	4
ft	3	3	<20	0.92	<1.0	0	0	6
li	2	2	<20	0.99	<0.5	0	0	4

与现有笔迹跟踪相关成果(王淑侠,等,2007;Minoru,et al.,2013)比较,实验表明本章方法由于特征点提取更合理,在笔段拟合次数及拟合效果方面较另两种方法均具有明显优势,对比结果如图 9-35 所示。

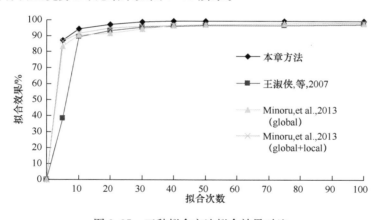

图 9-35　三种拟合方法拟合效果对比

与现有笔段切分、提取的相关成果(虞瑾,等,2007;马建平,等,2013)比较,本章方法在关键点误提率和笔段误提率方面较另两种方法误提率都明显偏小,对比结果如图 9-36 所示。

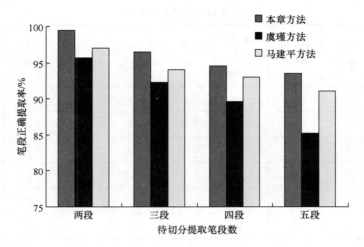

图 9-36　三种笔段提取方法效果对比

第 10 章　文字书写自动教学教室系统

已有的教室系统大多为虚拟教室系统(Ketmaneechairat,et al.,2013;Glava,et al;2011)、多媒体教室系统(Du,et al.,2010)和网络协作教室系统(http://projects.cac.psu.edu/WISH/.2009-03-10),对文字书写训练的教学支持不足,或者不支持,如不能在触摸屏上手写文字,文字书写辅导的方式与内容单一。文字书写自动教学教室系统的研究开创文字书写集体自动教学的新模式。其所具有的智能特性和通过网络交互的特点可以实现智能信息设备代替传统的教室师生教学方式与实体纸笔教具来开展文字书写教学活动,同时还能把老师的实时辅导和计算机智能教学结合起来,提高练习者的学习效率(孔维泽,等,2011)。

10.1　概　　述

10.1.1　背景及意义

在教育数字化、网络化的今天,触摸屏技术和文字书写教学系统单机技术的日臻成熟(吕军,2010;戴永,等,2011;Yae,2011),环境保护呼声增大,个性化教学思想传播,旧的教学方式和教具变革的企盼等,文字书写自动教学教室系统的研究势在必行。单机的嵌入式文字书写训练系统虽然有实时的书写指导,但缺乏教师对书写质量的主观评价与对学生学习过程中出现的疑问的解答。文字书写教学教室系统使学校能将传统的纸笔习字教学搬进数字化教室,此举为改革传统的文字书写教学方式及教具打下了坚实基础,除第 1 章阐述的重要意义外,还有如下特别意义。

① 更新教室观念。传统的文字书写教学教室的设备有书本、课桌椅、黑板(白板)、粉笔(水笔)、讲台等,粉笔书写时产生大量灰尘(水笔的墨水有气味)会影响老师和学生的身体健康。座位位置不同使观看黑板的角度和距离不同,影响学生的视力。而使用文字书写自动教学教室系统后,每个学生都有相同的视觉范围及书写条件,具备公平的教学资源,有利于师生的身体健康,提高了老师教学和学生学习的效率。

② 拓展信息技术应用领域。开发以嵌入式文字书写自动教学系统为终端的教室系统,不但拓展了嵌入式技术的应用领域,也拓展了网络技术在文字书写自动教学领域的应用。

③ 从教室教学的角度普及网络技术。集中上网学习,可激发低龄用户学习局

域网和嵌入式系统等先进信息技术的热情,让学生们从小就耳濡目染前沿信息技术,培养他们对信息科学的兴趣,为国家培养信息科学方面的人才打下坚固的人力基础。

10.1.2　构建文字书写自动教学教室系统所面临的问题

构建文字书写自动教学教室系统面临两个主要问题。

① 怎么做到以用户为中心,硬件和软件如何仿真人们熟悉的教学方式来适应人们对于书写练习方式的社会认知,即系统的交互方式和系统的功能设置问题。毕竟传统的教学方式和基于纸笔的书写方式已经延续了几千年,形成了根深蒂固的习惯,所以怎样在软硬件方面进行创新,提供良好的交互结构和完善的功能,在继承传统模式的优点的同时又有所创新,充分发挥智能设备的优点等是需要解决的重要问题。

② 学生端和教师端的数据传输问题。作业书写完成后提交给老师批改或者学生与老师进行交流时需要通过网络进行数据传输,老师给出问题的答案或者对书写的水平进行主观评价,以提高学生的学习效率。文字书写自动教学教室系统的学生终端多为嵌入式平台,将已有的其他学习内容的教室系统方案直接套用于文字书写教学教室系统,在硬件需求和教学方式等诸多方面存在重要局限性,最突出的是局域网协议不适用问题。需要设计和使用一种合适的局域网协议,提高网络传输速度和教师与学生的交流效率。现有的协议在嵌入式系统构成的局域网环境内,实时性、可靠性或适用性等方面存在一定局限性。

10.1.3　设计嵌入式局域网协议所面临的问题

网络协议是网络构建之魂,设计面向文字书写自动教学的嵌入式局域网协议面临三个主要问题。

① 嵌入式协议使用的内存管理技术问题。嵌入式网络协议的设计技巧经过多年的研究,目前有多种模型和原理达成了共识,其中就包括内存管理技术。内存管理技术跟操作系统相关,不同操作系统有各自的策略(Li,et al. ,2006)。要使协议能够跨操作系统工作,就必须使用和操作系统无关的内存管理策略,而内存零拷贝技术(Ge,2008;Li,et al. ,2006)与具体操作系统无关,采用传递指针引用的方法,数据在内存中只有一份,避免了大量的复制,能有效提高处理数据的速度,可以考虑在协议的设计中应用此技术。

② 在设计嵌入式局域网协议时需要考虑如何才能实现最大限度的减少协议所占硬件资源与提高协议的传输性能之间的平衡。文字书写教学教室系统的网络通信主要是嵌入式设备和上位服务机间的局域网通信,具有一定的特殊性,必须考虑嵌入式终端硬件资源受限的特点。同时,用于课堂教学时,由于课堂时间有限,

系统的实时性能非常重要,协议的传输效率必须重点考虑。

③ 如何通过数据结构的设计和算法实现来提高协议的性能,局域网内部嵌入式设备实时通信具有链路状态相对较好、硬件资源受限等特征。现有的协议处于此应用环境下存在或多或少的局限性,所以在这种情况下需要采取一些措施来提高协议的性能。

10.2　教室系统基本结构及工作原理

针对我国小学教育的实际情况,教室系统以标准教室为系统服务空间,以嵌入式学生终端为学习平台。

10.2.1　体系结构

文字书写教学教室系统旨在实现集中进行文字书写教学,为师生进行文字书写教学和训练提供一个舒适、高效的环境,在现有学校的教室空间通过使用交换机让文字书写教学装置和教师端服务器组网实现文字书写系统教学。系统的体系结构如图 10-1 所示。

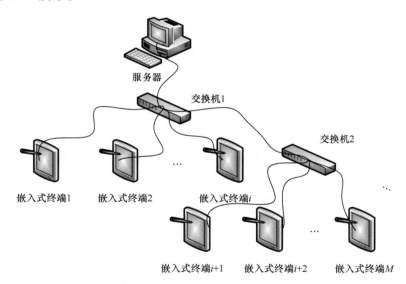

图 10-1　教室系统体系结构图

作为文字书写教学教室系统的工作过程应具备如下基本特征。

① 教师可通过教师服务器既可同时向所有,也可选择性向学生终端传授教学内容、布置书写作业等。

② 学生终端(学生端)只能单独通过教师服务器向教师提问、请教等,而不能

互传作业内容等。

③ 学生作业可随时提交，同时提交作业的人数不受限制。

据此，教室系统由 M 台嵌入式文字书写练习机和一台教师端服务器按星型拓扑结构组网。图 10-1 所示的系统以多文种文字书写自动教学装置为局域网学生终端，其核心功能是多文种、多格式兼容文字书写教学（参阅第 2～9 章）；与联网相关的功能包括接受老师统一布置作业、作业保存或提交，在线提问等；教师服务器具有作业布置、批改评阅、在线答疑等功能。教室系统协议定制为 CSELP 协议（10.3 节），文字书写教学终端与教师服务器相互协作，构成文字书写教学教室系统。

10.2.2　硬件配置

学生终端为嵌入式多功能、多文种兼容、多书写格式文字书写自动教学装置，包括如下硬件。

① S3C2440A RISC 微处理器：32bit ARM920T 内核，标称工作频率为 400MHz。

② 7 寸 LCD 触摸屏：CPU 内置 STN/CSTN/TFT LCD 控制器，支持 1024^* 768 分辨率以下的各种液晶，CPU 内置 4 线制电阻式触摸屏控制器。

③ DM9000A 100Mbps 以太网控制器。

④ 存储器：64MBFLASH 存储器、64MBSDRAM 存储器、EEPROM 存储器。

⑤ 各类接口：1 通道 5 线制串口，2 通道 3 线制串口，4 通道 USB1.1 主机接口，1 通道 USB1.1 设备接口，SD/MMC 卡接口，音频输入输出接口等。

学生端硬件的一般结构如图 10-2 所示。

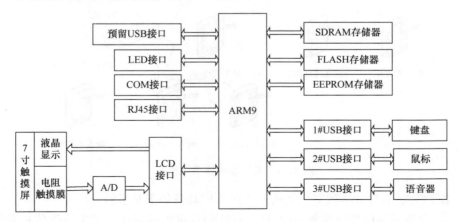

图 10-2　学生终端硬件一般结构图

10.2.3　学生端工作原理

学生端与联网相关的功能包括接受老师统一布置作业、作业保存或提交、在线提问等。系统功能通过处理控制信息和书写笔迹信息来实现,系统交互结构通过界面隐喻进行设计(第 4 章),系统结构及工作原理参阅图 1-1 及其结构内容叙述。

学生端通过交换机使用定制协议和教师端服务器实现联网,接受教师端布置作业信息,同时可接收教师端控制信息或学生的功能选择信息来确定练习的文种、年级号、课号,继承传统书写模式优势的同时发挥智能设备的多功能特点。

10.2.4　教师端工作原理

教师端(上位服务器)为 PC 机,核心功能是作业布置、批改评阅、在线答疑等。这些核心功能是系统通过教师端和学生端的网络通信、教师与学生的信息交互以及对教师控制信息的处理来实现。教师端系统的整体工作过程结构如图 10-3 所示。

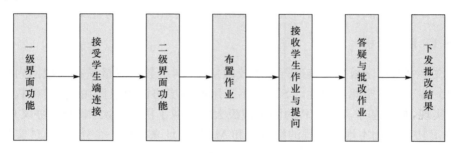

图 10-3　教师端工作过程结构图

教师端服务器通过路由器使用定制协议和所有学生端实现联网,通过网络进行作业布置、作业批改评阅、在线答疑以及下发批改结果等系统功能。对学生作业的处理流程:首先通过网络连接布置作业,接收学生端作业,把作业文件存储在本地存储器;然后读取作业文件,通过对作业文件进行相关解析显示在批改界面;再对作业进行批改,保存批改结果;最后通过网络发送批改结果到相应学生终端,与日常的学生交作业、老师批改作业、下发作业本相对应。

10.3　文字书写教室系统嵌入式局域网协议

文字书写自动教学教室系统的学生终端为嵌入式平台,将已有的其他学习内容的教室系统方案直接套用,在硬件需求和教学方式等诸多方面存在重要局限性,最突出的是局域网协议不适用问题。TCP/IP 协议(任勇毛,等,2010;王力生,等,

2007；Altman，et al.，2005）在跨网段传输方面有优势，无线传感网络协议（马涛，等，2013；王兵，等，2010；stankovic，2008）在军事、环境、医疗等无线应用领域中非常适用，工业总线协议（张玉萍，等，2009；陈维刚，等，2005）在串行传输方面传输速度快，但这些协议在嵌入式系统构成的局域网环境内，实时性、可靠性或适用性等方面存在一定局限性。宋波等（2010）关于局域网内部嵌入式设备通信协议解决了报文封装的冗余并压缩了协议的处理层次，但是对于提高局域网内部通信速率和改进拥塞控制方面没有提出有效的对策。文字书写教室系统嵌入式局域网协议是实现教室系统网络通信的基础，一般应以定制为主。针对以文字书写教学装置为终端的教室系统的数据传输要求和特性，在分析其他协议处于此环境下所面临局限性的基础上，基于以太网本章探讨适合文字书写教学教室系统的嵌入式局域网协议，即 CSELP（classroom system embedded LAN protocat）。CSELP 的数据帧在以太帧的基础上扩展 8 个字节用于实现确认、超时重传、流量控制等功能，提供面向连接的可靠传输服务，简化数据处理和状态机制；采用改进的带宽预估算法估计可用带宽大小，在拥塞避免阶段根据预估的窗口大小变化趋势调整窗口大小；采用新设计的重传队列实现面向组的确认机制，提高系统的实时性和传输效率。

10.3.1　协议分析

　　文字书写教学教室系统运行在学校教室里，网络数据流量是在局域网内部产生的。鉴于教室空间局限性，CSELP 不采用网络层协议提供路由，直接在数据链路层实现，相比基于 TCP/IP 的协议栈极大的缩减了协议层次，减少了协议开销。CSELP 协议使用本地和远程的端口号和 MAC 地址来标识一个连接，通过实际的网络连接提供可靠的传输服务，运用窗口和传输速率相结合的流量控制方法实现数据的高效传输。相比传统的 TCP/IP 协议可优化状态处理、重传队列机制、确认机制和拥塞控制算法，并且可以通过对这些机制进行针对性的设计来提高在该应用模式下的协议性能。

10.3.2　协议帧格式与状态转换

　　以太网提供在局域网中设备间数据通信的功能，但是由于没有窗口、确认序列号、控制等字段，无法提供确认、超时重传、流量控制等功能。鉴于教室系统网络通信实时性和可靠性的需要，CSELP 结构如图 10-4（a）所示。与通用 Ethernet 协议相比，本协议帧结构在数据字段的包头增加 2 字节的发送、确认序列号、1 字节窗口、2 字节的目的/源端口、1 字节的控制字段和 2 字节的校验字段，压缩传统TCP/IP 协议栈结构里的传输层和网络层形成一个扩展的协议栈，称为 CSELP 协议栈，每一帧的封装长度最大值为 MAC＋ELP 仅有 22 字节。

　　针对局域网内部通信的特点，图 10-4 所示 CSELP 协议栈相对 TCP/IP，省略

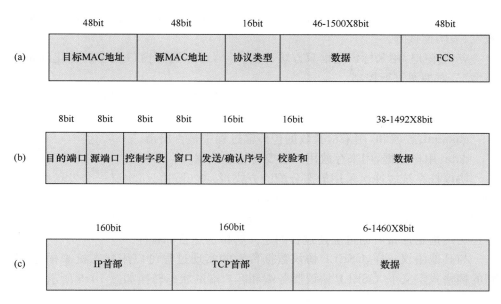

图 10-4　CSELP 帧结构

了 32 位 IP 地址,缩减了 16 位端口号,32 位序列号,相比 TCP/IP 的 MAC＋IP＋
TCP 共 54 字节的包头缩减了不少,增加了对用户有效数据的传输能力 。

CSELP 帧对应的数据结构如下。

```
cselp_data
{
    u_8t destport,        //目的端口
    srcport,              //源端口
    flags,                //控制字段
    wnd;                  //窗口
    u_16t seqno,          //发送/确认序号
    chksum;               //校验和
    u_8t data[1492];      //数据
}
```

destport:目的端口,用来标识与本连接通信的对方连接的端口号,可以用来
区分具体是哪个进程来接收本方发送的数据。

srcport:源端口,用来标识本连接的通信端口号,可以让通信的另一方知道与
其通信的具体是哪个进程。

flags:控制字段,用来标识连接的状态,状态有 CSELP_FIN、CSELP_SYN、
CSELP_RST、CSELP_PSH、CSELP_ACK、CSELP_CTL,通过状态的标识可以确

定连接的状态,如请求连接、接受连接请求、发送数据、确认接收到正确数据、请求重发、关闭连接等。

wnd:窗口,用来标识通信双方缓冲区大小,可以通过窗口大小的变化确定拥塞情况,对拥塞进行控制。

seqno:序列号,用来标识当前数据包的序号,确定数据包传输是否丢失或者乱序,超时重传也会用到。

chksum:校验和,用来检验数据包传输过程中是否出错。

data:用户数据,用来存放用户需要传输的数据。

协议栈系统缓冲区采用静态分配的方式,参考 uip 协议,定义一个发送缓冲区和一个接收缓冲区。协议层之间的数据传输采用零拷贝技术,数据在入栈以后只处理并封装一次,由以太网驱动发送,提高协议性能,同时也提高系统实时性。数据包送达指定设备后通过上述过程的逆向解析送达目标程序。

与其他协议一样,CSELP 协议数据传输的实现过程可以用状态机来描述,在新的帧格式定义下,CSELP 协议服务端和客户端的状态转换如图 10-5 所示。

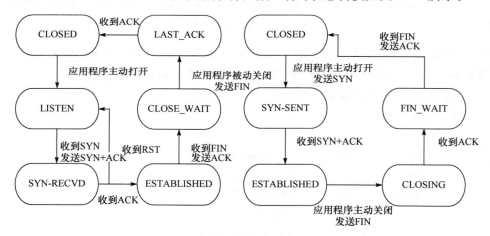

图 10-5　CSELP 服务端和客户端状态机

协议采用与 TCP/IP 相似的 3 次握手和 4 次关闭的信息交互结构,不同之处是省略了连接超时状态,连接的每次状态变换都基于当前状态和收到的数据包的标志位来决定,状态机循环在建立连接、传输数据、断开连接等状态间进行转化。

10.3.3　流量控制与确认机制

针对教室系统"瘦客户端"、局域网内部传输和数据主要为作业文件表现出连接数目很少变化、链路状态相对较好和数据量大等方面的特点,CSELP 采用窗口和速率控制相结合的方法,改善链路流量稳定性、文件传输速率等性能,提高带宽利用率和减少拥塞。

在 Li 与 Ma 等所提算法(Li, et al., 2011; Ma, et al., 2009)的基础上,采用改进的带宽预估算法,根据收到 ACK 数据包速率,即 RTT(数据包往返时延)估计可用带宽大小,调整拥塞窗口值的大小。如果在时间$[t, t+\Delta t]$内,接收方 ACK 回应的字节数为$[\text{SeqNum}(t), \text{SeqNum}(t+\Delta t)]$,则该网络连接可用带宽 ABW($t$)为

$$\text{ABW}(t) = \frac{\text{SeqNum}(t+\Delta t) - \text{SeqNum}(t)}{\Delta t} \tag{10.1}$$

当$\Delta t \rightarrow 0$时,SeqNum(t)的导数为 ABW(t),即

$$\text{ABW}(t) = \text{SeqNum}'(t) \tag{10.2}$$

从数据发送端的角度来看,网络带宽 SBW(t)为 RTT 时间内发送的数据量,即

$$\text{SBW}(t) = \frac{\text{WinNum} * \text{WinSize}(t)}{\text{RTT}(t)} \tag{10.3}$$

其中,WinNum 表示发送端窗口数量也即发送端数量,对于小学课堂教学,学生人数即连接的终端数目在同一节课中一般不会变化,且$\Delta t \rightarrow 0$,所以 WinNum 为常数;WinSize(t)表示窗口大小,为了充分利用网络而又避免拥塞,让 ABW(t)与 SBW(t)取值相同,有

$$\text{SeqNum}'(t) = \frac{\text{WinNum} * (t)}{\text{RTT}(t)} \tag{10.4}$$

式(10.4)可以转化为

$$\text{WinSize}(t) = \frac{\text{SeqNum}'(t) * \text{RTT}(t)}{\text{WinNum}} \tag{10.5}$$

为了预测 WinSize(t)大小变化趋势,对式(10.5)两边求导,可得

$$\text{WinSize}'(t) = [\text{SeqNum}''(t)\text{RTT}(t) + \text{SeqNum}(t)\text{RTT}(t)] / \text{WinNum} \tag{10.6}$$

将式(10.6)离散化,则有

$$\begin{aligned}\Delta \text{WinSize} = [&(\text{SeqNum}'(t+\Delta t) - \text{SeqNum}'(t)) * \text{RTT}(t) \\ &+ \text{SeqNum}'(t)(\text{RTT}(t+\Delta t) - \text{RTT}(t))] / \text{WinNum}\end{aligned} \tag{10.7}$$

其中,ΔWinSize 为窗口大小变化量;RTT($t+\Delta t$)为当前时刻 RTT,即数据包往返时延大小;RTT(t)为前一次数据包往返时延的大小;SeqNum$'$($t+\Delta t$)表示当前网络带宽大小。

在此拥塞控制算法中,RTT 是关键参数,取值不正确会影响带宽估计结果,招致错误判断。在实际的网络传输中,有时偶然因素会导致少量网络延迟或丢包,并不能表示实际网络的拥塞状况,采样 RTT 时需要对这种情况进行区别,可采用三次采样取最小值的机制来减少偶然因素的影响。发送端的拥塞窗口为 cwnd,接收端窗口为 rwnd,发送窗口大小为 min(cwnd, rwnd),rwnd 由接收端决定,网络环

境对其没有影响,所以拥塞控制的方法就是调整 cwnd 的大小。拥塞控制算法包括如下步骤。

① 慢启动阶段:采用式(10.7)里的三次最小 RTT 采样值得到往返时延 RTTmin;设置与 RTTmin 对应的超时时间,慢启动阀值 ssthresh 设为 rwnd;cwnd 初始化为1;并根据 AIMD 算法(和式增加,积式减少)调整 cwnd 大小:每经过一个 RTT 时间,$cwnd(t+RTT) \leftarrow 2 * cwnd(t)$,当 cwnd=ssthresh,转②。

② 拥塞避免阶段:采用式(10.7)中的 ΔWinSize 调整 cwnd 大小;$cwnd(t+\Delta t) \leftarrow cwnd(t)+\Delta WinSize$。

③ 发送数据包 cselps 后,如果 RTTmin 时间内没有收到 cselps 的 ack 确认,表明发生网络拥塞导致丢包,重传丢失的数据包 cselps,同时采用 AIMD 算法调整 cwnd 大小:cwnd←cwnd/2,然后跳转到①。

针对局域网链路状态相对较好的情况,采用面向数据包组的确认机制,接收方收到数据包后,以组为单位发送确认,每发送一个数据包,包头的序列号加1,发送方收到确认包后,在重传队列删除对应的数据包组,另外发送方也需要更新发送窗口。发起连接和结束连接的命令帧都占用一个序列号,通过检查校验码来确定数据包是否完整。

10.3.4　错误检测与恢复

数据包(cselp_data)的包头(cselp_hdr)有一个序列号(seqno),每发送一个数据包后序列号加1,接收方按序列号对数据包进行排序,根据序列号来判断是否有乱序与重复发生,并根据 CRC 校验来检测错误,对丢失或者出错的包进行重传。

对于 CSELP 重传队列的设计,发送端利用链表记录每组已发出的 CSELP 数据包,而收到 CSELP 确认报文时从该链表中删除被确认的 CSELP 数据包组。同时,设定一个定时器 timer,每隔一段时间响应一次,发送链表中当前时刻已经超时的全部 cselp_data。链表结构如图 10-6 所示,每个连接 Con[i] 单独维护一个 CSELP 重传队列 cselp_resend。重传队列用一个双层链表来存储,第一层为 cselp_remxit 结构体,存储可能需要重传的数据包的相关信息,字段 m_timer 是该 cselp_remxit 对应的数据包的定时器,字段 renum 记录该数据包重传的次数,第二层为 cselpdata 结构体,是一个结构体包含数据包的具体内容。m 个 cselp_remxit 结构体组成一个数据包组,放在一个 vector 容器中作为重传链表的一个节点。这种设计结构能在发送一个数据包后直接将该数据包连接到此重传队列,便于接收到确认后删除数据包组也便于重传操作。

重传结构。

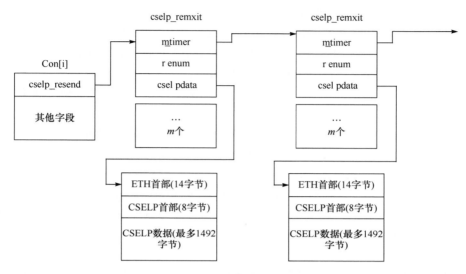

图 10-6　CSELP 的重传队列结构

```
cselp_remxit
{
    WORD m_timer;//计时器
    u16_t renum; //重传次数
    cselp_data cselpdata; //cselp 数据
}
```

m_timer:计时器,标识本数据从上次发送以来经过的时间,通过比较此时间和重传超时时间可以确定本数据包是否需要重传。

renum:重传次数,标识本数据包组被重传的次数。

cselpdata:cselp 数据,标识需要重传的数据包。

CSELP 的实现涉及数据头定义、封装格式和拥塞控制、确认机制、超时重传等功能模块,确认机制和超时重传关乎系统能否实现可靠的数据传输服务,以及作业文件传输的速率大小。

设组大小为 m,连接 con 的接收队列为 recvbuf,则 con 的 ack 确认算法如下。

算法 10.1　面向组的确认实现

输入:m,con

输出:ack

结构:

Begin

```
count= 0; //变量初始化
if(con.recvbuf[0].hdr.seqno==con.rcv_next)
                            //接收队列的第 1 个元素是期望接收的数据包
  {memcpy(buf,con.recvbuf[0].data,sizeof(buf));
                                            //把数据传递给用户
    count+ + ;
      if(count= = m) //已经接收到一个组的正确数据包
        {send_ack(con.rcv_next,wnd); //发送 ack
          count= 0; }
        con.recvbuf.erase(con.recvbuf.begin());
                            //删除重传队列的第一个元素
    con.rcv_next++; }
End
```

每个连接 con[i] 都有一个图 10-6 所示的重传队列 cselp_resend，则 con[i] 的重传数据包 cselps 由如下算法获得。

算法 10.2　超时重传的实现

输入:con[i]

输出:cselps

结构:

```
Begin
for(i=0;i< n;i+ + ) //n 为连接数量
  {for(p =con[i].cselp_resend.begin();p! =con[i].cselp_re-
send.end(); p++) //遍历重传队列
        {for(f=(*p).begin();f! =(*p).end();f++)
                                            //遍历数据包组
          {if(GetTicketCount()- (*f).timer()>con[i].rrt)
                                            //如果该组超时
            {cselps= *f; //得到超时数据包
              cselp_send(cselps); //重传超时数据包
                f->renum++; //重传次数加 1
                f->m_timer=GetTicketCount; //记录重传时间
            }} //end for
          } //end for
        } //end for
    End
```

10.3.5　协议效率与实时性能分析

协议的效率和实时性能是很重要的协议评价标准,本节采用数学推导方法对 CSELP 协议的效率和实时性能进行分析。

1. 协议效率分析

协议效率即信道(链路)利用率,用 E 表示,当使用协议成功发送一帧数据平均所花时间为 T_s,发送每帧数据平均所花时间为 T_t 时,有 $E = T_s/T_t$。

以 L 表示数据帧的比特长度,ACK 或 NAK 信息帧的长度为 n_a 比特;一个数据帧的传输时间为 t_f(称一帧时),ACK 帧或 NAK 帧的传输时间为 t_a;帧经过链路的时延为 t_p,即物理链路距离 d 除以传播速率 v,而传播速率和光速是同一数量级的,因此传播时延对于数据帧和 ACK(NAK)帧在两个方向上是相同的,但是传输一帧的时间与帧的长度有关,对于数据帧和 ACK 帧是不相同的。

(1) 理想线路上的信道利用率

假设数据帧在传输过程中不会丢失、不会出错、不会失序,发送端发出一帧的总时间 $T_F = t_p + t_f$;接收端发出确认帧的时间 $T_A = t_p + t_a$。本协议采用面向组的确认,设每组 m 个帧,从发送端发出 m 帧到发送端收到相应的确认帧(ACK 或 NAK)的时间间隔 $T_{FA} = mT_F + T_A = m(t_p + t_f) + (t_p + t_a) = (m+1)t_p + mt_f + t_a$;如果要发送 n 个数据帧,则传送完全部 n 帧的时间 $T_D = \dfrac{n}{m}T_{FA} = \dfrac{n((m+1)t_p + mt_f + t_a)}{m}$,其中实际用于数据帧传输的时间为项 nmt_f 中的 nt_f,于是理想线路上链路的利用率 E_d 为

$$E_d = \frac{nt_f}{T_D} = \frac{mt_f}{(m+1)t_p + mt_f + t_a} \tag{10.8}$$

定义 $\lambda = t_p/t_f$,式(10.8)可以转化为

$$E_d = \frac{1}{\left(\dfrac{m+1}{m}\right)\lambda + 1 + \dfrac{t_a}{mt_f}} = \frac{1}{\left(\dfrac{m+1}{m}\right)\lambda + 1 + \dfrac{n_a}{m \times L}} \tag{10.9}$$

通常确认帧的长度远小于数据帧的长度,有 $n_a \ll L$,则链路利用率为

$$E_d = \frac{1}{\left(\dfrac{m+1}{m}\right)\lambda + 1} \tag{10.10}$$

考虑到滑动窗口的存在,令窗口大小为 W,根据式(10.10),可以得到链路的利用率为

$$E_d = \frac{W}{\left(\dfrac{m+1}{m}\right)\lambda + 1} \tag{10.11}$$

显然,当窗口大小 $W \geqslant \left(\dfrac{m+1}{m}\right)\lambda+1$ 时,发送端在发送完窗口中的序号之前就能收到最先发送的帧的确认,发送端可以不停顿的连续发送,这时链路利用率达到 100%。当 $W < \left(\dfrac{m+1}{m}\right)\lambda+1$ 时,发送端在收到确认之前已经用完了窗口中的序列号,需要等待收到接收方的确认才能再发送数据帧,这时链路的利用率达不到 100%。考虑上述两种情况,可以得到链路的利用率为

$$E_d = \begin{cases} 1, & W \geqslant \left(\dfrac{m+1}{m}\right)\lambda+1 \\[3mm] \dfrac{W}{\left(\dfrac{m+1}{m}\right)\lambda+1}, & W < \left(\dfrac{m+1}{m}\right)\lambda+1 \end{cases} \tag{10.12}$$

(2) 有差错线路的信道利用率

在实际情况中,一个数据包组有时经过多次才传输成功,式(10.10)除以传输的次数就得到有差错线路上的效率 E_e,有

$$E_e = \dfrac{1}{N_r\left(\left(\dfrac{m+1}{m}\right)\lambda+1\right)} \tag{10.13}$$

其中,N_r 表示一个组重传的次数,假设 P 为任一数据帧出错的概率,且组内数据帧的出错是独立事件,则一个组 m 帧数据不出错误的概率为 $(1-P)^m$,出错的概率为 $(1-(1-P)^m)$,则当某一组传输成功时,需要 j 次传输的概率为 $(j-1)$ 次不成功的概率乘以最后一次成功的概率,为 $(1-(1-P)^m)^{j-1}(1-P)^m$。

由此表明,传输次数存在一种几何概率分布,为简化计算,假设应答信号不会出错,则有

$$N_r = \sum_{j=1}^{\infty} j(1-(1-P)^m)^{j-1}(1-P)^m = \dfrac{1}{(1-P)^m} \tag{10.14}$$

式(10.13)变为

$$E_e = \dfrac{(1-P)^m}{\left(\dfrac{m+1}{m}\right)\lambda+1} \tag{10.15}$$

同理,考虑到滑动窗口的存在,协议的最大效率为

$$E_e = \begin{cases} (1-P)^m, & W \geqslant \left(\dfrac{m+1}{m}\right)\lambda+1 \\[3mm] \dfrac{W(1-P)^m}{\left(\dfrac{m+1}{m}\right)\lambda+1}, & W < \left(\dfrac{m+1}{m}\right)\lambda+1 \end{cases} \tag{10.16}$$

当 $W < \left(\dfrac{m+1}{m}\right)\lambda+1$ 时,在 p 和 λ 为常数时(P 和 λ 大小由硬件决定),效率与

W 是成正比的,因为嵌入式设备的内存资源有限,W 的取值不能太大,式(10.16)中的分子和分母都与 m 成反比的,想要取得好的效率,m 的取值通过实验来检验。

2. 协议实时性能分析

教室系统用于课堂教学,课堂时间有限,教学内容的传输必须满足实时性要求,即教师布置作业、学生的作业提交等的数据传输速度越快越好。

(1) CSELP 数据帧一次传输最大时延 T_0。

假设 CSELP 数据帧一次传输就成功送达,则 CSELP 数据帧一次传输时间即一个 CSELP 数据帧从封装到传输至主机的时间,由数据成帧时间 T_F、路由转发时间 T_t 与线路传输时延 T_d 之和组成。

在文字书写教学教室系统中,CSELP 数据帧中封装的数据量决定成帧时间。根据《国务院办公厅转发中央编办、教育部、财政部关于制定中小学教职工编制标准意见的通知》的实施意见(中华人民共和国教育部,2002),学前教育和小学班级人数在 $45 \sim 55$,以 60 个客户节点为例,CSELP 数据帧传输时选取最大帧长1518B,其中携带的有效数据长度 1492B,成帧时间为 ns 级,可以忽略不计。

系统完成组网以后,传输至主机的数据率为 12.5MB/s,即每个 CSELP 数据帧在经过路由节点时的发送时间为 121.44us;由于拥塞控制采用队列策略,因此教室系统内总共 60 个节点时,最大累计转发时间 $T_d = s \times t_s = 1518 \times 60/12.5 = 7.2864$ms。

根据 GB-50099-2011 中小学建筑设计规范(中国标准委员会,2012),幼儿园教室和小学教室最大前后间距一般为 10m,左右间距为 6m,则教室系统内服务端和终端最大距离为 $10 + 6/2 = 13$m,则此时线路传输时延 $T_d = s \times t_s = 13 \times 2 \times 0.006us/m = 0.156$us($s$ 为距离,t_s 为电信号在双绞线中的单位传输时延 0.006us/m),以上三部分构成数据一次传输的最大时延为 $T_0 = T_F + T_t + T_d = 7.2865ms$。

(2) CSELP 数据帧一次重传最大时延 T_1

根据协议重传标准,通过传输前后的 CRC 校验,CSELP 数据帧在传输过程中出现误码将导致重传,本协议使用的 CSELP 命令帧长为 22Byte。重传命令从教师端服务器到学生终端所需时间包括命令帧发出时间 T_s 及链路传输时延 T_d。按100Mbps 计算,CSELP 命令帧送出时间 $T_s = 22 \times 60/12.5 = 0.1056$ms,而最大传输时延仍为 $T_d = 0.12$us,因此,总计一个 CSELP 命令帧从主机到节点的最大时延是 $T_s + T_d = 0.10572$ms。CSELP 数据帧出错重传一次的情况下的最大时延为:$T_1 = T_0 + T_s + T_d + T_t + T_d = 14.67872$ms。

(3) CSELP 数据帧每帧误码率 q 与平均重传次数 R_k

学生端客户节点每个数据位(由网络硬件保证)的误码率为 2×10^{-12},当每个学生端客户节点的 CSELP 数据帧中每一数据位的误码率相同时,教室系统内部用来传输的每个 CSELP 数据帧有 1518 比特,因此每个 CSELP 数据帧一次传输

就正确的概率为 $p=(1-2\times10^{-12})^{1518}\approx1-1518\times2\times10^{-12}\approx0.9999999969$，从而每个 CSELP 数据帧的整体误码率 $q=1-p=3.1\times10^{-9}$。

如果某 CSELP 数据帧重传了 ξ 次才传送正确，则

$$p\{\xi=k\}=q^{k-1}p,\quad k=1,2,\cdots \tag{10.17}$$

此时 CSELP 数据帧的平均重传次数为

$$\begin{aligned}
R_k &= E\xi \\
&= \sum_{k=1}^{\infty}kq^{k-1} \\
&= p\left(\sum_{k=1}^{\infty}kq^{k-1}\right) \\
&= p\frac{1}{(1-q)^2} \\
&= 1/p \\
&= 1.000000003
\end{aligned} \tag{10.18}$$

即假设发现 CSELP 数据帧传输出现错误需要重传，每个 CSELP 数据帧平均重传 1.000 000 003 次可保证正确。

10.4　教师端设计与教室系统实现

前面对学生端的嵌入式文字书写自动教学系统的理论与技术进行了详细讨论，本节主要探讨教师端的设计及教室系统的实现技术。

10.4.1　教师端功能设置和界面设计

教师端主功能模块分为三个区域，一区为控制区，二区为作业和提问处理区，三区为网络通信区。控制区可以控制学生端例字的选择，选择内容与九年义务教育国家规定的教科书内容严格吻合。同时可以使学生端固定在练习该课例字的界面，防止有调皮的学生"乱来"。作业和提问处理区可以接收学生提交的作业和问题，并且可以把作业和问题显示出来供老师批改评阅和答复，同时可以把评阅结果和回答内容发送给学生查看。网络通信区提供网络通信功能，调用文字书写教学教室系统嵌入式局域网协议可以同时接受所有学生端的网络连接，给控制模块和作业处理模块提供网络支持。教师端系统功能模块关系为树状结构，如图 10-7 所示。

控制区由作业选择和作业布置功能键组成。作业选择包括语言种类选择、年级选择、课号选择、练习次数选择。选择完成后通过点击作业布置按钮即可完成作业布置，作业布置成功后，学生客户端会自动进入作业书写界面，界面内容和教师

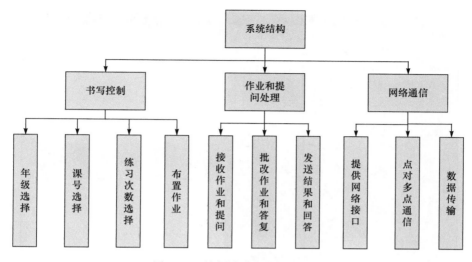

图 10-7　教师端系统结构模块图

选择的作业一致。

作业和提问处理区包括作业处理和提问处理,含接收、处理、发送三个步骤。接收功能自动实现,有作业或提问发送过来时,系统弹出对话框显示,作业处理由老师选择作业列表中的任意一条进行,批改处理完成点击发送按钮即可完成相应作业处理结果的发送。

网络通信区支持的功能包括点对多点的网络通信、数据传输、提供网络通信接口给其他模块调用,作业布置、在线交流、作业接收和作业发送都会调用网络通信接口,网络通信功能模块是实现教师端系统功能的基础,也是教师端系统的关键模块之一。

文字书写自动教学教室系统的教师端以鼠标和键盘为输入设备,采用 GUI 窗体的交互风格,以按钮、列表、编辑框、组合框作为交互控件。用户界面由两个工作区和两个显示区组成。两个工作区为作业布置区和作业处理区。用户可以在作业布置区布置作业,可以在作业处理区批改作业。界面上包含布置、批改、查看等一系列功能按钮,可以通过点击按钮来实现相关功能。而右方的两个显示区分别显示课堂上在线的学生和选择要批改的作业。批改作业时用户还可以设置不同的线条和颜色作为自己的操作颜色。教师端的用户界面如图 10-8 所示。

10.4.2　系统网络通信

根据对系统网络通信特点和需求的分析,系统采用 C/S 方式来进行网络通信和布局,网络协议采用 CSELP,针对点对多点的通信特点,传输作业文件的通信模型如下。

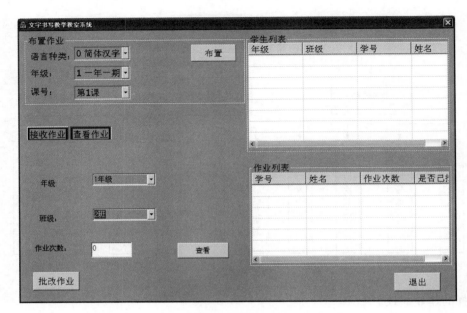

图 10-8　教师端用户界面

发送端：

```
CFile file;//确定要发送的文件
cselp_init();//初始化
cselp_conn con;
file.Open();//打开文件以便进行操作
if(con.cselp_connect(macaddr,port))//建立连接
{
while(1)
{int ret=file.Read(data,length);//读取文件数据
if(ret>0)
{con.elp_send(data,len);//发送数据
}
if(ret==0)
{break;}
}//end while
file.close();//完成关闭文件
}//end if
```

接收端,同时接收 n 个学生端数据：

```
CFile file[n];//建立文件
cselp_init();//初始化
cselp_listen(255);//监听连接
cselp_conn con[n];
while(1)
{
for(size_t x= 0;x<=co_num;x++)//co_num 为已连接的客户端数
{if(con[x].cselp_listen(macaddr,port)= = CSELP_CONNECTED)
{
int rcv=con[x].cselp_recv(buff,len);//接收数据
if(rcv>0)
{file[x].Write(buff,len);}//写入文件
if(rcv==0)
{
file[x].close();//关闭文件
close(con[x]);//关闭连接
break;
}//end if
}//end if
}//end for
}//end while
```

在该通信模型中,每个通信对象都可以用一个 elp_conn 来实现,elp_conn 的结构定义如下。

```
cselp_conn
{
    list<cselp_remxit> cselp_resend;      //重传链表
    volatile u_16t listlen;               //重传链表长度
    vector<cselp_data>recvbuf;            //接收端缓冲区
    u_8t macaddr[6];                      //远程 mac 地址
    u_8t hostmac[6];                      //本地 mac 地址
    u_8t hostport;                        //本地端口
    u_8t destport;                        //目的端口
    u_16t rrt;                            //数据往返时延
    u_16t rcv_nxt;                        //下一个要接收的数据包序号
    volatile u_16t wnd;                   //接收方窗口大小
```

```
        u_8t timer;                          //计时器
        u_16t snd_nxt;                       //下一个要发送的数据包序号
        u_8t stateflag;                      //连接标志
}
```

cselp_resend：重传链表，标识该连接需要重传的队列，包含了所有可能需要重传的数据包。

listlen：重传链表的长度，标识了重传链表里包含的数据包数目，可以在处理重传队列的时候使用。

recvbuf：接收端缓冲区，标识了接收数据包的容器，收到的所有数据包都先存放在此缓冲区，接下来交给应用程序处理。

macaddr：远程 mac 地址，标识连接另一方机器的 mac 地址，可以通过 mac 地址唯一的标识一台网络中的设备。

hostmac：本地 mac 地址，标识本机的 mac 地址，通过 mac 地址标识本机在网络中的地址。

hostport：本地端口，标识本连接使用的网络端口，可以通过端口来区分哪个应用程序使用了网络连接。

destport：目的端口，标识本连接另一方网络端口，可以通过该端口来确定本连接数据包发送的目的应用程序。

rrt：数据往返时延，标识本连接上一个数据包从发送到被确认的时间。每发送一个包组计算一次，可以用来确定数据包是否超时需要重传，也可以用来进行拥塞控制。

rcv_nxt：下一个要接收的数据包序号，标识本连接下一个正确数据包的序号，用来进行数据包的确认，判断收到的数据包是否乱序。

wnd：接收方窗口大小，标识连接另一方拥塞控制的窗口大小，通过此窗口的大小来确定发送的速率。

timer：计时器，标识此连接未响应的时间，如果连接超时则需要进行相应的处理。

snd_nxt：下一个要发送的数据包序号，标识本连接下一个发送的数据包的序号，可以通过提供序号给连接的另一方来确认数据包是否乱序，用来进行数据包的确认。

state_flag：连接标志，标识此连接的状态，如开启连接、正常发送数据包、连接超时、连接关闭等。

通过使用 cselp_conn 结构来标识每个连接，使用一个 cselp_conn 类的数组来存储每个新建的 cselp_conn 连接，标识 CSELP 协议在教师端服务器的使用情况，这样就可以实现多连接同时进行网络通信。教师端服务器可以通过多个连接同时接收多个学生提交的作业,同时和多个学生进行在线交流,实现 CSELP 协议在系统网络通信中应有的作用,满足文字书写自动教学教室系统对网络通信的需要。

10.4.3　教室系统功能实现

教室系统功能包括学生端和教师端的功能,学生端需要实现作业保存、基于 CSELP 协议实现在线交流、作业提交、作业处理结果接收等功能;教师端主要需要基于 CSELP 协议实现作业布置、作业接收、在线交流还有学生作业处理等功能。

1. 作业布置与在线交流

布置作业是课堂教学中最重要的工作环节之一,对于检查学生学习状态,加深学生对知识的掌握有不可或缺的作用。在线交流等同于传统的课堂提问,可以实时解决学生学习过程中的疑问。

作业布置主要就是将学生要按时完成的题目或学习内容告知学生,在线交流就是实时回复学生学习上的疑问。作业布置和在线交流功能实现流程如图 10-9 所示。

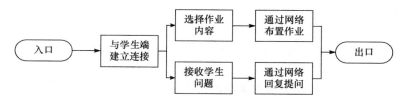

图 10-9　作业布置与在线交流功能实现流程图

作业布置模块的结构如下。

```
Homework
{
    Writing grid;//书写格属性
    Way to practice; //练习方式
    Content; //练习内容
    Kind;//文字种类
}
```

进行作业布置,只要将上面作业布置结构的内容填充并发送到学生端即可。作业布置结构由书写格属性、练习方式、练习内容、文字种类组成,而练习内容又包括年级和课号。

算法 10.3　作业布置

输入:作业的属性 param

输出：作业练习界面 exercise

步骤：

Step 1，与每个学生终端建立连接(cselp_accpet(cselp_conn(i)))。

Step 2，检查作业属性是否完整，如果完整执行 Step 3；否则弹出提示"请选择需要布置的作业"；转 Step 8。

Step 3，开辟栈空间(vector<int>homework)。

Step 4，将要布置的作业各参数按顺序压入栈保存(homework. push_ back(param[i]))。

Step 5，通过网络发送布置的作业内容(send(cselp_conn[m],buf,bufsize))。

Step 6，学生端收到作业内容后，弹出栈中的作业参数(homework. pop())。

Step 7，根据作业参数对界面进行布局，显示作业内容(m_vSetting＝homework)。

Step 8，结束。

算法 10.4　在线交流

输入：qusetion

输出：answer

步骤：

Step 1，建立连接(cselp_connect(port))。

Step 2，学生在学生终端输入要提的问题，存入内存(buf＝question)。

Step 3，通过网络发送问题至教师端服务器(cselp_send(buf,len))。

Step 4，教师端服务器接收该问题(cselp_recv(cselp_conn,buf,len))。

Step 5，老师查看问题，并给出回答，存入内存(recv＝answer)。

Step 6，通过网络发送回答至学生终端(cselp_send(recv,len))。

Step 7，学生查看答复。

Step 8，结束。

如算法 10.3 和算法 10.4 所示，布置作业时老师选定作业属性，系统会自动保存要布置的作业各参数，老师点击"布置"键，作业内容将通过网络传输给学生终端，学生终端接收到此类数据后会解析出作业参数，根据作业对学生端界面进行布局，自动跳转到书写此作业的界面。学生在书写练习过程中遇到问题可以通过在线交流进行提问，学生可以通过网络发送想问的问题给老师，老师也可以通过网络实时回复学生的提问。

2. 作业保存与提交

作业书写结果保存对于查看书写进程，以及发现不足，促进学生进步有重要作用，对于教室系统功能也是必不可少的。作业保存就是保存用户书写结果，作业提交就是把保存的作业通过网络发送到教师端服务器给老师批改评阅,作业保存与提交实现流程图如图 10-10 所示。

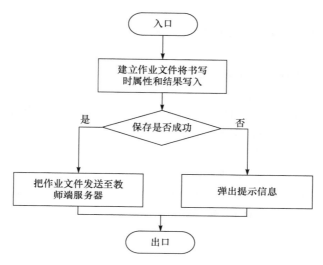

图 10-10　保存功能实现流程图

作业保存结构如下。

```
Save
{
Exercise
{
Write property;//书写格种类
Substance;//练习具体内容
Type;//文字类型
}
Stroke[point_type];练习笔迹
}
```

要进行作业保存,只需将上面的 Save 结构存入文件保存即可。Save 结构主要分为两部分:一部分为练习时属性信息;另一部分是书写的笔迹信息。Exercise 代表属性信息,包括书写格种类、练习具体内容、文字类型等信息。Stroke 代表作业的书写笔迹,数据类型为 Point 类型,为二维点阵坐标。

要进行作业提交,只要将已保存的作业通过网络上传到教师端服务器。教师端服务器得到作业里的 Save 保存结构后,能够根据 Save 结构里面的信息设置相应的文种、书写格并将学生的练习笔迹还原显示,这时老师可以进行主观的作业的批改和评阅等操作。

算法 10.5 作业保存与提交

输入:学号 n、作业次数 num

输出:作业文件 file 和提交结果 result

步骤:

Step 1,终止机器的运行模式,进入保护状态,保护各种属性参数。

Step 2,开辟保存栈空间 Stack。

Step 3,将当前书写完成的所有笔迹信息 stroke 按从书写顺序由后到先的原则压入保存栈进行保存 Stack. push(stroke)。

Step 4,依次将运行状态参数 run_param 如练习内容、例字选择结果、练习进度等压入保存栈进行保存 Stack. push(run_param)。

Step 5,依次将设置参数 set_param 如练习方式、辅导方式、提示方式、书写笔设置的属性等压入栈进行保存 Stack. push(set_param)。

Step 6,将栈中内容以 n _ num 的格式保存到文件中,释放栈空间,Stack. destory()。

Step 7,将作业文件内容读取到内存,char buf[]=file. read()。

Step 8,将作业文件发送到教师端服务器,cselp_send(cselp_conn,buf,len)。

Step 9,如果作业文件发送成功,result 为 ture;否则,result 为 false。

Step 10,结束。

算法 10.6 作业文件显示还原

输入:作业文件名 filename

输出:显示作业界面 interface

步骤:

Step 1,打开作业文件,file. open(),开辟栈空间 Stack。

Step 2,将作业文件读入 Stack,file. read(Stack,len)。

Step 3,弹出栈中的设置参数,按参数设置状态,Stack. pop()。

Step 4,弹出笔迹信息,绘制所有书写笔迹信息,Stack. pop()。

Step 5,退出恢复模式,进入作业批改模式,Stack. destory()。

Step 6,结束。

如算法 10.5 和算法 10.6 所示,作业保存时,只需将属性参数和书写笔迹信息压入栈进行保存,作业还原显示时,直接将参数弹出重新进行设置,笔迹信息弹出重新绘制就行。这种矢量保存方法避免了那种截屏保存图片方法所产生的大量数据。用矢量保存一次作业容量大概为几 K 到十几 K,而截屏图片,一张也有数兆大小。矢量法有益于网络传输作业文件的实时性。因此,教学系统学生终端采用嵌入式设备时,较为适合用矢量保存以图形为主的作业内容。

3. 作业批改

作业批改有助于老师了解学生对知识的掌握程度,对学生了解自己的学习情况和认识到自己的不足有重要作用,同时老师好的评价也会激起学生学习的积极性,鼓励的话语也有利于学生在认识到不足的同时有提高的动力。作业批改分为三步:首先显示学生作业,然后老师批改,最后下发作业。实现流程如图 10-11所示。

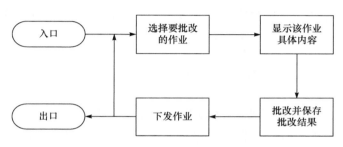

图 10-11　作业批改实现流程图

设作业列表为 paper_list,批改结果为 checked_result,则作业的批改方法如下。

算法 10.7　作业批改

输入:paper_list

输出:checked_result

备注:paper_list 里的作业是系统根据老师选择的要批改作业的年级、班级、作业次数来显示的。

结构:

```
Begin
if(NoRemark(m_paperlist)！=0)
                    //如果作业列表里有未批改的作业
  {
    int len=m_paperlist.GetCurSel();    //得到被选的序号
    Show(papers[len]);                  //显示要批改的作业
    Check(papers[len]);                 //批改该作业
          Result comment=WriteComment();
                              //书写分数和评语
      SaveResult(comment);              //保存批改结果
    SendResult();
```

```
                                        //发送批改结果至学生终端
        Remark(len);                    //标记已批改作业
    }
End
```

　　如算法 10.7 所示,批改作业时老师只需要在作业选择中选定年级、班级、作业次数,作业列表中便会出现对应的作业。这时任意选择其中一份就可以开始批改查阅,批改后点击"保存"和"发送"即可把批改后结果发送至对应学生终端。批改后的结果也是采用矢量保存的方法,数据量少、传输速度快,可以减少学生终端的存储占用量。

10.5　试验及效果分析

　　实验教室按摆放 60 台学生终端设计,离教师终端服务器最远的终端距离为 13 米,最近的终端距离为 2 米,平均终端间距离为 6 米。教师终端服务器为一台 4 核 Intel CPU、4GB DDR2 内存、1Gbps 网卡的惠普 PC 机。服务器端软件环境为 Windows XP,学生端软件环境为 WINCE5.0。实验使用文字书写教学终端为 3 个,分别布置在具有代表意义的节点及距离位置,13 米 1 个终端,2 米 1 个终端,6 米一个终端。

10.5.1　CSELP 协议试验

　　通过多次文件传输测试,窗口大小 W 取 200,数据包组大小 m 取 40 时能明显的减少文件传输所花时间,同时又不占用太多内存。在 CSELP 协议下,依次一台、二台、三台练习机同时提交一个 1.09MB 的作业文件,然后服务端同时下发作业文件,分别统计所花时间,测试结果如表 10-1 所示。

表 10-1　学生端发送和接收作业

练习机数目	1	2	3
发送所花时间/ms	2207	2204、2217	2202、2214、2217
发送平均所花时间/ms	2207	2210	2211
接收所花时间/ms	2213	2211、2217	2209、2215、2221
接收平均所花时间/ms	2213	2214	2215

1. 传输性能对比实验

　　分别运行 PC 端和 WINCE 端的 MFC 测试程序,程序的功能主要包括可配置协议类型收发文件、计时。关闭上位机和嵌入式终端的其他应用程序,在实验教室中用一台距离上位机 13 米的嵌入式终端通过测试程序用 CSELP 和 TCP/IP 向上位机发送不同大小的文件,分别统计发送这些文件所需时间,测试结果如图 10-12 所示。现有以太网由于不具备连接标识功能及数据传输可靠性保证,与 CSELP 在文件传输方面无法直接比较。

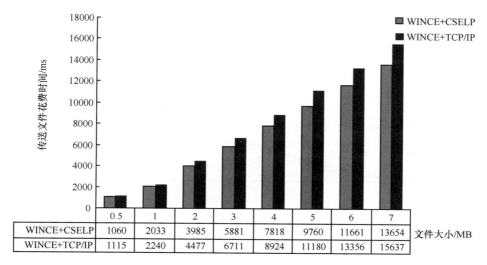

	0.5	1	2	3	4	5	6	7
WINCE+CSELP	1060	2033	3985	5881	7818	9760	11661	13654
WINCE+TCP/IP	1115	2240	4477	6711	8924	11180	13356	15637

图 10-12 CSELP 和 TCP/IP 传输性能对比

2. 协议性能对比实验

在学生端 WINCE 系统中只运行 CPU 利用率统计进程和数据接收进程,上位机分别使用 CSELP 和自带的 TCP/IP 协议按照递增的速率发送数据到学生终端,数据包中包含 0、10% 的乱序包,分别测量嵌入式设备的 CPU 利用率,CPU 利用率越低,协议性能越好。测试结果如图 10-13 所示。

3. 综合分析

从表 10-1 中嵌入式终端发送作业和接收作业的平均时间来看,客户终端的增加对文件传输所需时间影响很小,由此可以推断 60 台嵌入式终端同时传输文件服务器也能很快的接收完毕,服务端通过 CSELP 协议可以很好的完成教室系统的数据通信任务。

从图 10-12 可以看出,由于从封装长度、流量控制和确认机制都经过针对性的设计,CSELP 协议在文件传输速率方面具有优势,文件越大优势越明显。由于采用面向组的确认机制,减少了上位机接收文件时确认数据包的发送数目,降低了上位机的网络利用率,减少了多学生端同时发送文件时上位机出现拥塞的概率。

从图 10-13 可以看出,CSELP 的 CPU 利用率总体上一直小于 TCP/IP,并且随着数据发送速率的增加差距越来越大。由于 CSELP 采用面向包组的确认,接收端减少了 ACK 确认数据包的发送,而且接收端通过相应算法简化了对乱序包的数据处理,因此在乱序比例较大时性能优势明显,如图 10-13(b)所示。CSELP和 TCP/IP 分别在不同乱序比例和不同数据传输速率下进行 CPU 利用率测试的具体数据如表 10-2 所示。

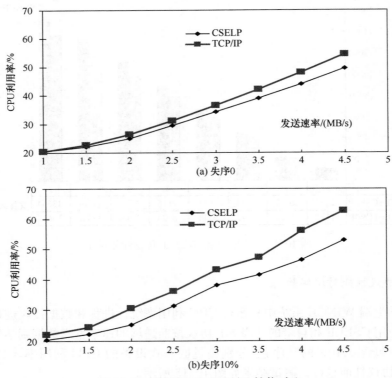

(a) 失序0

(b)失序10%

图 10-13　CSELP 和 TCP/IP 性能对比

表 10-2　协议性能比较

数据传输速率	WINCE＋CSELP		WINCE＋TCP/IP	
	0	10%	0	10%
1.0/(MB/s)	20.4	20.5	20.5	22.1
1.5/(MB/s)	22.1	22.3	22.7	24.4
2.0/(MB/s)	25.0	24.4	26.4	30.5
2.5/(MB/s)	29.6	31.2	31.2	36.2
3.0/(MB/s)	34.3	38.1	36.5	43.2

续表

数据传输速率	WINCE+CSELP		WINCE+TCP/IP	
3.5/(MB/s)	39.1	41.5	42.3	47.3
4.0/(MB/s)	44.2	46.5	48.1	58.1
4.5/(MB/s)	49.6	53.0	54.6	62.6

10.5.2　文字书写教室系统试验

1. 教师端布置作业

教师终端布置作业测试部分实验如图 10-14 所示。

图 10-14(a)所示是上位机选取向学生终端布置的内容,经过点击布置按钮操作后。图 10-14(b)为学生终端接收作业布置消息并响应后的界面截图,学生端正确跳转到了一年一期第二课的习字界面。

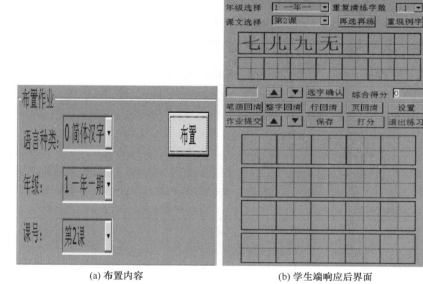

(a) 布置内容　　　　　　　(b) 学生端响应后界面

图 10-14　布置作业实验效果图

2. 学生端作业保存和提交

作业保存是以书写坐标点的相对位置为基础,采用保存坐标向量的矢量保存方法实现。图 10-15(a)是学生在终端书写的现场图。图 10-15(b)是学生在终端保存的现场图。

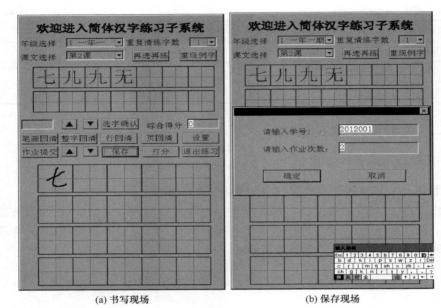

(a) 书写现场　　　　　　　　(b) 保存现场

图 10-15　书写效果图

采集图 10-15(a) 中的书写笔迹信息，可获得如表 10-3 所示的点集数据。

表 10-3　笔迹信息点集

笔画	笔迹坐标点集
P_1	$(18,49),(20,48),(22,48),(24,48),(25,47),(27,47),(29,47),(29,46),(31,46),(33,46),(34,45),(36,44),(38,43),(40,43),(42,43)$
P_2	$(43,21),(43,23),(43,25),(43,27),(43,28),(41,30),(41,31),(41,33),(41,35),(40,36),(40,38),(40,40),(40,42),(40,44),(40,46),(39,46),(39,48),(39,49),(39,51),(39,53),(39,55),(39,56),(39,58),(39,59),(40,61),(41,63),(43,65),(45,66),(47,66),(50,66)$

表 10-3 的笔迹坐标点集通过算法 10.5 的处理后，可以对整个书写结果进行统一保存，保存成作业文件后，可以通过使用学生终端的作业提交功能把学生作业发送给教师端服务器。

学生终端提交作业实验部分实验截图如图 10-16 所示。图 10-16(a) 为学生终端提交作业时的界面截图。图 10-16(b) 为教师端服务器接收作业文件时的工作界面，显示作业文件名称、文件大小、存放路径和接收进度。

3. 教师端作业批改

教师端接收到学生终端发送过来的作业后，可以选择作业进行批改，批改完毕

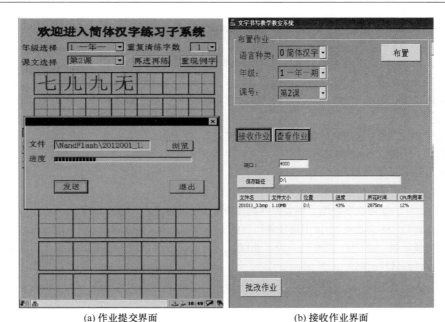

(a) 作业提交界面   (b) 接收作业界面

图 10-16 实验效果图

以后把批改结果发送给对应学生终端,批改如图 10-17(a)所示。图 10-17(b)为教师端发送作业文件时的工作界面,显示了连接服务端的学生端信息、作业文件信息和发送进度。

(a) 作业批改   (b) 作业下发

图 10-17 作业批改

参 考 文 献

白丹. 2013. 论英语师范生英文书写技能的训练与讲授技巧. 华章, (18): 215.

彼得·拉德福吉德. 1992. 修订后的国际音标. 丁信善, 译. 国外语言学, 2:42.

蔡黎, 彭星源, 赵军. 2011. 少数民族汉语考试的作文辅导评分系统研究. 中文信息学报, 25 (5): 120-126.

曹雪凌. 2002. 写一手漂亮的英文. 初中生世界, 25:33-36.

曹喆炯, 王永成. 2005. 笔顺连笔自由的联机手写汉字识别. 计算机工程与应用, 41(29):167- 169, 199.

陈定. 2008. 点导法习字用具及其制造方法. 中国专利: CN200610157297. 8.

陈淮琰. 2003. 学习文字的电子装置及其操作方法. 中国专利:CN02139399. 0.

陈龙海. 2011. 线条之美:中国书法线条语言的审美解读. 语文教学通讯, 618(2):1-4.

陈维刚, 费敏锐, 边宁宁. 2005. 一种工业以太网与现场总线协议转换器的研制. 仪器仪表学 报, 26(5): 497-501.

陈友斌, 丁晓青. 1998. 一种新的用于手写汉字识别的非线性规一化方法. 模式识别与人工智 能, 11(3):310-317.

褚玉荣. 2011. 孩子, 我们缓步而行——遵循儿童认知方式进行低年级语文教学. 小学教育参 考, 4(1): 34.

戴永, 刘任任, 王求真, 等. 2011. 可联网交互的多功能规定格式习字系统及方法. 中国专利: ZL201010149767. 2.

戴永, 王新觉, 张维静, 等. 2012. 面向指导的自由式英文字母书写跟踪. 湘潭大学自然科学学 报, 34(2):85-89.

戴永, 张维静, 孙广武. 2014 基于文字书教学的笔迹噪声处理. 计算机工程与应用, 50(14): 164-167.

戴永, 张维静. 2015. 多文种融合的文字书写过程描述字资源容器及构建与使用. 中国专利: ZL201210349553. 9.

戴永. 1984. 抽取手写文字子图形特征的方法. 湘潭大学自然科学学报, 2:32-40.

戴永. 1986. 兼容结构分析与加权特征字匹配的手写文字识别法. 湘潭大学自然科学学报, 2: 122-129.

戴永. 1988. 断裂笔画的结合算法. 计算机应用与软件, 5(4):50-57

樊建平. 1990. 基于汉字结构码量化传统书法规则知识方法的实现. 中文信息学报, 4(4): 43-52.

冯键, 林宗楷. 1999. 协同编辑系统 CoEditor 的人-人交互界面研究. 计算机辅助设计与图形学 学报, (3): 225-227.

冯万仁, 金连文. 2006. 基于部件复用的分级汉字字库的构想实现. 计算机应用, 26(3): 714-717.

付强, 丁晓青, 刘长松. 2009. 用于手写汉字识别的改型 Adaboost 算法. 高技术通讯, 19(4): 331-336.

付永刚. 2005. 桌面环境下的三维用户界面和三维交互技术研究. 中国科学院研究生院软件研究所博士学位论文.

高岩. 2013. 基于大规模无约束数据的书写者自适应的中文手写识别系统研究. 华南理工大学博士学位论文.

郭巧，陆际联. 1998. 计算机辅助汉语教学系统中语音评价体系初探. 中文信息学报，13(3)：48-53.

郭英，李雪娇，李宏伟. 2002. 一种组合参数的语音信号清/浊音判决方法. 空军工程大学学报（自然科学版），(4)：19-21.

郭玉清，袁冰，李艳. 2012. 基于云计算的智慧教室系统设计. 数学的实践与认识，42(4)：103-107.

国家语言文字工作委员会. 1997. GF3001-1997 信息处理用 GBl3000. 1 字符集汉字部件规范. 北京:语文出版社.

国家语言文字工作委员会. 1997. 现代汉语通用字笔顺规范. 北京:语文出版社.

胡智慧. 2010. 汉字智能工具中的书写错误识别技术研究与应用. 中国科学技术大学博士学位论文

黄法昌. 2006. 具摹描功能的幼童习字书写用启蒙教具. 中国专利:CN2779526Y.

姜珊. 2009. 在触摸屏上书写文字的方法与装置. 中国专利:CNIO1551724A.

金连文，陈东明. 2007. 一种含书写时序信息的动态汉字字库的处理方法及应用. 中国专利：ZL200410051504. 2.

金连文，高岩. 2011a. 一种基于置信度的汉字书写质量评价方法. 中国专利:ZL200910042118. X.

金连文，倪天龙，龙腾，等. 2008. 多媒体汉字电子描红本. 中国专利:ZL2004100518214.

金连文，朱星华，毛慧芸. 2011b. 一种手写汉字美化中模拟书法拖笔效果的方法. 中国专利：ZL200910193478. X.

金连文，朱星华，毛慧芸. 2012a. 一种基于轨迹分析的手写汉字的美化方法. 中国专利：ZL200910193516. 1.

金连文，朱星华，毛慧芸. 2012b. 一种手写汉字美化的骨架变换方法. 中国专利：ZL200910193514. 2.

金连文，朱星华. 2010. 一种手写汉字美化方法. 中国专利:ZL2008100289162.

荆耀辉，吴解元. 2011. 一种红外触摸屏的书写系统. 中国专利:CN201837981U.

课程教材研究所. 2009. 小学语文课程教材研究开发中心. 义务教育课程标准试验教科书·语文(一年级～六年级上、下册). 北京:人民教育出版社

孔维泽，刘奕群，张敏，等. 2011. 问答社区中回答质量的评价方法研究. 中文信息学报，25(1)：3-8.

赖汝志. 1996. 小学生生字习字本. 中国专利:CN96101826.

李东青. 2008. 一种书写式电子装置进行文字笔画的校正方法. 中国专利:CN200710125374. 6.

李杰，田丰，戴国忠. 2002. 面向儿童的多通道交互系统. 软件学报，13(9)：1846-1851.

李少平. 2006. 汉字拼写练习模板. 中国专利:CN200510048455.

李淑红,桑恩方. 2000. 基于小波变换和矢量量化的语音压缩编码方案. 声学学报,25(1):50-55.

李哲,玉俊奇,杨兆中,等. 2003. 一种模糊识别手写体汉字技术. 计算机工程,29(12):96-97,148.

栗阳. 2002. 笔试用户界面研究——理论、方法和实现. 中国科学院软件研究所博士学位论文.

梁怀宗,华庆一,张凤军,等. 2009. 3IBook:一个面向儿童的界面隐喻的分析、设计及评估. 计算机辅助设计与图形学学报,21(10):1500-1506.

林民,宋柔. 2008. 一种面向构形计算的汉字字形形式化描述方法. 中文信息学报,22(3):115-123。

林民. 2009. 汉字字形形式化描述方法及应用研究. 北京工业大学博士学位论文.

刘方爱. 1997. 多媒体语音室控制系统的设计与实现. 计算机工程与应用,10(1):53-56.

刘明友. 2010. 认知模式识别理论及无字库智能造字研究. 华南理工大学博士学位论文.

刘文强. 1990. 汉语拼音教学练习器. 中国专利:CN205528U.

刘峡壁,贾云得. 2004. 汉字笔段形成规律及其提取方法. 计算机学报,27(3):389-395.

刘迎建,戴汝为. 1992. 基于神经网络的手写汉字特征选择. 模式识别与人工智能,5(1):37-43.

刘禹,何克抗. 1994. 计算机辅助汉字书写教学的研究:书写汉字库生成系统的研制. 中文信息学报,8(4):34-42.

刘玉峰. 2000. 手写制图字体结构评判自动化研究. 测绘学院学报,17(1):49-52.

龙恒充. 2009. 英语手写体钢笔字帖·连写训练. 成都:天地出版社.

卢宇清,张巍. 2012. 基于CSCW的多媒体网络教室系统平台的设计与实现. 煤炭技术,31(2):263-265.

陆哲明. 2001. 矢量量化编码算法及应用研究. 哈尔滨工业大学博士学位论文.

吕军. 2010. 电化教学多功能写作装置与系统. 中国专利:ZL201010197425. 8.

罗安源.1985.同首区同区首同音君. 民族语文,3;49-51.

马建平,汪庆锋,陈渤,等. 2013. 基于候选特征笔画和多类阈值的手写汉字切分. 计算机系统应用,22(5):193-197.

马瑞. 2007. 非限制手写字符分割中相关技术与算法的研究. 南京理工大学博士学位论文.

马涛,单洪,陈娟. 2013. 异构无线传感器网络的基础层MAC协议设计. 计算机工程,39(7):137-141.

满君丰,邓晓衡,阳爱民. 2005. 有上下文感知能力的智能教室系统设计与实现. 计算机工程与应用,31(1):180-184.

米吉提·阿布力米提,库尔班·吾布力. 2003. 在多文种环境下的维吾尔语文字校对系统的开发研究. 系统工程理论与实践,(5):117-124,144.

倪小东,李人厚,余克艰,等. 2001. 适用于信息设备的汉字输入法研究. 中文信息学报,15(5):58-64.

聂国权. 1992. 书写练习器. 中国专利:CN90221544. 2.

欧忆如, 连政鸿. 2006. 具书写教学功能的可携式电子装置及以该可携式电子装置进行书写教学的方法. 中国专利:CN1749984A.

潘云鹤, 孙守迁, 包恩伟. 1999. 计算机辅助工业设计技术发展状况与趋势. 计算机辅助设计与图形学学报, (3):248-252.

彭祥伟, 李鹏, 王磊, 等. 2011. 基于多语种信息技术的汉语学习辅助系统. 计算机工程, 37(3):248-250.

屈丹, 王炳锡. 2004. 基于 GMBM-UBBM 模型的语言辨识研究. 计算机工程与应用, 40(3):29-32.

阙建荣, 卿立军. 2004. 嵌入式瘦服务器中 TCP/IP 协议栈的研究与实现. 企业技术开发, 23(2):3-6.

任勇毛, 唐海娜, 李俊, 等. 2010. 高速长距离网络传输协议. 软件学报, 21(7):1576-1588.

宋波, 贾智平, 李新. 2010. 基于 LLC 的嵌入式局域网协议栈设计. 计算机工程与设计, 31(23):4939-4943.

宋晓雷, 王素格, 李红霞. 2010. 面向特定领域的产品评价对象自动识别研究. 中文信息学报, 24(1):89-93.

孙星明, 殷建平, 陈火旺, 等. 2002. 汉字的数学表达式研究. 计算机研究与发展, 39(6):707-711.

孙嫣, 刘瀚猛, 芮建武, 等. 2009. 基于数学形态学的联机手写字符识别去噪方法. 计算机科学, 36(10):237-239.

唐降龙, 孙广玲, 刘家锋. 1999. 一种笔段序列匹配联机汉字识别方法. 计算机研究与发展, 36(12):1472-1476.

田丰, 程成, 陈由迪, 等. 2002. 面向虚拟装配的三维交互平台. 计算机辅助设计与图形学学报, 14(3):193-199.

田丰, 戴国忠, 陈由迪, 等. 2002. 三维交互任务的描述和结构设计. 软件学报, 7(13):2099-2105.

田丰, 牟书, 戴国忠, 等. 2004. Post-WIMP 环境下笔试交互范式的研究. 计算机学报, 27(7):977-984.

田学东, 吴丽红, 赵蕾蕾. 2009. 基于多特征模糊模式识别的公式符号关系判定. 计算机工程与应用, 45(5):186-188.

王兵, 武杰, 孔阳, 等. 2010. 数字传感网络的高速数据传输协议设计. 仪器仪表学报, 31(7):1644-1649.

王华, 丁晓青. 2004. 一种多字体印刷藏文字符的归一化方法. 计算机应用研究, (6):41-43.

王力生, 梅岩, 曹南洋. 2007. 轻量级嵌入式 TCP/IP 协议栈的设计. 计算机工程, 10(8):246-248.

王宁, 万旺根, 余小清. 2002. 汉语语音音素分割的一种新方法. 上海大学学报(自然科学版), 8(2):116-118.

王士元, 彭刚. 2006. 语言、语音与技术. 上海:上海教育出版社.

王淑侠，高满屯，齐乐华. 2007. 基于二次曲线的在线手绘图识别. 西北工业大学学报，25(1)：
　　37-41.

王淑侠，王关峰，高满屯，等. 2011. 基于时空关系的在线多笔画手绘二次曲线识别. 模式识别
　　与人工智能，24(1)：82-89.

王潇琴. 2009. 一种写字练习模板. 中国专利：CN201323002Y.

王耀，戴永. 2010. 规定格式文字书写练习质量普适评价. 计算机工程与应用，46(29)：69-72.

吴佑寿，丁晓青. 1992. 汉字识别—原理、方法与实现. 北京：高等教育出版社.

吴宗翰，吴信德，徐小惠，等. 2003. 针对学龄前孩童的行动式电子手写习字系统// 第三届全
　　球华文网络教育研讨会：10.

夏伟平，金连文. 2008. 一种基于模板的联机手写体汉字布局评价方法// 2008 年全国模式识
　　别学术会议论文集：354-359.

萧嵘，丁怀东，殷继彬，等. 2004. 基于手写笔的多功能电子白板系统的实现. 计算机工程与应
　　用，40(18)：120, 121

肖旭红，戴汝为. 1997. 一种识别手写汉字的多分类器集成方法. 自动化学报，23(5)：
　　622-626.

肖旭红，戴汝为. 1998. 一种活动模板子结构引导的联机手写汉字识别方法. 自动化学报，24
　　(4)：469-475.

解振华. 2005. 努力建设环境友好型社会. 求是，(23)：11-13.

熊明山. 2002. 儿童描红板. 中国专利：CN01265304.

徐俊，蔡莲红，吴志勇. 2005. 多语种语音合成平台的设计与实现// 第一届建立和谐人机环境
　　联合学术会议(HHME2005)论文集：495-499.

徐玲莉. 2010. 能和声拼读的拼音教读板. 中国专利：CN201655054U.

许建明. 2013. "五四三英文规范书写教学法"在教学中的理论与实践. 内蒙古教育，(1)：
　　48-50.

薛炳如. 1999. 手写汉字识别研究. 南京理工大学博士学位论文.

鄢琦，骆仁波，皮佑国. 2012. 无字库智能造字中汉字基元的统计分析与预测. 计算机技术与
　　发展，22(4)：33-36.

严秀荣. 1996. 汉语拼音教学五法. 教育散论. 中小学教师培训(小学版)，(4)：25.

虞瑾，丁晓青. 2007. 联机手写公式中字符的切分与识别. 电视技术，31(8)：148-150.

原野，沈钧毅，邢东山. 2002. 基于 Java 与 JMF 的在线媒体教室系统. 计算机工程，28(3)：
　　234-236.

岳振军，邹翔，王浩. 2009. 基于隐马尔可夫模型和高斯混合模型结合的声音转换方法. 数据
　　采集与处理，(3)：285-289.

曾卫明，黄光球. 2002. 基于笔画细化及图形化的牌照数字字符识别预处理算法. 微电子学与
　　计算机，(4)：4-6.

扎依达·木沙，吐尔根·依布拉音. 2009. 基于规则的维吾尔语对偶词识别算法研究. 新疆大
　　学学报(自然科学版)，26(2)：221-226.

张柄煌，洪文斌，郭经华. 2007. 书法习字系统. 中国专利：CN101017617A.

张祈中，夏莹，孙承鉴. 1982. 用抽取笔划法识别限制性手写汉字的探讨. 计算机学报，6：455-462.

张祈中. 1992. 汉字识别技术. 北京：清华大学出版社.

张问银，孙星明，曾振柄，等. 2004. 汉字数学表达式的自动生成. 计算机研究与发展，41(5)：848-852.

张玉萍，佟为明，李辰. 2009. LonWorks 总线实时通信协议的研究. 仪器仪表学报，30(8)：1783-1788.

章森，刘磊，刁麓弘. 2010. 大规模语音语料库及其在 TTS 中应用的几个问题. 计算机学报，33(4)：687-696.

赵丹，马胜前，郑杰. 2011. 基于 SPIHT 编码的语音信号压缩算法. 计算机工程与应用，(9)：142-145.

赵骥，李晶皎，张广渊，等. 2006. 脱机手写体满文文本识别系统的设计与实现. 模式识别与人工智能，19(6)：801-805.

赵洁. 2009. 一种汉语拼音教学教具. 中国专利：CN201266440Y.

赵希武，吕生荣. 2010. 小学汉字书写笔画顺序练习系统的设计. 内蒙古农业大学学报，31(1)：236-240.

征荆，丁晓青. 1997. 兼顾连笔和笔顺的联机手写汉字识别方法. 清华大学学报(自然科学版)，37(9)：95-99.

中国标准委员会. 2012. GB-50099 2011 中小学建筑设计规范.

中国社会科学院语言研究所. 2011. 新华字典(11 版). 北京：商务印书馆.

中华人民共和国教育部. 2002. 教育部关于贯彻《国务院办公厅转发中央编办、教育部、财政部关于制定中小学教职工编制标准意见的通知》的实施意见.

周殿福. 2001. 国际音标自学手册. 北京：商务印书馆.

朱华东. 2011. 汉语拼音标准发音电子示教板. 中国专利：CN201765706U.

朱杰杰，胡维华，潘志庚. 2004. 虚拟多媒体教室的设计和实现. 计算机辅助设计与图形学学报，16(1)：73-78.

朱守涛，李政. 2008. 用手写笔或手指在手写板上书写汉语拼音输入汉字的方法. 中国专利：CN101211238A.

朱志豪，汤勇明，王保平. 2009. 一种基于 IPTV 技术的网络教室系统设计. 电子器件，32(1)：161-164.

Abowd G D，Atkeson C G，Feinstein A，et al. 1996. Teaching and learning as multimedia authoring：the classroom 2000 project// Proceedings of the Fourth ACM International Conference on Multimedia：187-198.

Ahmad A T，Maen H. 1999. Recognition of on line handwritten Arabic digits using structural features and transition network. Informatica，32：275-281.

AltmanE，Avrachenkov K，Barakat C. 2005. A stochastic model of TCP/IP with stationary random losses. Networking，IEEE，13(2)：356-369.

Arnoldner C，Riss D，Brunner M，et al. 2007. Speech and music perception with the new fine structure speech coding strategy: preliminary results. Acta Oto-Laryngologica, 127 (12): 1298-1303.

Bahlmann C, Haasdonk B, Burkhard H. 2002. On-line handwriting recognition with support vector machines—a kernel approach. Workshop on Frontiers in Handwriting Recognition: 49-54.

Bahlmann C. 2006. Directional feature in online hand writing recognition. Pattern Recognition, 39(1): 115-125.

Bao C C, Dai Y S, Fan C X. 1996. A real time implementation of 4. 2Kb/s celp speech coding. Journal of Electronics (China), 14(1): 52-58.

Bezine H, Alimi M, Derbel N. 2003. Handwriting trajectory movements controlled by a beta elliptic model// International Conference on Document Analysis and Recognition, 3: 1228-1232.

Bojan I, Zdravko K, Bogomir H, et al. 2003. Clustering of triphones using phoneme similarity estimation for the definition of a multilingual set of tiphones. Speech Communicat on, 39(3, 4): 353-366.

Cao S Y, Chen X P. 2005. The second-generation wavelet transform and its application in denoising of seismic data. Applied Geophysics, 2(2): 70-74.

Chan K F, Yeung D Y. 1999. Recognizing on-line handwritten alphanumeric characters through flexible structural matching. Pattern Recognition, 32 (7): 1099-1114.

Chan K F, Yeung D Y. 2000. Mathematical expression recognition: a survey. International Journal on Document Analysis and Recognition, 3 (1): 3-15.

Chandak M B, Dharaskar D R V, Thakre D V M. 2010. Text to speech synthesis with prosody feature: implementation of emotion in speech output using forward parsing. International Journal of Computer Science and Security, 4(3): 352-360.

Chen S M. 2010. Fuzzy forecasting based on fuzzy trend logical relationship groups. IEEE Transactions on Systems, Man, and Cybernetics. Part B, Cybernetics, 40(5): 1343-1348.

Choi J H, Chang J H, Lee S R. 2010. Efficient speech reinforcement based on low-bit-rate speech coding parameters. IEICE Transactions, 93(9): 1684-1687.

Clendon S, Gillon G, Yoder D. 2005. Initial insights into phoneme awareness intervention for children with complex communication needs. International Journal of Disability, Development and Education, 52(1): 7-31.

Cook R. 2003. A specification for CDL(character description language) an extract of PhD dissertation. UC Berkeley, Dept. of Linguistics.

Du J, Huo Q. 2014. An irrelevant variability normalization approach to discriminative training of multi-prototype based classifiers and its applications for online handwritten Chinese chara- cter recognition. Pattern Recognition, 47(12): 3959-3966.

Du Q, Yan L, Wang D Y. 2010. Design and implementation of classroom multimedia teaching equipment management system based on embedded system// Industrial and Information Systems(IIS), IEEE 2010 Second International Conference on.

Dunkels A. 2001. Minimal TCP/IP implementation with proxy support. SICS Technical Report, 5:3100-3154.

Dunkels A. 2003. Full TCP/IP for 8-Bit architectures// Proceedings of the First International Conference on Mobile Applications Systems and Services.

Ebrahimpour R, Hamedi S. 2009. Hand written digit recognition by multiple classifier fusion based on decision templates approach. World Academy of Science, Engineering and Technology, 57: 560-565.

Erie K. 2005. Playing to learn: state-of-the-art computer games go to school. Access Learning, 7: 10-12.

Fotinea S L, Tambouratzis G. 1997. A methodology for creating a segment inventory for greek time domain speech synthesis. Journal of Sol-Gel Science and Technology, 8(2): 161-172.

Fung P, Schultz T. 2008. Multilingual spoken language processing. IEEE Signal Processing Magazine, 25(3): 89-97.

Gao Y. 2014. Packet loss concealment for speech coding. US Patent References: 8433563.

GE Q Q. 2008. Memory management strategies on TCP/IP performance for embedded application// Proceedings of the 2008 Second International Symposium on Intelligent Information Technology Application: 770-774.

Glava C C, Glava A E. 2011. On-line learning platforms as virtual classrooms. Case Study of Initial Primary Teachers Training at Babes-Bolyai University of CLUJ-napoca, Romania. Procedia Computer Science, 3: 672-676.

Golipour L, Douglas O' S. 2012. A segmental non-parametric-based phoneme recognition approach at the acoustical level. Computer Speech & Language, 26(4): 244-259.

Graves A, Liwicki M, Fernandez S, et al. 2009. A novel connectionist system for unconstrained handwriting recognition. Pattern Analysis and Machine Intelligence, IEEE Transactions on, 31 (5): 855-868.

Gu J X, Liu C S, Ding X Q, et al. 2008. Segmentation and recognition system of handwritten chinese bank check amounts. Chinese of Journal Electronics, 17(1): 37-42.

Gu Y, Wu Y. 2011. Handwritten Chinese character synthesis method based on structure knowledge. Computer Engineering, 37(3): 266-268.

Guerchi D. 2009. Constrained voicing-based codebook in low-rate wideband CELP coding. Journal of Communications, 4(2): 71-77.

Guibé G, How H T, Lajos H. 2001. Speech spectral quantizers for wideband speech coding. European Transactions on Telecommunications, 12(6): 535-545.

Hammadi M, Bezine H, Njah S, et al. 2012. Towards an educational tool for Arabic handwriting learning. education and e-learning innovations// International Conference on, IEEE, 1(6): 1-6.

Hellige J B, Adamson M M. 2007. Hemispheric differences in processing handwritten cursive. Brain and Language, 102(3): 215-227.

Herve B, John D, Mathew M, et al. 2011. Current trends in multilingual speech processing. Sadhana, 36(5): 885-915.

Heutte L, Paquet T, Moreau J V, et al. 1998. A structural/statistical feature based vector for handwritten character recognition. Pattern Recognition Letters, 19: 629-641.

Hu Z H, Leung H, Xu Y. 2008. Automated Chinese handwriting error detection using attributed relational graph matching// Advances in Web Based Learning-ICWL 2008: 344-355.

Hu Z H, Leung H, Xu Y. 2009a. Weight-adaptive interval neighborhood graph for characterizing the difference in spatial relationships between objects// International Conference on Multimedia Information Networking and Security: 220-224.

Hu Z H, Xu Y, Huang L S, et al. 2009b. A Chinese handwriting education system with automatic error detection. Journal of Software, 4(2): 101-107

Impedovo S, Mangini F M, Barbuzzi D. 2014. A novel prototype generation technique for handwriting digit recognition. Pattern Recognition, 47(3): 1002-1010.

Jahangiri E, Ghaemmaghami S. 2010. Very low rate scalable speech coding through classified embedded matrix quantization. EURASIP Journal on Advances in Signal Processing, (5): 37-49.

Jain A K, Duin P W, Mao J. 2000. Statistical pattern recognition: a review. IEEE Transactions on Pattern Analysis and Machine Intelligence, 22(1): 4-37.

Jessner U. 2005. Multilingual metalanguage, or the way multilinguals talk about their languages. Language Awareness, 14(1): 56-68.

Juul-Kristensen B. 2004. Physical workload during use of speech recognition and traditional computer input devices. Ergonomics, 47(2): 119-133.

Kala R, Vazirani H, Shukla A, et al. 2010. Offline handwriting recognition using genetic algorithm. International Journal of Computer Science Issue: 16-25.

Kalama M, Acar G, Evans B, et al. 2008. VoIP over DVB-RCS satellite systems: trial results and the impact of adaptive speech coding using cross-layer design. Computer Networks, 52 (13): 2461-2472.

Kato N, Suzuki M, Omachi S, et al. 1999. A handwritten character recognition system using directional element feature and asymmetric mahalannobis distance. IEEE Transactions on Pattern Analysis and Machine Intelligence, 21(3): 258-262.

Ketmaneechairat H, Seewung k. 2013. Web-based virtual classroom system model based on asynchronous and synchronous learning. Future Generation Communication Technology (FGCT), IEEE 2013 Second International Conference on: 108-113.

Kherallah M, Bouri F, Alimi A M. 2009. On-line Arabic handwriting recognition system based on visual encoding and genetic algorithm. Engineering Applications of Artificial Intelligence, 22(1): 153-170.

Kherallah M, Haddad L, Alimi A, et al. 2008. On-line handwritten digit recognition based on trajectory and velocity modeling. Pattern Recognition Lett. 29: 580-594.

Khodke H E, Manza R R. 2012. Pattern matching and analysis of handwritten digit// International Conference on Advances in Computing and Management: 313-315.

Kim I J, Kim J H. 2003. Statistical character structure modeling and its application to handwritten Chinese character recognition. IEEE Transactions on Pattern Analysis and Machine Intelligence, 25(11): 1422-1436.

King S. 2011. An introduction to statistical parametric speech synthesis. Sadhana, 36(5): 837-852.

Kishore P, Alan B. 2005. A text to speech interface for universal digital library. Journal of Zhejiang University Science A, 6(11): 1229-1234.

Komis V, Avouris N, Fidas C. 2002. Computer-supported collaborative concept mapping: study of synchronous peer interaction. Education and Information Technologies, 7(2): 169-188.

Kong W W, Ranganath S. 2010. Sign language phoneme transcription with rule-based hand trajectory segmentation. Journal of Signal Processing Systems, 59(2): 211-222.

Lai P K, Yeung D Y, Pong M C. 1996. A heuristic search approach to Chinese glyph generation using hierarchical character composition. Computer Processing of Oriental Languages, 10(3): 307-323.

Lam H C, Ki W W, Law N, et al. 2001. Designing CALL for learning characters. Journal of Computer Assisted Learning, 17(1): 115-128.

Lam H C, Pum K H, Leung S T, et al. 1993. Computer-assisted-leaning for learning chinese characters. communications of colips. Journal of the Chinese and Oriental Language Processing Society, 3(1): 31-44.

Landay J A, Myers B A. 2001. Sketching interface: toward more human interface design. IEEE Computer, 34(3): 56-64.

Li G, Tian Y C, Colin F. 2011. A conditional retransmission enabled transport protocol for real-time networked control systems// Local Computer Networks(LCN), 2011 IEEE 36th Conference: 231-234.

Li X, Li J G, Zhang X Z, et al. 2001. Resource organization and learning state controlling for adaptive learning. Journal of Southwest China Normal University(Natural Science), 10: 531-535.

Li Y C, Chiang M L. 2005. LyraNET: a zero-copy TCP/IP protocol stack for embedded operating systems. Computing Systems and Applications: 123-128.

Li Y, Guan Z W, Dai G Z, et al. 2003. A context-aware infrastructure for supporting applications with pen-based interaction. Accepted by Journal of Computer Software Technology, China, 18(3): 343-353.

Li Y, Guan Z W, Dai G Z. 2001. Modeling post-WIMP user interfaces based on hybrid automata. Journal of Software, China, 11(5): 633-644.

Li Z C, Suen C Y. 2000. The partition-combination method for recognition of handwritten characters. Pattern Recognition Letters, 21: 701-720.

Liu C L, Jaeger S, Nakagawa M. 2004. Online recognition of Chinese characters: the state-of-the-art. Pattern Analysis and Machine Intelligence, IEEE Transactions on, 26(2): 198-213.

Liu C L, Kim I J, Kim J H. 2001. Model-based stroke extraction and matching for handwritten Chinese character recognition. Pattern Recognition, 34: 2339-2352.

Liu C L, Yin F, Wang D H, et al. 2013. Online and offline handwritten Chinese character recognition: benchmarking on new databases. Pattern Recognition, 46(1): 155-162.

Liu C L. 2008. Partial discriminative training for classification of overlapping classes in document analysis. Document Analysis and Recognition, 11(2): 53-65.

Liu K, Huang Y S, Suen C Y. 1999. Identification of fork points on the skeletons of handwritten Chinese characters. IEEE Trans. PAMI, 21(10): 1095-1100.

Liu M Y, Huang J, Duan C S, et al. 2009. Acquiring the mapping knowledge of basic element based on PSO in the Chinese character Intelligent Information. CISP 09: 1-5.

Liu M Y, Huang J, Pi Y G. 2008. Acquiring the mapping knowledge of basic element in the Chinese character intelligent formation. ICICA 2008: 321-324.

Lu W K, Zhu C C, Liu J H, et al. 2003. Implementing wavelet transform with SAW elements. Science in China Series E: Technological Sciences, 46(6): 627-638.

Ma X D, Su X. 2009. A new TCP congestion control algorithm for media streaming// Multimedia and Exop. 2009 ICME International Conference: 746-749.

Malfrère F, Deroo O, Dutoit T, et al. 2003. Phonetic alignment: speech synthesis-based vs. Viterbi-based. Speech Communication, 40(4): 503-515.

Martin D, Burstein M, McDermott D, et al. 2007. Bringing semantics to web services with OWL-S. World Wide Web, 10(3): 243-277.

Minoru M, Seiichi U, Hitoshi S. 2013. Global feature for online character recognition. Pattern Recognit. Lett. Available online.

Mohebi E, Bagirov A. 2014. A convolutional recursive modified self organizing map for handwritten digits recognition. Neural Networks, 60: 104-118.

Nello C, John S T. 2000. An introduction to support vector machines and other kernel-based learning methods. USK: Cambridge University Press.

Nescher T, Kumz A. 2011. An interactive whiteboard for immersive telecollationaboration. The Visual Computer, 27: 311-320.

Nguyen P C, Akagi M, Nguyen B P. 2007. Limited error based event localizing temporal decomposition and its application to variable-rate speech coding. Speech Communication, 49(4): 292-304.

Nikolic J, Peric Z. 2008. Lloyd-Max's algorithm implementation in speech coding algorithm based on forward adaptive technique. Informatica, 19(2): 255-270.

Oancea E, Badulescu A. 2002. Stressed syllable determination for romanian words within speech synthesis applications. International Journal of Speech Technology, 5(3): 237-246.

Park J, Ko H. 2008. Real-time continuous phoneme recognition system using class dependent tied-mixture HMM with HBT Structure for speech-driven lip-sync. IEEE Transactions on Multimedia, 10(7): 1299-1306.

Park J, Sandberg I W. 1991. Universal approximation using radial basis function networks. Neural Computation, 5(3): 245-257.

Pi Y Y, Liu M Y, Huang J. 2008. Knowledge representation based on semantic network in the Chinese character intelligent formation system. ISKE 08: 785-790.

Pi Y Y, Liu M Y, Liao W Z. 2009. Research on the systemic structure of chinese character intelligent formation. APCIP 2009: 72-75.

Plamondon R, Lopresti D, et al. 1999. Online handwriting recognition. Encyclopedia of Electrical and Electronics Eng, 15: 123-146.

Plamondon R, Srihari S N. 2000. On-line and off-line handwriting recognition: a comprehe- nsive survey. IEEE Transactions on Pattern Analysis and Machine Intelligence, 22(1): 63-84.

Polyákova T, Bonafonte A. 2011. Introducing nativization to Spanish TTS systems. Speech Communication, 53(8): 1025-1041.

Prusa D, Hlavac V. 2008. Structural construction for on-line mathematical formulate recognition// Proceedings of the Iberoamerican Conference on Pattern Recognition, 9: 317-324.

Rolland C, Prakash N. 2000. From conceptual modeling to requirements engineering. Annals of Software Engineering, 10(1-4): 151-176.

Satya S R M, Madhavi L M, Siddaiah P. 2009. Usefulness of speech coding in voice banking. Signal Processing: an International Journal, 3(4): 42-52.

Schmidt A. 2000. Implicit human computer interaction through context. Personal Technologies, 4(2, 3): 191-199.

Seiichi T, Seiichi U, Masakazu S. 2006. A structural analysis of mathematical formulate with verification based on formula description grammar. Document Analysis Systems VII 7th International Workshop: 153-163.

Shin J, Sakoe H. 2002. Optimal stroke-correspondence search method for on-line character recognition. Pattern Recognition Letters, 23(6): 601-608.

Shin J, Suzuki K, Hasegawa A. 2005. Handwritten Chinese character font generation based on stroke correspondence. International Journal of Computer Processing of Oriental Languages, 18(3): 211-226.

Sigita L, Antanas L. 2007. Framework for choosing a set of syllables and phonemes for lithuanian speech recognition. Informatica, 18(3): 395-406.

Song B, Ye J, Yu M J. 2004. Three-tiered recognition method of pen-based sketch. Journal of Computer-Aided Design and Computer Graphics, 16(6): 753-758.

Stankovic J. 2008. Wireless sensor networks. IEEE Computer, 41(10): 92-95.

Stiles M. 2000. Developing tacit and codified knowledge and subject culture within a virtual learning environment. International Journal of Electrical Engineering Education, 37 (1):

13-25.

Su T H, Zhang T W, Guan D J, et al. 2009. Off-line recognition of realistic Chinese handwriting using segmentation-free strategy. Pattern Recognition, 42(1): 167-182.

Sun X M, Chen H W, Yang L H, et al. 2002. Mathematical representation of a Chinese character and its applications. International Journal of Pattern Recognition and Artificial Intelligence, 16(8): 735-748.

Tan C K. 2002. An algorithm for on line strokes verification of Chinese characters using discrete features, frontiers in handwriting recognition// Proceedings Eighth International Workshop on: 339-344.

Tan T S, Hussain S. 2008. Implementation of phonetic context variable length unit selection module for Malay text to speech. Journal of Computer Science, 4(7): 550-556.

Tang K T, Leung H. 2006. Reconstructing the correct writing sequence from a set of Chinese character strokes. Lecture Notes In Computer Science, International Conference on the Computer Processing of Oriental Languages Singapore, 4285(21): 333-344.

Tao D P, Jin L W, Zhang S Y, et al. 2014. Sparse discriminative information preservation for chinese character font categorization. Neuro Computing, Azccepted, 129: 159-167.

Tapia E, Rojas R. 2003. Recognition of on-line handwritten mathematical formulas in the E-chalk system. //Seventh International Conference on Document Analysis and Recognition, IEEE Comput Soc: 980-984.

Tappert C C, Suen C Y, Wakahara T. 1990. The state of the art in on line handwriting recognition. Pattern Analysis and Machine Intelligence, 12: 787-808.

Thomas H, Andrea K. 2002. Kolumbus: context-oriented communication support in a collaborative learning environment// Proceedings of IFIP TC3/WG3. 1&3. 2 Open Conference on Informatics and the Digital Society: 251-260.

Tian F, Dai G Z, Chen Y D. 2002. 3D interaction kemel: an infrastructure to support 3D interaction in 3D/VR application// International Conference on Virtual Reality and its Application in Industry: 232-234.

Virginia M, Heinz W. 2002. Phoneme awareness and pathways into literacy: a comparison of German and american children. Reading and Writing, 15(7, 8): 653-682.

Vuong B Q, Hui S E, He Y L. 2008. Progressive structural analysis for dynamic recognition of on-line handwritten mathematical expressions. Pattern Recognition Letters, 29(5): 647-655.

Wai Y, Kuber R, Murphy E, et al. 2006. A novel multimodal interface for improving visually impaired people's web accessibility. Virtual Reality, 9(2, 3): 133-148.

Wallace M, Tsapatsoulis N, Kollias S. 2005. Intelligent initialization of resource allocating RBF networks. Neural Networks, 18 (2): 117-122.

Wang C H, Chao C C. 2001. Combined speech and channel coding for wireless communications. Wireless Personal Communications, 17(1): 21-43.

Wang Q F, Yin F, Liu C L. 2014. Unsupervised language model adaptation for handwritten Chinese text recognition. Pattern Recognition, 47(3): 1202-1216.

Wang S X, Gao M T, Qi L H. 2007. Freehand sketching interfaces: early processing for sketch recognition. Human-Computer Interaction, Part II, HCII 2007, LNCS 4551: 161-170.

Wang Y F, Yi Y, Kong X M. 2011. Handwriting input system base on ultrasonic transducers. Tsinghua Science and Technology, 16(3): 290-294.

Wielgat R, Zielinski T P, Wozniak T, et al. 2008. Automatic recognition of pathological phoneme production. Folia Phoniatrica et Logopaedica, 60(6): 323-331.

Xu J. 2007. Formalizing natural-language spatial relations between linear objects with topological and metri properties. International Journal of Geographical Information Science, 21(4): 337-395.

Yae K Z. 2011. System for teaching writing based on a users past waiting. US, ZL 2011 0 86331A1.

Yair S. 1999. Low complexity speech coding at 1. 2 to 2. 4 kbps based on waveform interpolation. International Journal of Speech Technology, 2(4): 329-341.

Yamagishi J, Kobayashi T, Nakano Y, et al. 2009. Analysis of speaker adaptation algorithms for HMM-based speech synthesis and a constrained SMAPLR adaptation algorithm. IEEE Transactions on Audio, Speech and Language Processing, 17: 66-83.

Yamaguchi T, Muranaka N, Tokumaru M. 2011. Evaluation of online handwritten characters for penmanship learning support system// Proceedings of the 14th International Conference, HCI International: 121-130.

Yamaura F. 2013. Method for speech coding, method for speech decoding and their apparatuses. US Patent References: 7383177.

Yin F, Wang Q F, Liu C L. 2013. Transcript mapping for handwritten Chinese documents by integrating character recognition model and geometric context. Pattern Recognition, 2013, 46 (10): 2807-2818.

Yiu C L K, Wai W. 2003. Chinese character synthesis using METAPOST// Proceedings of the 2003 Annual Meeting TUGboat, 24 (1): 85-88.

Yuan L C. 2012. Improved hidden Markov model for speech recognition and POS tagging. Journal of Central South University of Technology, 19(2): 511-516.

Zadeh L A. 1996. Fuzzy logic=computing with words. IEEE Transactions on Fuzzy Systems, 4 (1): 103-111.

Zadeh L A. 1997. Towards a theory of fuzzy information granulation and its centrality in human reasoning and fuzzy logic. Fuzzy Sets and Systems, 19(1): 111-127.

Zanibbi R, Blostein D, Cordy J R. 2002. Recognizing mathematical expressions using tree transformation. Pattern Analysis and Machine Intelligence, IEEE Transactions on, 24(11): 1455-1467.

Zhang H，Wang D H，Liu C L. 2014. Character confidence based on N-best list for keyword spotting in online Chinese handwritten documents. Pattern Recognition，47(5)：1880-1890.

Zhou X D，Wang D H，Tian F，et al. 2013. Handwritten Chinese/Japanese text recognition using semi-Markov conditional random fields. Pattern Analysis and Machine Itelligence，IEEE Transactions on，35(10)：2413-2426.

Zukerman I，Albrecht D W. 2001. Predictive statistical models for user modeling. User Modeling and User Adapted Interaction，11(1,2)：5-18.